語りかける東大数学

奥深き
理工学への招待

林 俊介 [著]

Ohmsha

本書に収録されている入学試験問題は、原本どおりではなく、必要に応じて一部を改変している場合があります。また、問題の解答・解説は東京大学が公表したものではありません。

本書を発行するにあたって、内容に誤りのないようできる限りの注意を払いましたが、本書の内容を適用した結果生じたこと、また、適用できなかった結果について、著者、出版社とも一切の責任を負いませんのでご了承ください。

まえがき

　25 分。いったいこれが何の時間かわかりますか？

　これは、現在の東大入試数学で一つの大問にかけられる平均の時間です。文系受験生の場合は 100 分で大問四つ、理系受験生の場合は 150 分で大問六つとなっており、いずれの場合も単純計算で 1 問あたり 25 分となります。

　考えてみてください。東大の研究者の方々が用意してくださった 1 問を受験生たちが考える時間は、たったの 25 分しかないのです。何日も入試をやるわけにはいきませんし採点も大変でしょうからやむを得ないのですが、それにしても短すぎますよね。とにかく "もったいない"！

　本来、数学の世界はとんでもなく広いものです。入試問題のうちにも、その先に続く広い世界を覗けるものがあります。であれば、受験とは無関係に、のんびりとその問題を深掘りする場があってもよいと思うのです。そんな思いからこの 1 冊は生まれました。

　本書はオムニバス形式であり、全部で九つの章からなります。内容は章によりさまざまです。三平方の定理を用いて長さの計算をすることもあれば、アルゴリズムの問題で計算機を活用して実験をすることもありますし、ピラミッドのような図を描いて塗り絵をすることもあります。

　なお、章立ては通常期待される学習内容の順とは限りませんし、面白さの順とも限らなければ、難易度順とも限りません。前からお読みいただいてもかまいませんが、目次を参照して興味のある章からお読みいただくのもよいでしょう。あえて最後の章から読んでみるのも一興です。

　……そんなに自由でいいの？　とあなたは思うかもしれません。でも、これくらい自由でいいのです！　本書は受験参考書ではありませんし、収録した問題はあなたが入試本番で解くものでもありません。好き嫌いをしたって、つまみ食いをしたってよいのです。受験勉強のみにとどまらない数学の探究をしてみようではありませんか。

　フツーの受験勉強に飽きてしまった高校生にとっては、受験のよい気分転換でありながら発展的な数学の勉強になる 1 冊となっています。理系の大学生は、いま学んでいる大学での数学を踏まえて入試問題を眺めることで、"この問題は、きっとアレが背景だな！" と推理できることでしょう。受験とは無関係に数学を学びた

い社会人のみなさんには、受験の重苦しさがなく気楽にお読みいただけるはずです。この広い数学の世界のごく一部でも、本書を通じて楽しんでいただけたら幸いです。

　最後に、遅筆極まりない私のお世話をしてくださった株式会社オーム社の矢野友規さんに、心より感謝申し上げます。そして、数学を愛するすべての方に、満を持して本書を贈ります。

2023 年 7 月

林　　俊　介

目次

本書で登場する数学記号類		
$\mathbb{C}$：複素数全体の集合	$\wedge$：かつ	$\gcd(m, n)$：正整数 m, n の
$\mathbb{R}$：実数全体の集合	$\vee$：または	最大公約数
$\mathbb{Q}$：有理数全体の集合	$p \Rightarrow q：p$ は q の十分条件である（q は	$\mathrm{Ord}_p(k)$：正整数 k が素因数
$\mathbb{Z}$：整数全体の集合	p の必要条件である）	p で何回割り切れるか
$\mathbb{N}_0$：非負整数全体の集合	$A \setminus B$：集合 A の要素から集合 B の	
$\mathbb{N}$：正整数全体の集合	要素を取り除いたものたちの集合	

第1章

直接測れないもの・複雑なものを調べる

§1 あの飛行機の高度は何メートル？

[1] テーマと問題の紹介

"数学が社会で応用されている場面といえば？" と問われたときに、最も多いと思われる答えの一つが "測量" です。私たち自身が測量をするわけではなくとも、生活に欠かせないものですね。あなたも、ときどき道路で測量器を使っている方々を見かけたことがあるかもしれません。そこで、最初のテーマは測量にしました。題材としては、普段あまりお目にかかれない半世紀以上前の入試問題をピックアップしました。

題 材	1967 年 文系数学 第 3 問

> 　南北の方向に水平でまっすぐな道路上を、自動車が南から北へ時速 100 km で走っている。また飛行機が一定の高度で一直線上を時速 $\sqrt{7} \times 100$ km で飛んでいる。自動車から飛行機を見たところ、ある時刻にちょうど西の方向に仰角 30° に見えて、それから 36 秒後には北から 30°、西の方向に仰角 30° に見えた。飛行機の高度は何 m であるか。

最近だと、東大入試というよりもむしろ共通テストで見かけそうな問題ですね。自動車と飛行機の位置関係というイメージしやすいネタになっています。難しい数学の知識は不要ですし、問題文も難解ではありませんから、ぜひご自身でも紙とペンを用いて考えてみてください。

[2] まずはセッティングから

時刻の変数を t〔秒〕と定め、"ある時刻" を $t = 0$ 秒、"36 秒後" を $t = 36$ 秒とします。

問題文の一つひとつの単語や文の意味は理解しやすいものの、$t = 0, 36$ 秒の 2 時点における自動車と飛行機の位置関係を頭の中だけでイメージしようとすると、混乱するかもしれません。とはいえ、飛行機の移動距離も踏まえて考えなければならない以上、2 時点の位置関係を別個に考えるだけでは話が進みません。

そこで、空間座標を設けることとしましょう。x, y, z〔km〕の 3 変数で空間内での位置を表すということです。まず 3 軸の向きと方角との関係は以下のとおりにします。

- x 軸正方向を東とする。
- y 軸正方向を北とする。
- z 軸正方向を "真上"（空へ向かう方向）とする。

　これで3軸の向きは確定です。ただし、これだけではまだ絶対位置が定まらないので、$t = 0$ 秒で自動車が存在した位置を原点としましょう。これで座標が定まりました。

　自動車と飛行機の位置を図に表すために、$t = 0 \sim 36$ 秒での両者の移動距離も計算しておきます。自動車は $100\,\mathrm{km/}$時で 36 秒間走行しており、その移動距離は

$$100\,\mathrm{km/}時 \times \frac{36\,秒}{3\,600\,秒/時} = 1\,\mathrm{km}$$

です。飛行機の速さは $\sqrt{7} \times 100\,\mathrm{km/}$時であり、飛行したのは同じく 36 秒間ですから、移動距離は

$$\sqrt{7} \times 100\,\mathrm{km/}時 \times \frac{36\,秒}{3\,600\,秒/時} = \sqrt{7}\,\mathrm{km}$$

と計算できます。速さが $\sqrt{7}$ 倍で同じ時間移動したわけですから、当然の結果ですね。

　これで必要な情報はおおよそ揃いました。以上をもとに、$t = 0, 36$ 秒での位置関係を図示すると図 1.1 のようになります。

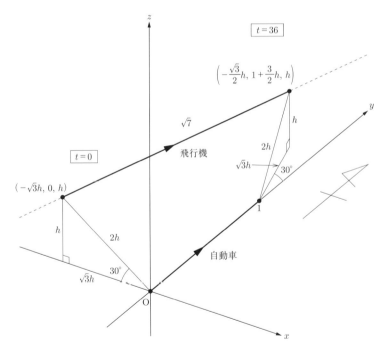

図 1.1: $t = 0, 36$ 秒における自動車と飛行機の位置関係。距離の単位は km。

　このように図示をすることで、問題文だけでは理解しづらかった全体図が明らかになります。また、座標を設けることで数学的な取扱いがしやすくなることがあります。た

とえば 2 地点 $S(x_S, y_S, z_S)$, $T(x_T, y_T, z_T)$ 間の距離 $d(S, T)$ は、座標の大小関係などによらず

$$d(S, T) = \sqrt{(x_S - x_T)^2 + (y_S - y_T)^2 + (z_S - z_T)^2}$$

と計算できます。

[3]　飛行機の座標を求める

準備が整ったので、問題に取り組んでいきましょう。問われているのは飛行機の高度ですが、これを h〔km〕とします[1]。問題文にあるとおり、これは時刻によらない定数です。m 単位で問われていますが、km 単位の方が数値がシンプルになり計算しやすいです。

$t = 0, 36$ 秒のいずれにおいても、自動車からみた飛行機の仰角は $30°$ です。したがって、真上から見下ろしたときの飛行機と自動車との距離はいずれも $\sqrt{3}h$〔km〕となります。よって、時刻 $t = 0$ 秒での飛行機の座標は $\left(-\sqrt{3}h, 0, h\right)$ であり、$t = 36$ 秒での座標は

$$\left(-\sqrt{3}h \cdot \sin 30°, 1 + \sqrt{3}h \cdot \cos 30°, h\right) = \left(-\frac{\sqrt{3}}{2}h, 1 + \frac{3}{2}h, h\right)$$

とわかります。

飛行機の高度 h を用いて $t = 0, 36$ 秒での飛行機の座標を表すことができました。h は一定ですし、あとはもう x 座標と y 座標だけ考えればよさそうです。そこで、真上から眺めた様子を図 1.2 にまとめました。

長さや角度の議論をする際、このように不要な座標を取り払って考えることで、問題解決がしやすくなります。

[4]　飛行機の移動距離に関する方程式を立てて解決

最後に h の方程式を立てて解きましょう。$t = 0, 36$ 秒の飛行機の位置が $\sqrt{7}$ km 離れていることを三平方の定理に基づき立式すると次のようになります。

$$\left\{-\frac{\sqrt{3}}{2}h - \left(-\sqrt{3}h\right)\right\}^2 + \left(1 + \frac{3}{2}h - 0\right)^2 = \sqrt{7}^2 \quad \cdots ①$$

飛行機の高度 h〔km〕は一定ですから、z 座標の差の 2 乗を加える必要はありません（もちろん、加えたら誤り、ということではありません）。

方程式 ① は h についての 2 次方程式ですから、以下のように容易に解けます。

1　"高さ" を意味する英単語 height の頭文字をとり h としています。このように、変数を設定する際は指している内容をイメージしやすい文字にすることで、書き手も読み手も理解しやすくなります（もちろん、どのような文字を使っても、扱っている数学的対象の性質は変わりませんが）。

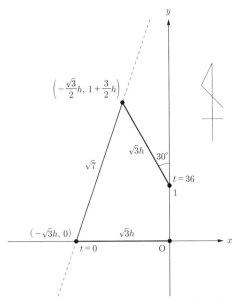

図 1.2: $t = 0,\ 36$ 秒における自動車と飛行機の位置関係を真上から見下ろしたもの。z 座標は忘れることにして、図でも $x,\ y$ 座標のみ表している。

$$① \iff \left(\frac{\sqrt{3}}{2}h\right)^2 + \left(1 + \frac{3}{2}h\right)^2 = 7 \iff \frac{3}{4}h^2 + \left(1 + 3h + \frac{9}{4}h^2\right) = 7$$

$$\iff 3h^2 + 3h - 6 = 0 \iff h = -2 \vee h = 1$$

h は正実数ですから $h = 1$ に限られます。以上より、飛行機の高度は $1\,\mathrm{km}$、つまり $\underline{1\,000\,\mathrm{m}}$ と決定できました。

　図 1.2 が最初から与えられていて単に h の値を求めるだけの問題であれば、あなたもかなり問題を解きやすいと感じるはずです。中学生でさえもやさしいと感じるレベルだと思います。本問で難しいのは方程式を解くことではなく、自分で座標を設定して h の方程式を立てることでした。このように、最初の　手が悩ましいというのは数学の問題解決においてよくあることです。

　最初の節はこれで終わりです。次は、座標軸を決めるヒントとなる "方角" が与えられていない、より難しい問題にチャレンジしてみましょう。

§2 射影する前の正三角形の辺長は？

[1] テーマと問題の紹介

　会社の会議や学校の授業でプロジェクタを用いるとき、面倒なのが "映る画面を真四角にすること" です。プロジェクタをいじるだけでは解決せず、手元にあった本や書類をプロジェクタの下に挟んで形を整えることもあるでしょう。このように、プロジェクション（射影）は図形の形をさまざまに変える変換の一種であり、奥深い世界が広がっています。

題 材	1955 年 幾何 第 3 問

　　空間にある正三角形を一つの平面上に正射影したとき、三辺の長さがそれぞれ、2, 3, $2\sqrt{3}$ であるような三角形が得られた。元の正三角形の一辺の長さはいくらか。

　ある平面への正射影とは、その平面と垂直な方向に光が差しているときの、ある図形（いまの場合正三角形）の "影" を考えているということです。それさえ知っていれば問題の意味は明快です。

　……ただ、問題を解くとなると、一体どこから手をつければよいか悩むのではないでしょうか。前節同様、座標を設けて議論するのも一案で、実際それで正解を出すことはできます。しかし、本問では "座標の向き" を決める基準となる情報が与えられておらず、座標設定自体で手が止まりやすいです。たとえば射影する平面を xy 平面だとしても、x 軸と y 軸の向きを決めるうえで目印となるものが（少なくとも直接的には）わからない設定になっています。また、"正三角形の（xy 平面に対する）傾き" も直接的に与えられていません。影の三角形の三辺の長さが 2, 3, $2\sqrt{3}$ であるという情報に、正三角形の向きに関する情報が間接的に含まれてしまっています。この三辺の長さから向きを逆算するということですね。しかも、正三角形の傾きといっても回転のしかたはさまざまであり、回転中心を指定したとしても（座標平面上での回転のように）1 変数では記述できません。前節の問題よりはシンプルな設定に見えますが、だからこそどこから手をつけるべきかわかりづらい問題になっているのです。

　以下、求める辺長を λ とします。あなたはどのような方法で λ を求めますか？

[2] 空間座標を用いる方法

　シンプルにこの方法からいきましょう。座標設定の前に、射影してできた三角形の形

状に着目します。$2^2 + 3^2 > \left(2\sqrt{3}\right)^2$ より、この三角形は鋭角三角形です。

図 1.3 のように長さ h, x を設け、左右二つの直角三角形で三平方の定理を用いることにより

$$\begin{cases} h^2 = 2^2 - x^2 \\ h^2 = \left(2\sqrt{3}\right)^2 - (3-x)^2 \end{cases} \qquad \therefore 2^2 - x^2 = \left(2\sqrt{3}\right)^2 - (3-x)^2$$

となり、これを解くことで $x = \dfrac{1}{6}$, $h = \dfrac{\sqrt{143}}{6}$ を得ます。

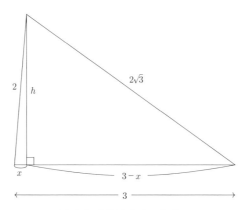

図 1.3: 射影された三角形。

では、それも踏まえて座標空間を設けます。正射影する平面を xy 平面としましょう。本問における正三角形は位置も向きも定かではありませんが、まだ射影する平面しか定めていないため、以下のものはこれから自由に決められます。

(a)　$x = 0$, $y = 0$ の位置。つまり、xy 平面の水平方向の位置。

(b)　$z = 0$ の面の高さ。正射影の図形を考えており、正三角形の高さは関係ないため。

(c)　x 軸正方向の向き。向きを変えても射影した図形には影響しないため。

そこで、xy 平面に射影した三角形の 3 頂点の座標が

$$(0, 0, 0), \quad (3, 0, 0), \quad \left(\frac{1}{6}, \frac{\sqrt{143}}{6}, 0\right)$$

となり、点 $(0, 0, 0)$ に対応する射影前の点も点 $(0, 0, 0)$ となるように座標軸を設けます。つまり、原点に頂点 1 個を重ねつつ、さきほどの射影三角形が図 1.4 のような配置となる軸を考えます。

射影前の三角形のうち原点以外の 2 点を図 1.4 のように A, B とし、各々の z 座標を a, b とします。ここで、$b \geq 0$ としても問題ありません。正三角形を図 1.4 のように配置

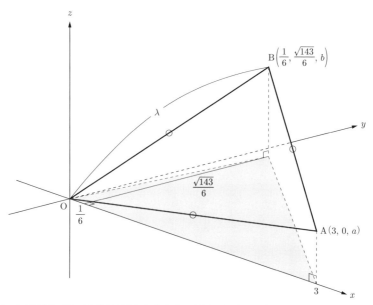

図 1.4: 座標空間に正三角形を配置したようす。射影した後の三角形は xy 平面上にあり、各点
の x 座標・y 座標は図 1.3 の x, h の値に基づいている。

した結果 $b < 0$ という配置になったとしても、その三角形を xy 平面に関して対称移動
することで、正三角形の辺長を変えることなく $b > 0$ とできるためです。以下は $b \geq 0$
に限ります。

いま、△OAB の辺長は各々

$$AB^2 = \left(\frac{1}{6} - 3\right)^2 + \left(\frac{\sqrt{143}}{6} - 0\right)^2 + (b - a)^2 = 12 + (b - a)^2$$

$$BO^2 = \left(\frac{1}{6} - 0\right)^2 + \left(\frac{\sqrt{143}}{6} - 0\right)^2 + (b - 0)^2 = 4 + b^2$$

$$OA^2 = (3 - 0)^2 + (0 - 0)^2 + (a - 0)^2 = 9 + a^2$$

となります。この三角形が正三角形となる条件は AB = BO = OA であり、これは上式
も踏まえると以下のように変形できます。

$$AB = BO = OA \iff 12 + (b - a)^2 = 4 + b^2 = 9 + a^2$$

$$\iff \begin{cases} 4 + b^2 = 9 + a^2 \\ 12 + (b - a)^2 = 9 + a^2 \end{cases}$$

$$\iff \begin{cases} b = \sqrt{5 + a^2} \\ 12 + (b-a)^2 = 9 + a^2 \end{cases} \quad (\because b \geq 0)$$

$$\iff \begin{cases} b = \sqrt{5 + a^2} \\ 12 + (\sqrt{5 + a^2} - a)^2 = 9 + a^2 \quad \cdots ① \end{cases}$$

① は一見複雑ですが、次のように解けます。

$$① \iff 12 + \left(5 + a^2 - 2a\sqrt{a^2 + 5} + a^2\right) = 9 + a^2$$

$$\iff a^2 + 8 = 2a\sqrt{a^2 + 5}$$

$$\iff \begin{cases} (a^2 + 8)^2 = (2a)^2(a^2 + 5) \quad \cdots ② \\ a \geq 0 \end{cases}$$

$$② \iff a^4 + 16a^2 + 64 = 4a^4 + 20a^2 \iff 3a^4 + 4a^2 - 64 = 0$$

$$\iff (a^2 - 4)(3a^2 + 16) = 0 \iff a = \pm 2$$

$a \geq 0 \wedge a = \pm 2$ より $a = 2$ であり、正三角形の辺長 λ は次のようになります。

$$\lambda = \text{OA} = \sqrt{3^2 + 0^2 + a^2} = \sqrt{3^2 + 0^2 + 2^2} = \underline{\sqrt{13}}$$

なお、$a = 2$ および $b = \sqrt{5 + a^2}$ より $b = 3$ もわかります。

というわけで、座標空間を利用することにより正三角形の一辺の長さを求めることができました。……でも、なんだか座標設定で苦労が多く、お世辞にも賢い解法とはいえませんね。座標で処理するのが好ましいとは限らないようです。そこで、次の策を考えます。

[3] 座標に縛られず、でも三平方の定理で攻略

射影する平面を π とします。π と正三角形は一般的には共有点をもちませんが、π への正射影を考えているため、この正三角形を π の法線方向に移動しても問題ありません。そこで、正三角形のうち最も "低い" 位置にある頂点が π と接触するように移動します。ここで、"低い" とは平面 π までの距離が最小であるという意味とします。π の裏側に正三角形がある場合も、図 1.5 のように上に引っ張り上げてから接触させれば問題ありません。

特に接触した頂点が C、残りの 2 頂点が A, B であるとしてよいでしょう。A, B が最も低かった場合は、以下の議論で頂点の名称を適宜読み替えれば同じ議論ができます。

さて、点 A, B から平面 π に下ろした垂線の足を図 1.5 のように H_A, H_B とし、$h_A := AH_A$, $h_B := BH_B$ と定めます。$\triangle AH_AC$ および $\triangle BH_BC$ で三平方の定理を立式することにより

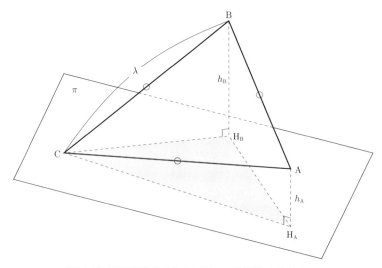

図 1.5: 正三角形 ABC を平面 π に射影したようす。

$$H_A C = \sqrt{\lambda^2 - h_A^2}, \quad H_B C = \sqrt{\lambda^2 - h_B^2}$$

を得ます。また、2 点 A, B の距離のうち π と垂直な成分の大きさは $|h_B - h_A|$ ですから

$$H_A H_B = \sqrt{\lambda^2 - |h_B - h_A|^2} = \sqrt{\lambda^2 - (h_B - h_A)^2}$$

も成り立ちます。

　ここで、△ABC のうち最も低い点が π と接触するようにしているわけですから、$h_A \geq 0$, $h_B \geq 0$ です。よって

$$\begin{cases} h_A \geq |h_B - h_A| \\ h_B \geq |h_B - h_A| \end{cases} \quad \therefore \begin{cases} H_A C \leq H_A H_B \\ H_B C \leq H_A H_B \end{cases}$$

が得られます。△ABC の π への正射影である △$H_A H_B$C は辺長が $2, 3, 2\sqrt{3}$ の三角形でしたから、$H_A H_B = 2\sqrt{3}$ とわかります。残りの 2 辺、つまり H_AC, H_BC の長さがそれぞれ 2,3 のいずれなのかは確定しません。A, B については対称性が保たれているためです。ただ、長さが逆でも △ABC の辺長 λ は同じと思えるので、ここでは $H_A C = 3$, $H_B C = 2$ としてしまいましょう。なお、このとき $AC = BC\ (= \lambda)$ および $H_A C > H_B C$ より $h_A < h_B$ がいえることに注意します。

　ここまでの結果をまとめると次のようになります。

$$\begin{cases} H_A H_B = 2\sqrt{3} \\ H_A C = 3 \\ H_B C = 2 \end{cases} \qquad \therefore \quad \begin{cases} \sqrt{\lambda^2 - (h_B - h_A)^2} = 2\sqrt{3} \\ \sqrt{\lambda^2 - h_A^2} = 3 \qquad\qquad \cdots ③ \\ \sqrt{\lambda^2 - h_B^2} = 2 \end{cases}$$

得られた h_A, h_B, λ に関する連立方程式を解きましょう。まずこれは次のように同値変形できます。

$$③ \iff \begin{cases} \lambda^2 - (h_B - h_A)^2 = 12 \\ \lambda^2 - h_A^2 = 9 \\ \lambda^2 - h_B^2 = 4 \end{cases} \iff \begin{cases} (h_B - h_A)^2 = \lambda^2 - 12 \\ h_A = \sqrt{\lambda^2 - 9} \\ h_B = \sqrt{\lambda^2 - 4} \end{cases}$$

$$\iff \begin{cases} \left(\sqrt{\lambda^2 - 4} - \sqrt{\lambda^2 - 9}\right)^2 = \lambda^2 - 12 \quad \cdots ④ \\ h_A = \sqrt{\lambda^2 - 9} \\ h_B = \sqrt{\lambda^2 - 4} \end{cases}$$

④ を解くと以下のようになります。

$$④ \iff \left(\lambda^2 - 4\right) - 2\sqrt{\left(\lambda^2 - 4\right)\left(\lambda^2 - 9\right)} + \left(\lambda^2 - 9\right) = \lambda^2 - 12$$
$$\iff \lambda^2 - 1 = 2\sqrt{\left(\lambda^2 - 4\right)\left(\lambda^2 - 9\right)}$$
$$\iff \left(\lambda^2 - 1\right)^2 = \left(2\sqrt{\left(\lambda^2 - 4\right)\left(\lambda^2 - 9\right)}\right)^2 \quad \left(\because \lambda \geq 2\sqrt{3} \text{ より } \lambda^2 - 1 > 0\right)$$
$$\iff \left(\lambda^2 - 13\right)\left(3\lambda^2 - 11\right) = 0 \iff \lambda = \sqrt{13} \quad \left(\because \lambda \geq 2\sqrt{3}\right)$$

以上より、$\underline{\lambda = \sqrt{13}}$ と決定できます。なお、これより $h_A = 2, h_B = 3$ とわかります。というわけで、正三角形の辺長 λ がわかりました。

[4] シンプルなものはシンプルに考えればよい

ただ、大真面目にアレコレ細かい設定をしたせいで途中過程が冗長になってしまいましたね。実は、以下のように考えれば圧倒的にスマートに答えを求められます。

正三角形の 3 頂点のうち 2 点を選び、π までの距離の差を求めたものを "高低差" とします。点の選び方は $_3C_2 = 3$ 種類ですから高低差も 3 種類あります。射影した三角形の辺長が $2, 3, 2\sqrt{3}$ であることを踏まえると、その高低差は $\sqrt{\lambda^2 - 2^2}, \sqrt{\lambda^2 - 3^2}, \sqrt{\lambda^2 - \left(2\sqrt{3}\right)^2}$ であることが三平方の定理よりわかります。3 頂点を高さが小さい順に P_1, P_2, P_3 とすると

$$(P_1 と P_3 の高低差) = (P_1 と P_2 の高低差) + (P_2 と P_3 の高低差)$$
$$\therefore \sqrt{\lambda^2 - 2^2} = \sqrt{\lambda^2 - 3^2} + \sqrt{\lambda^2 - \left(2\sqrt{3}\right)^2}$$

となり、これより ④ と同じ方程式が得られるのです。

　座標を設定したり向きや長さの定義をしたり、地道にセッティングをするのも当然重要です。一方で、本問で射影する図形は正三角形であり三辺の長さは等しいのでした。この場合、射影した図形の辺長はもはや元の正三角形の辺の傾きのみに依存します。ここでいう "辺の傾き" は、射影する平面やその法線に対する傾き具合のことです。そしてその傾き具合は、その辺の両端にある 2 頂点の高低差に依存します。だから、高低差のみに着目することでスマートに答えが得られるというわけです。

　このように、射影に関する問題はアプローチ次第で解決までの労力が大幅に変化します。扱っている対象の幾何的な性質を捉え、適切な座標・変数を設けるのがカギです。

　さて、本文は "影" に着目しましたが、今度は "断面" にフォーカスしてみましょう。

§3 スライスすると見えてくる

[1] テーマと問題の紹介

東大入試の名物といえば、空間図形の問題です。

特に理系では、複雑な条件づけがなされた立体の形状を決定し、その体積を（主に数学 III の範囲の）定積分により計算する問題がよく出題されます。最近でいうと、2022 年にも 2023 年にも理系数学で出題されました。

一方で、東大の空間図形の問題は、数学 III の範囲の積分とリンクさせる問題だけではありません。30 年以上前のややクラシックな問題ですが、こんなものが出題されています。

題材 　**1990 年 文系 第 3 問、理系 第 3 問**

V を一辺の長さが 1 の正八面体、すなわち xyz 空間において

$$|x| + |y| + |z| \leq \frac{1}{\sqrt{2}}$$

をみたす点 (x, y, z) の集合と合同な立体とする。

(1) V の一つの面と平行な平面で V を切ったときの切り口の周の長さは一定であることを示せ。

(2) 一辺の長さが 1 の正方形の穴があいた平面がある。V をこの平面にふれることなく穴を通過させることができるか。結論と理由を述べよ。

当然 SNS などない時代ですが、この問題は当時の受験業界でさぞ話題になったのだろうな、と思います。問題設定は至ってシンプルで、立体や回転体の体積を計算させられるわけでもありません。でもこれ、実際に取り組んでみると名状しがたい難しさがあるのです。

[2] (1) どんな方針で示す？

では早速 (1) から。おそらくこの大問で悩ましいのは、(2) ではなく (1) です。何が悩ましいのかは、これからの説明をご覧いただくとわかるはずです。

さて、まずは問題文にもある正八面体 V を図示してみます。この正八面体の中心は原点と一致しており、六つの頂点はみな 3 軸のいずれかの上にあります。その座標は、x, y, z の 3 成分のうちちょうど一つが $\frac{1}{\sqrt{2}}$ または $-\frac{1}{\sqrt{2}}$ であり、そのほかの二つは 0 です。だいぶ親切な配置になっていますね。各頂点には、図 1.6 のように A, B, C, D,

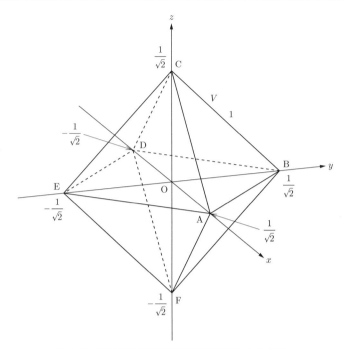

図 1.6: 正八面体 V を座標空間に配置したようす。

E, F の名称を与えておきます。

　それで、何が難しいの？と思うかもしれません。面倒なのは、この正八面体の八つの面がいずれも "斜め" になっている点です。yz 平面、zx 平面、xy 平面のいずれとも平行でないということです。これから V を平面で切断するわけですが、いま述べた理由によりその切断面も "斜め" になります。空間図形の論理的な・数的な処理が得意でないと混乱しやすいのですが、落ち着いて議論を積み重ねましょう。

[3]　(1) ポイントは、向かい合う面が平行であること。

　改めて問題文を読んでみましょう。V の一つの面と平行な平面により V を切断するのでした。正多面体ですから、その "一つの面" はどの面を選択してもよいでしょう。よって、以下は △ABC と平行な面で切断することとします。その平面を π とします。以下、二つの平面（正八面体の面のように有限の大きさのものも含む）が平行であることを △ABC // π のように表します。

　ここで重要なのは、△ABC // △DEF であることです。それも踏まえると結局 △ABC // π // △DEF $\cdots$ (*) がしたがいます。平面 π は V の 6 辺 AF, BF, BD, CD, CE, AE と共有点をもちますが、それらを順に P_1, P_2, P_3, P_4, P_5, P_6 と命名し、いったん図示

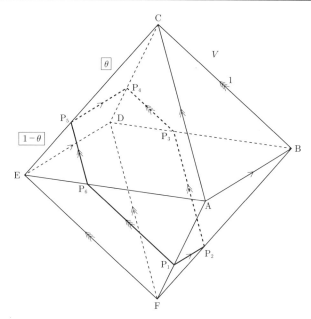

図 1.7: 正八面体 V を平面で切断したときの断面（太線部）。

してみると図 1.7 のようになります。

　同じ記号が与えられている辺たちは、互いに平行であることを意味します。なお、軸はもう不要なので消してしまいました。

　さて、平面 π は $\triangle ABC$, $\triangle DEF$ の双方と平行ですが、それだけでは平面 π は定まりません。二つの面の間ではありますが、どちらの平面に近いどれほどかを示すパラメータを設けましょう。図 1.7 でたとえば

$$AP_1 : P_1F = BP_2 : P_2F = BP_3 : P_3D = CP_4 : P_4D = CP_5 : P_5E = AP_6 : P_6E$$

が成り立ちますが、これらの比を $\theta : (1-\theta)$ $(\theta \in [0, 1])$ と定めます。$\theta = 0$ から $\theta = 1$ まで θ を連続的に動かすと、平面 π は $\triangle ABC$ から $\triangle DEF$ まで V をスキャンするように動く、ということです。

　このとき、たとえば $\triangle AFB \backsim \triangle P_1FP_2$ でありその相似比は $1 : (1-\theta)$ ですから、$P_1P_2 = 1 - \theta$ とわかります。同様に $P_3P_4 = P_5P_6 = 1 - \theta$ です。また、たとえば $\triangle FBD \backsim \triangle P_2BP_3$ でありその相似比は $1 : \theta$ ですから、$P_2P_3 = \theta$ とわかります。同様に $P_4P_5 = P_6P_1 = \theta$ です。

　以上より、切断面 $P_1P_2P_3P_4P_5P_6$ の周の長さは $(1-\theta)\cdot3 + \theta\cdot3 = 3$ $(= 一定)$ とわかりました。■

15

[4]　(2) 正方形の穴を通せるか

ようやく (1) が終わりました。これも踏まえ (2) を考えましょう。

切断面 $P_1P_2P_3P_4P_5P_6$ について、以下のことがわかっています。

- $P_1P_2 // P_5P_4,\ P_2P_3 // P_6P_5,\ P_3P_4 // P_1P_6$
- $P_1P_2 = P_3P_4 = P_5P_6 = 1 - \theta$
- $P_2P_3 = P_4P_5 = P_6P_1 = \theta$

よって、切断面は図 1.8 のような形状とわかります。ただしこの図には平面 π に $\triangle ABC$, $\triangle DEF$ など正八面体の面等の正射影も描かれており、対応する点にはプライムが付されています。また、θ ($\in [0, 1]$) によってこの断面は変形することに注意しましょう。

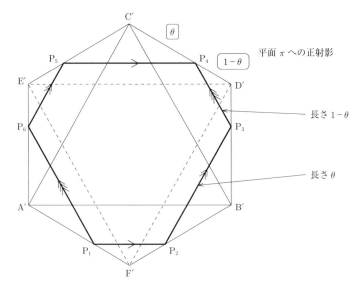

図 1.8: 正八面体 V の切断面と、V の辺たちを平面 π に正射影したもの。

V は一辺の長さが 1 の正八面体なので $A'B' = D'E' = 1$ であり、これよりたとえば $P_3P_6 = 1$ が成り立ちます。したがって、図 1.8 の断面は一辺の長さが 1 の正方形の穴に対して図 1.9 のように配置できます。

ただ、この状態だと正方形の穴のフチに V が触れてしまっています。問題文には "この平面にふれることなく" とあるので、できれば点を共有している状態は避けたいですね。そこで、この断面を正方形に対し少しだけ傾けてあげればよい、というスマートな解決法があります。

実際の試験ではそれを書いて提出すれば満点がもらえた可能性が十分にあると私は考

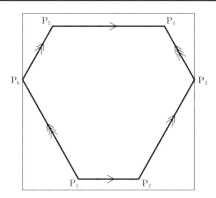

図 1.9: 正八面体 V の切断面は、このように一辺の長さ 1 の正方形にピッタリ収められる。

えています。一方で、断面を少し傾けるときの "少し" の具合を説明することや、それで平面にふれずに穴に V を通せることの説明は思いのほか難しいです。

　長さがピッタリ 1 の正方形ではなく、もう少し小さい辺長の正方形の穴に通せるということを示せば、答案での表現はだいぶ余裕になるでしょう。

　突然ですが、この切断面に外接する図 1.10 のような正方形 XYZW を考えます。図全体が線対称になるようなものです（このような正方形が存在することの証明は省略させてください）。急に何を始めるの……？と思うかもしれませんが、面白いことが起こるので楽しみにしていてください。

　正方形 XYZW の一辺の長さを λ とします。$\triangle \mathrm{XP_1P_2}$ は直角二等辺三角形ですから $\mathrm{XP_2} = \dfrac{1}{\sqrt{2}} \mathrm{P_1P_2} = \dfrac{1-\theta}{\sqrt{2}}$ が成り立ち、これより $\mathrm{YP_2} = \lambda - \dfrac{1-\theta}{\sqrt{2}}$ がしたがいます。$\triangle \mathrm{ZP_4P_5}$ も直角二等辺三角形なので $\mathrm{ZP_4} = \dfrac{1}{\sqrt{2}} \mathrm{P_4P_5} = \dfrac{\theta}{\sqrt{2}}$ が成り立ち、これより $\mathrm{YP_4} = \lambda - \dfrac{\theta}{\sqrt{2}}$ がしたがいます。

よって、$\triangle \mathrm{P_2YP_4}$ で三平方の定理を用いることにより次式を得ます。

$$\mathrm{P_2P_4}^2 = \left(\lambda - \frac{1-\theta}{\sqrt{2}}\right)^2 + \left(\lambda - \frac{\theta}{\sqrt{2}}\right)^2 = \cdots = 2\lambda^2 - \sqrt{2}\lambda + \theta^2 - \theta + \frac{1}{2} \quad \cdots ①$$

また、$\triangle \mathrm{P_2P_3P_4}$ で余弦定理を立式することにとり

$$\mathrm{P_2P_4}^2 = \theta^2 + (1-\theta)^2 - 2 \cdot \theta \cdot (1-\theta) \cdot \cos 120° = \cdots = \theta^2 - \theta + 1 \quad \cdots ②$$

ここで、①, ② は同じ長さ（の 2 乗）を計算したものですから、両者は等しくなっているべきです。よって次式がしたがいます。

$$2\lambda^2 - \sqrt{2}\lambda + \theta^2 - \theta + \frac{1}{2} = \theta^2 - \theta + 1$$

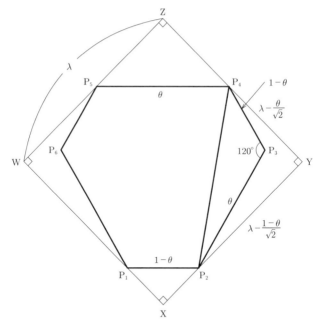

図 1.10: 正八面体 V の切断面を正方形に内接させたもの。

$$\therefore 2\lambda^2 - \sqrt{2}\lambda - \frac{1}{2} = 0 \quad \cdots ③$$

　ただ図形の計算をして λ がみたす方程式を立てただけなのですが、③ はなんとも不思議な式になっていることにお気づきでしょうか。θ によって切断面 $P_1P_2P_3P_4P_5P_6$ の形状は変化するのに、さきほどの図のように左右対称に外接する正方形の一辺の長さは θ に依存しないのです[2]！

　結局、λ の 2 次方程式 ③ を解いて適切な方の解を選択することで $\lambda = \dfrac{1+\sqrt{3}}{2\sqrt{2}}$ を得ます。つまり、正八面体 V を $\triangle ABC$, $\triangle DEF$ と平行な平面 π で切断したときの断面は、θ の値によらず一辺の長さが $\dfrac{1+\sqrt{3}}{2\sqrt{2}}$ の正方形の周・内部に収まるのです。ここで

$$\frac{1+\sqrt{3}}{2\sqrt{2}} \gtreqless 1 \iff 1+\sqrt{3} \gtreqless 2\sqrt{2} \iff \left(1+\sqrt{3}\right)^2 \gtreqless \left(2\sqrt{2}\right)^2$$

$$\iff 4+2\sqrt{3} \gtreqless 8 \iff 2\sqrt{3} \gtreqless 4$$

$$\iff \left(2\sqrt{3}\right)^2 \gtreqless 4^2 \iff 12 \gtreqless 16$$

2　この性質は、原稿執筆時に初めて気づきました。

および $12 < 16$ より $\dfrac{1+\sqrt{3}}{2\sqrt{2}} < 1$ となっています[3]。

　以上のことから、一辺の長さ 1 の正方形の穴に V を通すことが可能であるといえます。具体的には、たとえば以下のように説明するとよいでしょう。

　穴を含む平面を α とします。穴の対角線の交点を中心とし、その穴の図形を $\dfrac{1+\sqrt{3}}{2\sqrt{2}}$ (< 1) 倍にした領域 S を考えます。これは穴よりわずかに小さい正方形領域ですが、周・内部の双方を含むこととしましょう。

　いよいよ V を穴に通します。まず、V のうち △ABC を平面 α と平行な向きにし、△ABC を S に収めます。ここまでの議論により、V を △ABC, △DEF と平行な平面で切断した断面は S に収めることができるのでした。これは、△ABC $/\!/$ α を保ち、かつ α による V の断面がつねに S に含まれるように動かせることを意味します。すると、やがて △DEF は平面 α 上にきて、かつ S に含まれている状態になります。これで穴に V を通すことができました。■

　たとえば大きな荷物を建物の出入口から出し入れするときに、荷物をどのような向きにしてやれば通せるのか知りたいことがあるでしょう。そんなときは、荷物の断面が出入口（の穴）につねに収まるようにすればよいのです。もちろん、実際には扉自体にぶつけたり、荷物自体を傾けて壊したりしないよう、お気をつけくださいね。

3　実際の値は $\dfrac{1+\sqrt{3}}{2\sqrt{2}} = 0.9659\cdots$ であり、かなりギリギリです。

東大入試数学には "大小評価" の問題がたくさんある

　第 1 章 §3 では、一辺の長さ 1 の正八面体を、一辺の長さ 1 の正方形の穴に通せるか否かを調べました。

　東大入試数学の問題には、こうした "大小評価" に関するものがいくつもあります。最もよく知られているのは、やはりこれでしょう。

　　　円周率が 3.05 より大きいことを証明せよ。（2003 年 理系数学 第 6 問）

　また、理系数学（数学 III）を勉強した方であれば、以下の問題たちも見たことがあるかもしれません。

$$\int_0^\pi e^x \sin^2 x \, dx > 8 \text{ であることを示せ。ただし } \pi = 3.14\cdots \text{ は円周}$$
率、$e = 2.71\cdots$ は自然対数の底である。（1999 年 理系数学 第 6 問）

　e を自然対数の底、すなわち $e = \lim\limits_{t \to \infty} \left(1 + \dfrac{1}{t}\right)^t$ とする。すべての正の実数 x に対し、次の不等式が成り立つことを示せ。
$$\left(1 + \frac{1}{x}\right)^x < e < \left(1 + \frac{1}{x}\right)^{x + \frac{1}{2}}$$
（2016 年 理系数学 第 1 問）

　大小評価の問題が東大入試に多数存在することには次のような理由がある、と私は（勝手に）推測しています。

- 評価の方法が多様であることが多い。
- 一方で、その評価の方法は問題文からすぐにはわからないことが多い。
- 丁寧に論理を組み立てることが不可欠である。
- 途中過程で計算力も問われる。

　大学入試において、与えられた式の計算を実行するだけの問題はある意味ありがたいものです。一定のルールに則って計算をこなせば正解できるからです。一方、上に挙げたような問題では、まずいくつかのアプローチを通して証明などを試みる必要があります。また、証明の方針が決まったとしても、そこから答案を仕上げるまで一苦労です。そのうえで、ただの計算問題同様、正確に計算をしないといけません。

　証明を中心とした大小評価の問題は、高校までの数学で培ってきた力が総合的に試されます。だから東大入試ではよく出題されるのでしょう。

第2章

ものづくりの裏側

§1 限りある資源を大切に

[1] テーマと問題の紹介

建築などに用いる木材は、当然ですが最初からそのような形で森林に存在するわけではなく、樹木から切り出されています。木材を切り出す際、大きな木材が欲しい場合はそれ相応の大きな樹木から切り出すべきでしょう。とはいえ、樹木の大きさや太さには限界がありますから、なるべくむだがないように切り出したいですね。石材や宝石についても、やはりなるべくむだがないように切り出したいものです。このように、限られたモノをできる限りむだなく加工したい場面は、世の中にたくさんあります。

題材　1963 年 文系数学 第 4 問・理系数学 第 4 問

　一辺の長さ a の正四面体 ABCD の辺 AB, AC, AD の上に A から等距離にそれぞれ点 P, Q, R をとり、P, Q, R から面 BCD に下した垂線の足をそれぞれ P', Q', R' とする。

1. 三角柱 PQR-P'Q'R' の体積が最大になるときの AP の長さを求めよ。
2. この三角柱の体積の最大値 V_0 と正四面体 ABCD の体積 V の比 $\dfrac{V_0}{V}$ を求めよ。

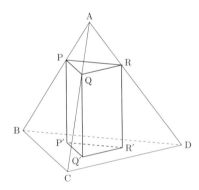

正四面体から三角柱を切り出すという設定です。かなりの部分を切り落とすことになりますが、運搬や納品の都合でこのように積みやすい形に切り出したい状況はあるかもしれません。なるべくロスが少ない形で切り出すには、点 P, Q, R をどのような位置にとればよいのでしょうか。また、その場合、どれほどの体積を残すことができるのでしょうか。

[2]　問題の大まかな構造と変数の設定

点 P, Q, R の位置によって、この三角柱の底面積・高さは変化します。まずは、その大まかなふるまいを分析してみましょう。

感覚的には、点 P, Q, R を点 A の近くにとることで三角柱の高さを大きくできることがわかります。しかし、そうすると △PQR の面積が小さくなってしまいます。だからといって点 P, Q, R を △BCD の近くにとると、底面積が大きくなる代わりに高さが小さくなってしまいます。高さと底面積がトレードオフになっているわけです。

P, Q, R を A に限りなく近づけると、高さは有限で底面積は 0 に近づきますから、体積は 0 に近づきます。逆に △BCD に限りなく近づけると、底面積は有限で高さは 0 に近づきますから、やはり体積は 0 に近づきます。図 2.1 を参照すると明快でしょう。

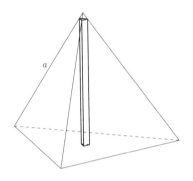 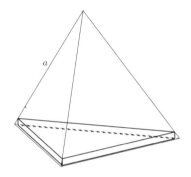

高さをギリギリまで大きくする
→底面積が 0 に近づいてしまう

底面積をギリギリまで大きくする
→高さが 0 に近づいてしまう

図 2.1: 内分点 P, Q, R を極端な位置にした場合の三角柱の体積。

よって、P, Q, R があるちょうどよい高さにあるとき体積が最大となりそうだ、と予想できますね。それが具体的にどこなのか、数学の力で解き明かしていきます。その際、変数の設定が必要です。$AP = AQ = AR$ とするので独立変数は一つのみなのですが、あなたならどのように変数を設定しますか？

最もシンプルなのは、AP $(= AQ = AR)$ の長さを変数とするものでしょう。もちろんそれでもかまわないのですが、一辺の長さが a でない正四面体にも結果を転用できるようにしたいです。そこで、図 2.2 のように正四面体の一辺の長さ a に対する AP の長さの割合を変数とし、これを θ とします。つまり、$AP = \theta a = \theta AB \ (0 < \theta < 1)$ とするのです。

考えている対象のスケールで除算して無次元量にすることのメリットは、この後の計算をご覧になれば実感していただけるはずです。

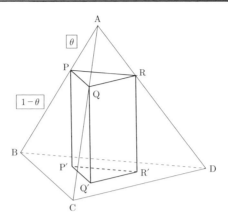

図 2.2: 正四面体の一辺の長さ a に対する AP の長さの比を θ と定める。

[3]　四面体の体積に対する割合を θ で表す

　では、三角柱 PQR–P′Q′R′（以下単に "三角柱"）と正四面体 ABCD（以下単に "正四面体"）の体積を各々求めましょう。……という流れが一見自然なのですが、実はそれらの体積自体を計算する必要はありません。本問で問われているのはあくまで

1　三角柱の体積が最大になるときの AP の長さ

2　三角柱の体積の最大値 V_0 と正四面体の体積 V の比 $\dfrac{V_0}{V}$

であり、体積自体は問われていないのです。

　……そうはいっても、三角柱と正四面体の体積を計算しないと比も計算できないのでは？と思うかもしれません。でも、その計算なしに本問の答えは出せます。では早速、それに取りかかりましょう。

　四面体の体積 V に対する三角柱 PQR–P′Q′R′ の体積の比率を、θ の関数として表すのがいまの目的です。

　三角柱の底面をなす 3 点 P′, Q′, R′ は、点 P, Q, R を平面 BCD に垂直に射影した点です。AP = AQ = AR ですから、対称性より △P′Q′R′ は正三角形をなします（これは認めてしまってよいでしょう）。たとえば図 2.3 より △APQ ∽ △ABC であり、その相似比は AP : AB = θ : 1 ですから、△PQR と △BCD との相似比も θ : 1 となります。よって、三角柱と正四面体の底面積比は θ^2 : 1 とわかります。

　そして、点 A から △BCD に下ろした垂線の足を H′ とすると、図 2.4 より △BPP′∽ △BAH′ です。ここから三角柱と正四面体の高さの比は BP : BA = $(1 - \theta)$: 1 とわかります。

　以上より、三角柱と正四面体の体積比は次のように求められます。

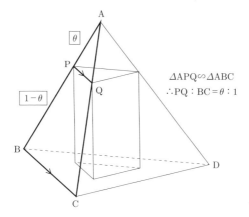

図 2.3: 相似な三角形に着目することで三角柱の底面積を計算する。

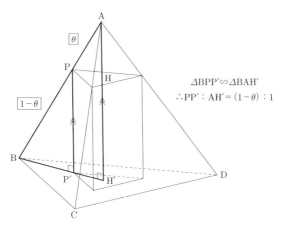

図 2.4: またしても相似な三角形に着目することで三角柱の高さを計算する。

$$\frac{(三角柱の体積)}{(正四面体の体積)} = \frac{(三角柱の底面積)}{(正四面体の底面積)} \cdot \frac{(三角柱の高さ)}{(正四面体の高さ)} \cdot \left(\frac{1}{3}\right)^{-1}$$
$$= 3\theta^2(1-\theta)$$

ここで、$\frac{1}{3}$ は錐体の体積公式にあるもので、柱体と錐体の体積比なので相殺されず残っています。

[4] 体積比の極大点を探す

では、体積の極大点がどこかを突き止めることとしましょう。$f(\theta) := 3\theta^2(1-\theta)$ と定めます（これが両者の体積比なのでした）。定義域は $0 < \theta < 1$ であり、f の導関数は

$$\frac{d}{d\theta}f(\theta) = 3 \cdot 2\theta \cdot (1-\theta) + 3 \cdot \theta^2 \cdot (-1) = 3\theta(2-3\theta)$$

ですから、増減表は次のようになります。

θ	(0)	$\cdots$	$\dfrac{2}{3}$	$\cdots$	(1)
$\dfrac{d}{d\theta}f(\theta)$		$+$	0	$-$	
$f(\theta)$	(0)	↗	$\max$	↘	(0)

　正四面体の体積は一定ですから、三角柱の体積の増減と両者の体積比の増減は同じです。よって三角柱 PQR–P′Q′R′ の体積は $\theta = \dfrac{2}{3}$、つまり AP $= \dfrac{2}{3}a$ で最大値をとります（これが問題 1 の答え）。そして、そのときの体積比 $\dfrac{V_0}{V}$ は

$$\frac{V_0}{V} = f\left(\frac{2}{3}\right) = 3 \cdot \left(\frac{2}{3}\right)^2 \cdot \left(1 - \frac{2}{3}\right) = \frac{4}{9}$$

です（これが問題 2 の答え）。ベストを尽くせば 4 割以上は切り出せることがわかりました。

　ものづくりの根本である "材料" を効率よく用いることで原価が抑えられますし、調達の回数も減らせます。環境保護にもつながりそうですね。

§2 ロボットアームの動く範囲は？

[1] テーマと問題の紹介

腕や足のついたロボットを製作するとき、意識しなければいけないことの一つに "可動域" があります。

たとえば腕を動かしてものを掴んだり押したりするとき、自由に動きすぎて自身のボディにぶつかってしまうと、ボディが損壊したり倒れてしまったりする可能性があります。一方で、そのリスクを恐れて角度などのパラメータの範囲を小さくしすぎると、今度はできる作業が少なくなってしまい本末転倒です。

題 材 **1982 年 文系数学 第 1 問**

平面上に 2 定点 A、B があり、線分 AB の長さ $\overline{\text{AB}}$ は $2\left(\sqrt{3}+1\right)$ である。この平面上を動く 3 点 P, Q, R があって、つねに

$$\overline{\text{AP}} = \overline{\text{PQ}} = 2, \quad \overline{\text{QR}} = \overline{\text{RB}} = \sqrt{2}$$

なる長さを保ちながら動いている。このとき、点 Q が動きうる範囲を図示し、その面積を求めよ。

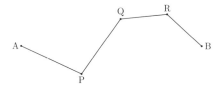

本問は、折れ線状のアームにおけるノード Q の可動域を調べる問題です。現物が手元にあれば P, Q, R をいろいろいじっておおよその可動域を調べることができるのですが、毎回アームを 1 組だけ製造して可動域を調べ、また微修正をして……ということはコスト面でも時間面でもなかなかできません。

そこで、数学的な考察で可動域を調べることとします。CAD を使うにしても、オブジェクトたちの拘束条件はこちらで与えなければなりませんし、現実でも以下の議論は役立つことでしょう。

[2] いろいろなものが動く。でも完全に自由ではない。

このアームにおいて "変化しうる量" を列挙すると、たとえば次のようになります。

- AP の向き、PQ の向き、QR の向き、RB の向き
- ∠APQ, ∠PQR, ∠QRB
- AQ の長さ、PR の長さ、QB の長さ、AR の長さ、PB の長さ

ご覧のとおり、本問のアームはさまざまなものの向きや角度、長さが変化するのです。

しかし、当然ながらこれらのすべてが互いに独立であるわけではありません。たとえば AP と PQ の向きを決めてしまうと、（AP, PQ の長さはあらかじめ 2 と決まっているため）点 P, Q の位置は確定しますし、点 R も（QR, RB の長さもあらかじめ $\sqrt{2}$ と決まっているため）高々 2 か所にしか存在しえません。具体例は図 2.5 のとおりです。

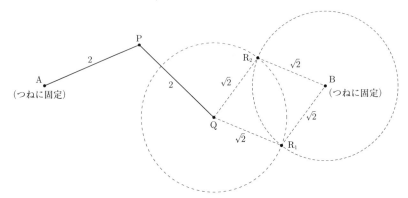

図 2.5: AP, PQ 双方の向きを決定すると、点 R は高々 2 か所にしか存在しえない（この図は 2 か所の場合）。

しかもあくまで "高々" 2 か所であって、AP・PQ の向きによっては点 R の位置が 1 か所に確定したり、そもそも存在しなかったりします。それらを具体的に図示すると図 2.6、図 2.7 のようになります。

変動する角度や長さはたくさんあるのですが、それらの間にはいくつかの拘束条件が課されており、なんでも自由に動かすわけにはいかないのです。なんだか複雑に思えてきましたね。あなたなら、どのようなアプローチで拘束条件を整理し、ノード Q の可動域とその面積を求めますか？

[3]　点 Q を主役にするとシンプル！

本問には複数のアプローチがあると思うのですが、点 Q を主役にし、"点 Q がこの位置にくるようにアーム APQ とアーム BRQ をうまくいじれるか？" を検証するのが明快でしょう。

たとえば、線分 AB 上の点 A からの距離が 4 である点に点 Q をもってこられるか考えてみましょう。AP = 4 = 2 + 2 ですから、アーム APQ は図 2.8 のように完全に

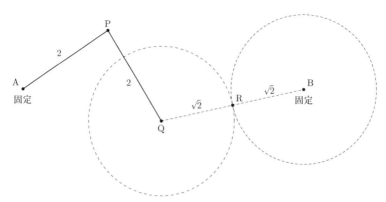

図 2.6: AP・PQ の向きによっては、点 R がちょうど 1 か所にしか存在しないこともある。

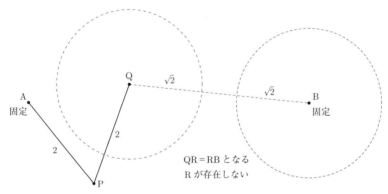

図 2.7: そもそも点 R がどこにも存在しえない場合もある。つまり、長さ $\sqrt{2}$ のアーム 2 本では "届かない" ということ。

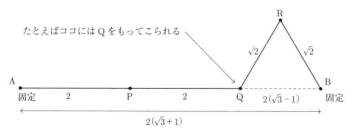

図 2.8: たとえば線分 AB 上の AQ = 4 となる点には、アームをこのような状態にすることで（実際に）到達できる。

まっすぐ伸ばせばちょうど到達できます。点 B からみると点 Q はだいぶ近くにあるので、アーム BRQ の部分はうまいこと折りたたんでおけば問題ないでしょう。

　点 A に近い方から順にアームを動かして……などと考えると複雑ですが、ゴールを決めてそこに到達できるか検証することで問題をシンプルに解決できそうです。というわけで、この方針を採用して問題を解決します。

　とはいえ、平面上の点全体でさきほどのような作業をするのは大変なので、もう少し工夫します。まず、平面上に 1 点 Q′ をとったとき、そこに点 Q がくるようなアームの配置が存在することは、次の 2 条件の連立と必要十分です。

　(a)　点 A から長さ 2 の線分二つをつないで Q′ に到達できる。
　(b)　点 B から長さ $\sqrt{2}$ の線分二つをつないで Q′ に到達できる。

つまり、条件 (a), (b) をみたす点 Q′ の範囲を（平面全体を全体集合とみたときの部分集合として）各々 D_A, D_B と定めると、点 Q の可動域は $D_A \cap D_B$ となるわけです。しかも、(a), (b) の 2 条件は線分の長さ以外同じですから、たとえば D_A を求めたら、あとはそれを $\frac{\sqrt{2}}{2}$ 倍に拡大して適宜移動すれば D_B も得られます。冒頭の問題を初めて読んだときと比べると、だいぶ解けそうな気がしてきませんか？

[4]　領域 D_A の形状を突き止める

　というわけで、条件 (a) をみたす領域 D_A を求めれば問題は実質的に解決するので、これを求めることとしましょう。D_A の形状を予想すること自体は平易なのですが、それが正しいことをスマートに証明するのは、数学の証明に慣れていないと思いのほか苦労するかもしれません。本問の場合、以下のように必要性・十分性の両サイドから攻めるのが簡潔でしょう。具体例は図 2.9 を参照してください。

　まず、A を中心とする半径 4(= 2 + 2) の円の周および内部を C_A とします。点 A から長さ 2 のアーム二つをつないで到達できる領域は、必ず C_A に含まれます。アームを限界まで伸ばしても長さが高々 4 にしかならないためです。あるいは、"C_A の外部の点と A との距離は 4 より大きくなるから届かない" と考えると納得しやすいかもしれません。

　逆に、C_A 上に点 Q′ が存在すれば、A から Q′ まで線分二つで到達できます。これは次のように考えるとよいでしょう。点 Q′ が C_A に属する場合、AQ′ ≤ 4 となります。よって、A を中心とする半径 2 の円と Q′ を中心とする半径 2 の円は共有点を 1 個以上もちます。その点（のうち 1 個）を点 P とすれば、AP = 2 かつ PQ′ = 2 となっているので、点 Q′ まで A 側の二つの線分で到達する方法を構成できたことがわかります。

　結局、D_A は C_A そのものであることがわかりました。

　D_B についても、スケールが変わるのみで同様に考えることができ、B を中心とする半径 $2\sqrt{2}$ の周および内部であることがわかります。

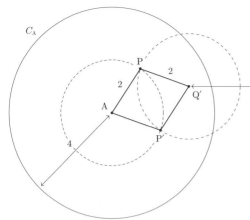

① Q′が C_A の周 or 内部にあることが到達の必要条件
① ココに点 A から折れ線二つで到達したい
② 点 A, Q′ を中心に半径 2 の円を描く
③ ②の 2 円の共有点(のうち 1 個)を P とすればよい

図 2.9: C_A の周または内部に点 Q′ をとったとき、そこに点 Q が位置するようなアームの位置の求め方。

[5] 点 Q の可動域とその面積は……

以上の結果をまとめると、点 Q の可動域、つまり $D_A \cap D_B$ は図 2.10 の濃い影の部分であるとわかります。なお、A を中心とする半径 4 の円と B を中心とする半径 $2\sqrt{2}$ の円との共有点を Q_1, Q_2 とし、線分 AB と線分 $Q_1 Q_2$ との交点を H と定めています。

あとは面積を計算するのみです。図形全体が直線 AB に関して対称となっていることから、AB $\perp$ $Q_1 Q_2$ です。そこで $\triangle AHQ_1$, $\triangle BHQ_1$ で三平方の定理を用いると

$$AH = \sqrt{4^2 - Q_1 H^2}, \quad BH = \sqrt{\left(2\sqrt{2}\right)^2 - Q_1 H^2}$$
$$\therefore \sqrt{16 - Q_1 H^2} + \sqrt{8 - Q_1 H^2} = 2\left(\sqrt{3} + 1\right)$$

を得ます。左辺は $Q_1 H$ について狭義単調減少な関数であり、$Q_1 H = 2$ とすると等号が成り立つため、$Q_1 H = 2$ と決定できます。ここから $\triangle AHQ_1$, $\triangle BHQ_1$ を考えることで、$\angle Q_1 AH = \dfrac{\pi}{6}$, $\angle Q_1 BH = \dfrac{\pi}{4}$ とわかります。図形（領域）X の面積を $|X|$ と表すことにすると

$$|D_A \cap D_B| = (|\text{扇形 } AQ_1 Q_2| - |\triangle AQ_1 Q_2|) + (|\text{扇形 } BQ_1 Q_2| - |\triangle BQ_1 Q_2|)$$
$$= \frac{1}{2} \cdot 4^2 \cdot \left(\frac{\pi}{3} - \sin\frac{\pi}{3}\right) + \frac{1}{2} \cdot \left(2\sqrt{2}\right)^2 \cdot \left(\frac{\pi}{2} - \sin\frac{\pi}{2}\right)$$
$$= 8\left(\frac{\pi}{3} - \frac{\sqrt{3}}{2}\right) + 4\left(\frac{\pi}{2} - 1\right)$$
$$= \frac{14}{3}\pi - 4\sqrt{3} - 4$$

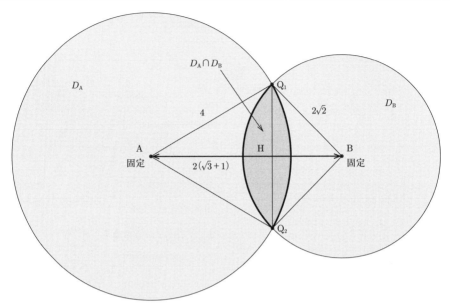

図 2.10: 点 Q の可動域は、二つの円 D_A, D_B の共通部分（濃い影の部分）となる。

となります。以上より、点 Q の可動域の面積は $\dfrac{14}{3}\pi - 4\sqrt{3} - 4$ とわかりました。

　実際のものづくりにおいては、本問のような "可動域" やパーツどうしの干渉を考慮することが欠かせません。その際、毎回なんとなく試作して調整しまくるわけにはいかず、やはりこうした数学的議論は欠かせません。

§3 星の動きをつかめ！

[1] テーマと問題の紹介

地球上には、ある時期に日が沈まない地域や、逆に日が昇らない地域があります。たとえば北極点は、夏至周辺になるとずっと昼、冬至周辺になるとずっと夜になります。生まれてからずっと日本で暮らしている私には想像もできません。生活サイクルが乱れてしまいそうですね（まあ、私はそうでなくとも勝手に昼夜逆転していますが）。

地球は 1 日 1 回自転をしており、その回転軸（地軸といいます）が地球の太陽周りの公転面に対して 23.4° 程度傾いています。それが上述の現象が起こる理由です。日本は緯度が低いので、そこまで極端な日は年間を通じて存在しませんが、昼夜の長さの違いや気温の違いという形でマイルドに表れていますね。

題材　1973 年 理系数学 第 1 問

S を中心 O、半径 a の球面とし、N を S 上の 1 点とする。点 O において線分 ON と $\frac{\pi}{3}$ の角度で交わる一つの平面の上で、点 P が点 O を中心とする等速円運動をしている。その角速度は毎秒 $\frac{\pi}{12}$ であり、また OP $= 4a$ である。点 N から点 P を観測するとき、P は見え始めてから何秒間見え続けるか。また P が見え始めた時点から見えなくなる時点までの、NP の最大値および最小値を求めよ。ただし球面 S は不透明であるものとする。

地球の半径は 6400 km 程度で、太陽周りの公転半径は 1 億 5000 万 km です。その比は $1 : 2 \times 10^4$ くらいのオーダであり、公転半径に比べたら地球の半径はほとんど "あってないようなもの" です。これにより、夏至と冬至の昼夜の時間は概ねバランスよく逆になっています。

ところが、地球の半径が公転半径に比べて無視できない大きさだとしたら、このバランスは崩れる可能性があります。極端な話、地球の半径が公転半径より少し小さい程度だとしたら、1 年間のうちほとんどの時間、北極点から太陽は見えないと予想できます。地球自体の大きさがとにかくジャマになるからです。それをイメージしつつ本問に取り組んでみると、一見無機質な解析幾何の問題も楽しく解けるでしょう。

[2] まずは状況理解とセッティング

問題文では図が与えられていないため、まずは問題文の読解から始めます。球面 S の中心 O を原点とする座標空間を考えます。そして、S 上の点 $(0, 0, a)$ を N としましょ

う。点 O において線分 ON と $\dfrac{\pi}{3}$ の角をなす平面は、z 軸を中心に任意の角度だけ回転させてもやはり問題文の条件をみたしますから、傾斜方向の自由度があります。ここでは勾配ベクトルが $^t\!\left(0,\ \sqrt{3},\ 1\right)$ と平行になるように平面の向きを定めます。言い換えると、yz 平面との交線が直線 $z = \dfrac{1}{\sqrt{3}}y\ (\wedge x = 0)$ となる向きにする、ということです。この平面を α とよぶこととします。以上をまとめると図 2.11 のようになります。

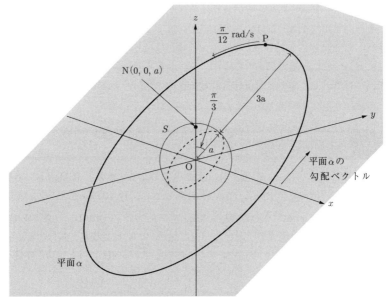

図 2.11: 本問の状況。半直線 ON が z 軸正部分と重なり、平面 α の勾配ベクトルが $^t\!\left(0,\ \sqrt{3},\ 1\right)$ となるようにしている。

図にしてみると状況をだいぶイメージしやすいですね。大学入試の空間図形の問題では、設定を理解して図示したり、座標を設定したりするまでが山場ということも珍しくありません。

さて、この後求めなければならないものは以下の二つです。

(a) 点 N から "見える" 範囲

(b) 点 P の軌跡

まずは (a) 点 N から "見える" 範囲について考えましょう。これは、図 2.11 を眺めていると逆にわかりづらいかもしれません。球をとても大きいものだと思って、あなたが点 N に座って観察している状況を想像してみてください。周囲に大きな建物や森林がなければ、360° 全方向で水平線が見えることでしょう。その水平線は、球面 S の存在に

よって生じるものです。ということは、点 N から観察したときに "見える" 範囲は、球面 S の点 N における接平面（β とします）により隔てられる二つの空間のうち S のない方であるとわかります。前述の座標設定に基づくと、平面 β の方程式は $z = a$ となりますから、ある点が点 N から見える条件は $z \geq a$ とわかります[1]。

次に (b) 点 P の軌跡について考えましょう。点 P は、平面 α 上で点 O を中心とする半径 $4a$ の円上を運動しています。そのような点の座標を、時刻 t を用いて表示することとします。なお、$t = 0$ における点 P の座標は $(4a, 0, 0)$ であり、ここから角速度 $\dfrac{\pi}{12}$ rad/s で図の矢印の方向に回転するものとします。したがって、たとえば $t = 6\,\mathrm{s}$ で z 座標が最大となり、$t = 24\,\mathrm{s}$ で再び点 $(4a, 0, 0)$ に戻ってきます。

[3] 点 P の座標の求めかた

さて、一体どうすれば点 P の座標を t の関数として表せるでしょうか。極端に難しい課題ではありませんが、空間座標の取扱いに不慣れだと思いのほか悩むと思います。ご自身でもぜひ座標の求め方を考えたうえで、以下をお読みください。

ここでは二つの方法をご紹介します。第 1 の方法は、いったん xy 平面で半径 $4a$ の円を考え、その円上の点を x 軸周りに回転するというもの。第 2 の方法は、二つの空間ベクトルを活用するものです。特に後者は使い慣れると、便利で楽しい方法です。

まず第 1 の方法から。図 2.12 を参照しつつお読みください。いったん、xy 平面において原点を中心とする半径 $4a$ の円を考え、この円上を点 P′ が動くものとします。時刻 $t = 0$ で点 P′ の座標は $(4a, 0, 0)$ であり、角速度 $\dfrac{\pi}{12}$ rad/s で第 1 象限 → 第 2 象限 → 第 3 象限 → 第 4 象限 → 第 1 象限……という具合に回転するとしましょう。このとき、時刻 t における点 P′ の座標は $\mathrm{P}'\left(4a \cos \dfrac{\pi t}{12},\ 4a \sin \dfrac{\pi t}{12},\ 0\right)$ となります。次に、x 軸を

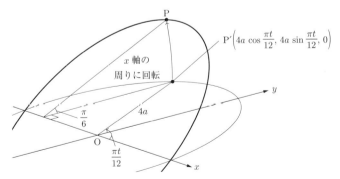

図 2.12: xy 平面上の点を x 軸を軸として回転移動し、公転軌道に乗せる。

---

1 不等式に等号をつけるか否かは定かではありませんが、NP の最大値・最小値も問われていることですし、ここでは等号をつけておきます。

中心として図のように $\dfrac{\pi}{6}$ 回転させます（見やすさのために z 軸を省略）。

こうすれば、移動後の点がまさに時刻 t における点 P であるという寸法です。あとは移動後の点の座標を計算するのみです。この移動は x 軸を中心とした回転移動ですから、これにより x 座標は変化しません。変化するのは y 座標および z 座標のみです。そこで、図 2.13 のように平面 $x = 4a \cos \dfrac{\pi t}{12}$ を観察してみましょう。

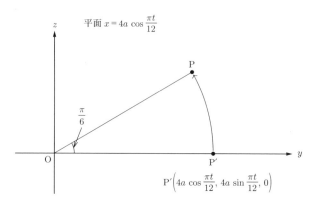

平面 $x = 4a \cos \dfrac{\pi t}{12}$

$\dfrac{\pi}{6}$

P

P′

P′$\left(4a \cos \dfrac{\pi t}{12},\ 4a \sin \dfrac{\pi t}{12},\ 0\right)$

図 2.13: 点 P′ の回転を x 正方向から見たようす。

この平面において、点 P′ は原点を中心として反時計回りに $\dfrac{\pi}{6}$ rad だけ回転します。移動後の y 座標および z 座標は、たとえば回転行列により次のように計算できます。

$$
\begin{pmatrix} y_{\mathrm{P}} \\ z_{\mathrm{P}} \end{pmatrix} = \begin{pmatrix} \cos \dfrac{\pi}{6} & -\sin \dfrac{\pi}{6} \\ \sin \dfrac{\pi}{6} & \cos \dfrac{\pi}{6} \end{pmatrix} \begin{pmatrix} y_{\mathrm{P}'} \\ z_{\mathrm{P}'} \end{pmatrix} = \begin{pmatrix} \dfrac{\sqrt{3}}{2} & -\dfrac{1}{2} \\ \dfrac{1}{2} & \dfrac{\sqrt{3}}{2} \end{pmatrix} \begin{pmatrix} 4a \sin \dfrac{\pi t}{12} \\ 0 \end{pmatrix}
$$

$$
= \begin{pmatrix} 2\sqrt{3}a \sin \dfrac{\pi t}{12} \\ 2a \sin \dfrac{\pi t}{12} \end{pmatrix}
$$

よって、時刻 t における点 P の座標は $\left(4a \cos \dfrac{\pi t}{12},\ 2\sqrt{3}a \sin \dfrac{\pi t}{12},\ 2a \sin \dfrac{\pi t}{12}\right)$ とわかりました。

第 2 の方法をご紹介します。それは、平面 α と平行で直交する二つの空間ベクトルを用いるものです。たとえば

$$
\vec{u} := {}^t(4a,\ 0,\ 0), \quad \vec{v} := {}^t\left(0,\ 2\sqrt{3}a,\ 2a\right)
$$

という二つが条件をみたします。どこから出てきたの？と思うかもしれませんが、平面

α が x 軸方向に勾配をもたないことに着目すればすんなり求められます。図 2.14 を見るとイメージしやすいでしょう。なお、$\overrightarrow{v}$ は α の勾配ベクトルと平行です。

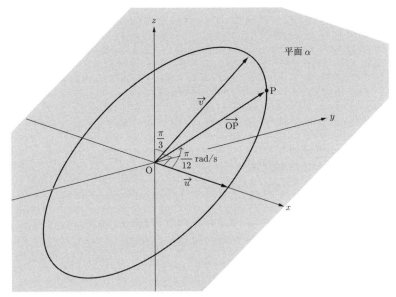

図 2.14: 平面 α 上に二つのベクトルをとったようす。

点 P は時刻 $t = 0$ で点 $(4a,\, 0,\, 0)$ に存在し、円上を図の矢印の向きに角速度 $\dfrac{\pi}{12}$ rad/s で動くとしています。時刻 t における平面 α 上での偏角は $\dfrac{\pi t}{12}$ ですが、そのとき点 P は次式をみたします。

$$\overrightarrow{\text{OP}} = \left(\cos \frac{\pi t}{12}\right) \overrightarrow{u} + \left(\sin \frac{\pi t}{12}\right) \overrightarrow{v}$$

よって、点 P の座標は次のように計算できます（縦ベクトルですが、座標がわかったのと同義ですね）。

$$\overrightarrow{\text{OP}} = \cos \frac{\pi t}{12} \begin{pmatrix} 4a \\ 0 \\ 0 \end{pmatrix} + \sin \frac{\pi t}{12} \begin{pmatrix} 0 \\ 2\sqrt{3}a \\ 2a \end{pmatrix} = \begin{pmatrix} 4a \cos \dfrac{\pi t}{12} \\ 2\sqrt{3}a \sin \dfrac{\pi t}{12} \\ 2a \sin \dfrac{\pi t}{12} \end{pmatrix}$$

ベクトル $\overrightarrow{u}$, $\overrightarrow{v}$ に三角関数の係数 $\cos \dfrac{\pi t}{12}$, $\sin \dfrac{\pi t}{12}$ の係数をつけて線型結合を考えることで、傾いた円上の点を表せるというのがポイントです。初めてこの表現手法に出会ったとき、私は感動しました。

[4]　点 N から点 P が見える時間の長さは？

ではいよいよ、本問の答えに迫ります。ここまでで以下のことがわかりました。

(a)　点 N から "見える" 範囲は、不等式 $z \geq a$ により表される。

(b)　時刻 $t = 0$ での点 P の座標が $(4a, 0, 0)$ であり、これまでの図の向きに $\dfrac{\pi}{12}$ rad/s の

　　角速度で動くとき、時刻 t での点 P の座標は $\left(4a\cos\dfrac{\pi t}{12}, 2\sqrt{3}a\sin\dfrac{\pi t}{12}, 2a\sin\dfrac{\pi t}{12}\right)$

　　である。

よって、点 N から点 P が見えるための時刻 t の条件は

$$2a\sin\frac{\pi t}{12} \geq a \qquad \therefore \sin\frac{\pi t}{12} \geq \frac{1}{2} \quad \cdots (*)$$

とわかります。点 P は周期運動をしており、N から見たときに P が地平線から現れて地平線へ沈んでいくまでの時間幅は同じです。よって $0 \leq \dfrac{\pi t}{12} < 2\pi$ の範囲（1 周期）のみ考えることにすると、不等式 $(*)$ の解は

$$\frac{\pi}{6} \leq \frac{\pi t}{12} \leq \frac{5}{6}\pi \qquad \therefore 2 \leq t \leq 10$$

となり、点 N から見て地平線より上に点 P がある時間の長さは $10 - 2 = \underline{8\,\mathrm{s}}$ とわかります。

[5]　NP の最大値・最小値は？

引き続き、点 N から点 P が見える $\dfrac{\pi}{6} \leq \dfrac{\pi t}{12} \leq \dfrac{5}{6}\pi$ の範囲でのみ考えます。以下 $\varphi_t := \dfrac{\pi t}{12}$ とします。$\dfrac{\pi}{6} \leq \varphi_t \leq \dfrac{5}{6}\pi$ であることに注意しつつ、NP を φ_t の関数で表し、その最大値・最小値を探ります。

線分長は 0 以上の実数ですから、NP ではなく NP^2 の最大値・最小値を考えればよいですね。点 N の座標は $(0, 0, a)$、点 P の座標は $(4a\cos\varphi_t, 2\sqrt{3}a\sin\varphi_t, 2a\sin\varphi_t)$ でしたから

$$\mathrm{NP}^2 = (4a\cos\varphi_t - 0)^2 + \left(2\sqrt{3}a\sin\varphi_t - 0\right)^2 + (2a\sin\varphi_t - a)^2$$

$$\therefore \frac{\mathrm{NP}^2}{a^2} = 16\cos^2\varphi_t + 12\sin^2\varphi_t + 4\sin^2\varphi_t - 4\sin\varphi_t + 1$$

$$= 17 - 4\sin\varphi_t$$

が成り立ちます。φ_t は $\dfrac{\pi}{6} \leq \varphi_t \leq \dfrac{5}{6}\pi$ の範囲を動くため、$\sin\varphi_t$ のとりうる値の範囲は $\dfrac{1}{2} \leq \sin\varphi_t \leq 1$ です。よって、NP^2 のとりうる値の範囲は

$$(17 - 4 \cdot 1)a^2 \leq \mathrm{NP}^2 \leq \left(17 - 4 \cdot \frac{1}{2}\right)a^2 \qquad \therefore 13a^2 \leq \mathrm{NP}^2 \leq 15a^2$$

であり、NP のとりうる値の範囲は $\sqrt{13}a \leq \mathrm{NP} \leq \sqrt{15}a$ とわかります。なお、つまり、

NP の最大値は $\sqrt{15}a$、最小値は $\sqrt{13}a$ です。本問の答えなどを図示すると図 2.15 のようになります。

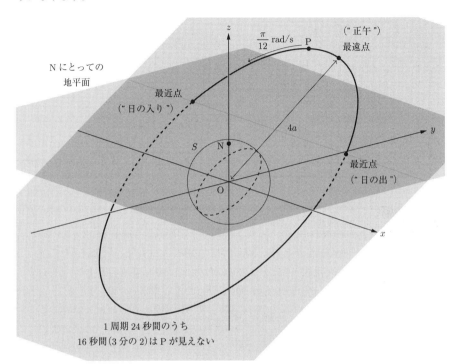

図 2.15: 本問の結論。N から P が見えるのは、1 周期 24 秒間のうち 8 秒間（3 分の 1）となる。

点 P が見える時間は、各周期の $\frac{1}{3}$ です。たとえば S を地球、点 P を太陽だと思ったら[2]、"昼" の長さは 8 時間となります。冬の札幌でも昼は 9 時間 $\left(> 24 \text{ 時間} \times \frac{1}{3} \right)$ 程度あり、それより短いことになります。

球自体の大きさが "昼" の長さに大きく影響することがわかりましたね。

本問のようにある地点からある対象が見えるか否かを分析することは、たとえば建物の内部設計をするときや、モニター・カメラなどの配置を考えるときに重要となります。

2　もちろん、実際に回っているのは地球の方です。あくまで地球からの見え方の話だと思ってください。

§4 光はどこを目指して進むのか

[1] テーマと問題の紹介

最近は多数の動画配信サービスがあるのであまり使わなくなりましたが、一昔前であれば多くのご家庭に DVD プレイヤーがあったはずです。DVD を視聴した後にプレイヤーの電源を切らずにそのままにしておくと、DVD プレイヤーのロゴが画面上を動き回るようになります。斜めに真っ直ぐ動き、画面の端に来るとそこで反射してまた動き続けるという具合です。小さい頃の私は、それをなんとなく眺めるのが好きでした。隅に来たらどうなるのだろう？角だと反射せずに止まるのかな？と気になっていたのですが、どうしても隅にピッタリ来てくれず、勝手にもどかしく思っていた記憶があります。

実は、光も同じような動きをします。

題 材　1957 年 解析 I 第 1 問

　ABCD を一辺の長さが 1 の正方形とする。頂点 A より発した光が辺 BC にあたって反射し、以下次々に正方形の辺にあたって反射するものとする。最初、辺 BC にあたる点を P_1 とし、以下次々に辺にあたる点を $P_2, P_3, \cdots$ とする。

　$BP_1 = t$ とおき、P_3 から辺 AD、AB に至る距離をそれぞれ x, y とするとき、$x + y$ を t の函数とみなして、そのグラフを描け。ただし、光が正方形の頂点にあたる場合は除外する。

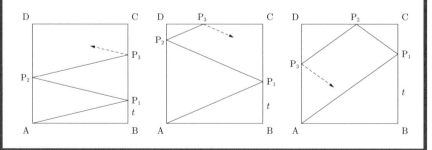

鏡張りの部屋のようになっていて、光は四辺のうちいずれかで反射しながら運動を続けます。しかし、どの辺のどの位置で反射するかは、A から光を射出する角度や、本問の t のようなパラメータに依存します。よって P_3 がどの辺上にあるかも定かではなく、$x + y$ も t の関数としてどのように振る舞うか想像しづらいですね。

[2] 設定の確認と具体例

まずは、問題文を正確に理解しましょう。正方形の各辺で光が反射するという設定になっていますね。鏡面などにおいて、光は図 2.16 のように入射角・反射角が等しくなるように反射します。中学・高校の物理でよく "反射の法則" とよばれるものです。

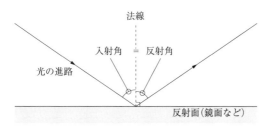

図 2.16: 反射の法則。入射角と反射角が等しくなる。

次に、問題で定義されている各量を図 2.17 にまとめます。$t := \mathrm{BP_1}$ と定義されているのでした。光が途中で正方形の頂点に達する場合は除外されますが、少なくとも $0 < t < 1$ の範囲内であるとわかりますね。そして、x は点 $\mathrm{P_3}$ から線分 AD までの距離と定義されています。つまり $\mathrm{P_3}$ から線分 AD に下ろす垂線の長さを x とする、ということです。同様に、y は点 $\mathrm{P_3}$ から線分 AB に下ろす垂線の長さです。なお、A を原点として半直線 AB を x 軸正方向、半直線 AD を y 軸正方向としたときの点 $\mathrm{P_3}$ の座標がちょうど (x, y) となります[3]。そこで、のちの解説のためにも図 2.17 のように座標軸を設けます。

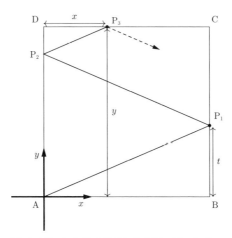

図 2.17: 正方形 ABCD を座標平面におく。

---

3 だから x, y という名称になっているのだと思います。もちろん想像ですが。

[3]　反射のしかたは何通り？

これで問題設定は理解できました。いよいよ本題です。

ここで考えなければならないのは、光の反射のしかたが何通りあるかということです。問題に添えられている図を見ると、最初は（設定上当然）辺 BC で反射していますが、2回目・3回目に反射している辺の組がいずれも異なっています。また、これら以外にもあるかもしれませんね。そこで、まずはどのようなケースがありうるのか列挙してみましょう。

光は点 A より射出され、その方向ベクトルの "傾き" は $t\,(0 < t < 1)$ なのでした。よって、P_1 が辺 BC 上（両端点を除く、以下同）にあるのは確実です。P_1 で反射した後、光は x 成分の符号を反転させ "左上" に進みます。ここで第 1 の分岐が発生します。

(a)　辺 AD 上で反射し、その点が P_2 となる。

(b)　ちょうど頂点 D に到達する（これは除外）。

(c)　辺 DC 上で反射し、その点が P_2 となる。

(b) は $t = \dfrac{1}{2}$ のときに発生します。よって、(a) の起こる条件は $0 < t < \dfrac{1}{2}$ であり、(c) の起こる条件は $\dfrac{1}{2} < t < 1$ です。各々を図示すると図 2.18 のようになります。

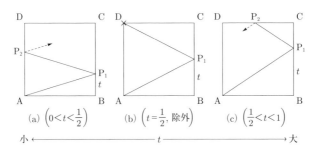

図 2.18: 辺 BC 上で反射した後の分岐。

以下、(a), (c) 各々の先の分岐を考えましょう。

(a) は、P_2 が辺 AD 上にある場合です（図 2.19）。P_2 で反射した後、光は "右上" に進みます。どうやらその次は線分 P_1C 上に至るケースと、ちょうど点 C に至る除外ケースと、辺 CD 上に至るケースとがありそうです。順に (a-1), (a-2), (a-3) と定めます。(a-2) が実現してしまうケースは、A から射出されて片道 3 回分で y 座標が 1 増加することから、$t = \dfrac{1}{3}\ \left(\in \left(0, \dfrac{1}{2}\right)\right)$ で実現することがわかります。よって (a-1), (a-3) の成立条件は、各々 $0 < t < \dfrac{1}{3},\ \dfrac{1}{3} < t < \dfrac{1}{2}$ です。

(c) は、P_2 が辺 CD 上にある場合です（図 2.20）。P_2 で反射した後、光は "左下" に進みます。たとえば t を $\dfrac{1}{2}$ よりわずかに大きい値にすると、P_1 は辺 BC 上の中点より

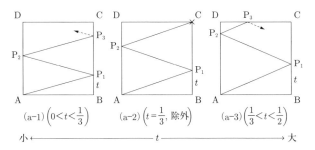

(a-1) $\left(0<t<\dfrac{1}{3}\right)$　　(a-2) $\left(t=\dfrac{1}{3},\ 除外\right)$　　(a-3) $\left(\dfrac{1}{3}<t<\dfrac{1}{2}\right)$

小 ←————————— t —————————→ 大

図 2.19: 辺 BC, AD で反射した後の分岐。

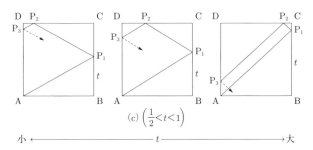

(c) $\left(\dfrac{1}{2}<t<1\right)$

小 ←————————— t —————————→ 大

図 2.20: 辺 BC, CD 上で反射した後は、確実に辺 DA 上で反射する。

少し C 寄りとなります。よって、P_2 は辺 CD 上の点 D の近くとなり、その次は辺 DA の点 D 付近で反射し、そこが P_3 となります。次に t を 1 よりわずかに小さい値にすると、P_1 は辺 BC 上の点 C の近くとなります。よって、P_2 は辺 CD 上の点 C の近くとなり、最終的に辺 DA の点 A 付近に戻ってきて、そこが P_3 となります。よって、(c) の場合 P_3 は確実に DA 上に位置するようです。根拠としてはやや弱いですが、これで OK ということにしてしまいましょう。

　というわけで、除外ケースを含む場合分けは以上です。実は本問にはより明快な場合分けの手段があるのですが、それは後述します。

　さて、発生した場合分けは以下のとおりです。

(a) $0<t<\dfrac{1}{2}$：辺 AD 上で反射する（P_2）。

- (a-1) $0<t<\dfrac{1}{3}$ の場合：点 P_3 が線分 P_1C 上
- (a-2) $t=\dfrac{1}{3}$ の場合：$P_3=$ C（除外）
- (a-3) $\dfrac{1}{3}<t<\dfrac{1}{2}$ の場合：点 P_3 が線分 CD 上

(b) $t=\dfrac{1}{2}$：$P_2=$ D（除外）

(c) $\frac{1}{2} < t < 1$：辺 DC 上で反射する (P_2)。その後、辺 DA 上で反射する (P_3)。

[4]　いよいよ計算！

以下、(a-1), (a-3), (c) を各々 (I), (II), (III) と改め、各々における $x + y$ を t の関数として表します。改めて、(I), (II), (III) 各々の経路をまとめると図 2.21 のようになります。

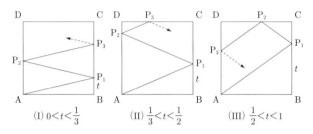

図 2.21: ありうる三つのケース（ここまでのまとめ）。

各々の場合について各線分の長さを示しつつ、$x + y$ を計算していきましょう。

まず (I) のケースですが、図 2.22 のように辺 BC・AD 上で 2 回反射するのみですから、$x + y = 3t + 1$ とすぐ計算できますね。

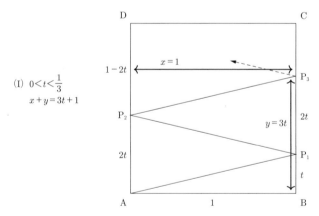

図 2.22: (I) のケースにおける x, y。

次に (II) のケースです。この場合、経路は図 2.23 のようになるのでした。$\triangle ABP_1 \backsim \triangle P_3 DP_2$ であり、その相似比は $BP_1 : DP_2$、つまり $t : (1 - 2t)$ です。これより $P_3 D = AB \cdot \frac{1 - 2t}{t}$ を得ます。また、$y = 1$ であることが直ちにわかります。よって、$x + y = \frac{1 - 2t}{t} + 1 = \frac{1}{t} - 1$ となります。

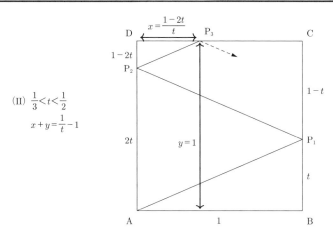

(II) $\dfrac{1}{3} < t < \dfrac{1}{2}$

$x + y = \dfrac{1}{t} - 1$

図 2.23: (II) のケースにおける x, y。

最後に (III) のケースです。この場合、経路は図 2.24 のようになるのでした。まず $\triangle ABP_1 \backsim \triangle P_2 CP_1$ であり、相似比は $BP_1 : CP_1$、つまり $t : (1 - t)$ です。よって $P_2 C = AB \cdot \dfrac{1 - t}{t} = \dfrac{1 - t}{t}$ であり、$P_2 D = 1 - \dfrac{1 - t}{t} = \dfrac{2t - 1}{t}$ もわかります。また、$\triangle P_2 CP_1 \backsim \triangle P_2 DP_3$ でもあり、その相似比は $P_2 C : P_2 D$、つまり、$(1 - t) : (2t - 1)$ ですから、$DP_3 = CP_1 \cdot \dfrac{P_2 D}{P_2 C} = (1 - t) \cdot \dfrac{2t - 1}{1 - t} = 2t - 1$ となります。これより $y = P_3 A = 1 - (2t - 1) = 2 - 2t$ を得ます。また、この場合 P_3 は辺 DA 上にあるため $x = 0$ であることが直ちにわかります。以上より、$x + y = (2 - 2t) + 0 = 2 - 2t$ です。

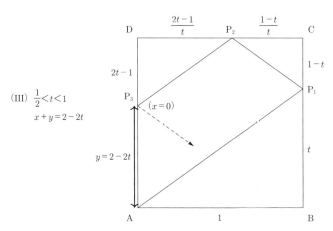

(III) $\dfrac{1}{2} < t < 1$

$x + y = 2 - 2t$

図 2.24: (III) のケースにおける x, y。

これで全ケースが出揃いました。以上をまとめると、$x+y$ は次のようになります。なお、下に記されていない t の値は除外されます。

$$
x+y = \begin{cases}
3t+1 & \left(0 < t < \dfrac{1}{3}\text{のとき}\right) \\[2mm]
\dfrac{1}{t} - 1 & \left(\dfrac{1}{3} < t < \dfrac{1}{2}\text{のとき}\right) \\[2mm]
2 - 2t & \left(\dfrac{1}{2} < t < 1\text{のとき}\right)
\end{cases}
$$

これをグラフにすると図 2.25 のとおりです。なお、$t = \dfrac{1}{3}, \dfrac{1}{2}$ のときの P_3 を形式的に各々点 C, D とすることで $t = \dfrac{1}{3}, \dfrac{1}{2}$ でも定義しつつ $0 < t < 1$ において連続な関数にすることもできます。

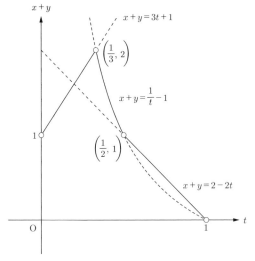

図 2.25: t の関数 $x + y$ のグラフ。

[5]　汎用性が高く便利な解法

これで問題は解決です。でも、なんだかちょっと場合分けが面倒でしたね。そこで、こうした光の反射を統一的に扱える解法をご紹介します。

たとえば図 2.26 は、(II) のケースでの反射の様子です。P_1, P_2, P_3 がみな異なる辺上にあり、扱いがやや面倒でしたね。

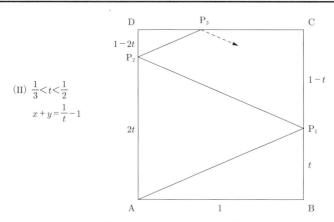

(II) $\dfrac{1}{3}<t<\dfrac{1}{2}$

$x+y=\dfrac{1}{t}-1$

図 2.26: (II) のケースの経路と反射位置。

さて、この正方形の図と、それを辺 BC に関して対称移動したものを並べると図 2.27 のようになります。ただし、経路 AP_1 の移動先は描いていません。

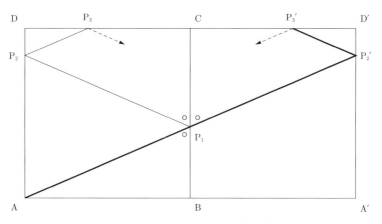

図 2.27: 正方形と経路を辺 BC に関して対称移動したもの。

対称移動した点は、A′ のようにプライムを付して表しています。ここで、反射の法則より 3 点 A, P_1, $P_2′$ は同一直線上にあることがわかりますね。この "光線" は辺 A′D′ で再び反射しているので、今度は右側の正方形を辺 A′D′ に関して対称移動してみましょう。すると図 2.28 のようになります。さきほど同様、$P_1P_2′$ の移動先は描きません。

P_3 に至るまでの経路 A → P_1 → P_2 → P_3 を、一つのまっすぐな線分 A → P_1 → $P_2′$ → $P_3″$ で表現できました。

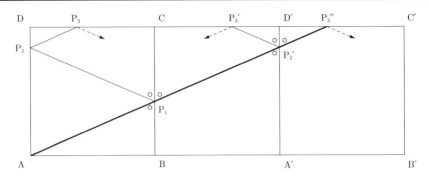

図 2.28: 正方形と経路を辺 A′D′ に関して対称移動したもの。

　本問の設定でも暗黙のうちに認めていたとおり、性質のよい平面における光の反射には入射角と反射角が等しくなる性質があります。それに基づき、光が運動するエリア（本問においては正方形 ABCD）を対称移動して並べていくことで、光の経路を一つの線分（ずっと先を考えるならば半直線）により表現できるのです。(I), (III) のケースについても、対称移動する向きこそ時折変わるものの、同じ手法により経路を線分にできます。

　であれば、最初から正方形を対称移動したものを並べた平面を考え、A から光線を反射を気にせず "まっすぐ" 放つことを考えればよいのです。……といっても、こんな大雑把な説明では、いくらなんでもわかりづらいですね。具体例をご紹介します。

　まず、図 2.29 のように正方形 ABCD を辺に関してひっくり返し続けてできる方眼を最初から用意しておきます。本問の設定では 3 回目の反射点を知りたいので高々 3 × 3 のマス目で OK です。もっと先の反射も調べたい場合は、右と上に無限に展開させましょう。そして、図の左下にある A をスタート地点とし、右上方向に光を放ちます。

　A から本来の辺 BC（A のすぐ右にあるもの）上の点を通る半直線を一つ引きます。このとき、半直線はさまざまな箇所の辺や頂点を通過します。辺を通過するのは反射を表し、頂点を通過するのは頂点に到達してしまうケースに相当します。半直線が正方形たちの辺と交わるとき、その点たちが A に近い方から順に P_1, P_2, P_3 となっているわけです。ただし、P_3 に対応する点よりも手前である頂点を通過してしまう場合は、本問でいうどこかの頂点に到達するケースに相当するので、それは除外します。

　すると、反射点 P_1, P_2, P_3 のうち P_2, P_3 が位置する辺は、各々図 2.30 のように変わります。

　細かい長さはさておき、どの辺上に P_1, P_2, P_3 が位置するかのみで場合分けをすると、図 2.31 のように 3 コースがあることがわかります。これは、さきほど求めた三つの場合に各々対応しています。

　あとは、左下の A を原点、そこから右方向を x 軸正方向、上方向を y 軸正方向とし

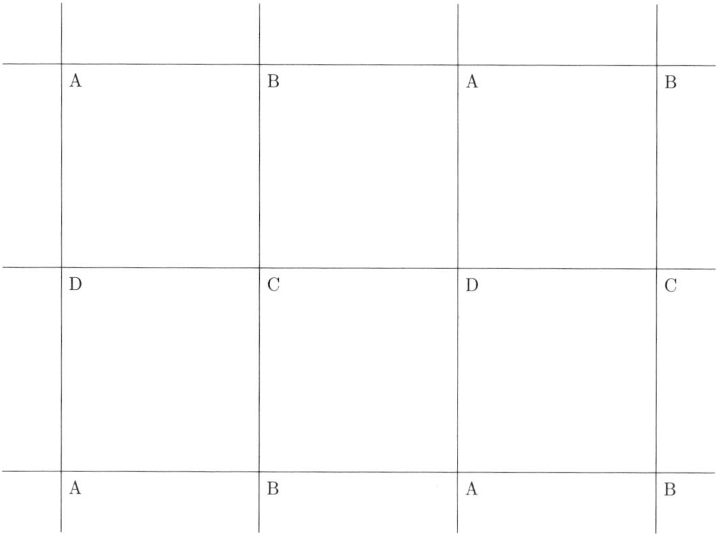

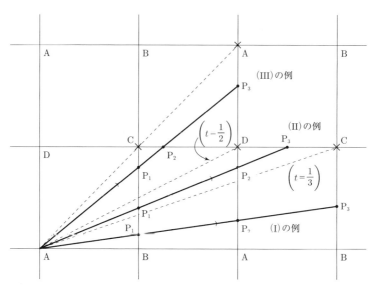

図 2.29: 正方形 ABCD を、一つの辺に関してひっくり返し続けてできる正方形たち。

図 2.30: 図 2.29 を用いると、光の経路はまっすぐな線分で表せる。

たときの直線 $y = tx$ と図 2.31 の黒太線（P_3 が発生する壁）との交点を求め、x, y ひいては $x + y$ を計算すればおしまいです。やや大がかりに見えますが、正方形たちの準

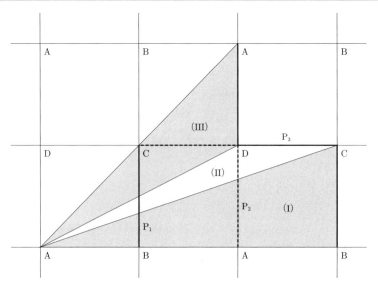

図 2.31: 経路 (I), (II), (III) に対応する領域。

備さえしてしまえば反射の場合分けが極めて容易であり、また $x + y$ の計算もしやすいため大変優秀な方法です[4]。

　光線の行き先を調べる便利な方法をご紹介しました。お店やスタジオなどに鏡を設置する際、"鏡で見える範囲" を知りたい場面がありますが、本節で用いたような "対称移動" を用いることで、実はそれを調べることができます。どうすればよいか、ぜひ考えてみてください。

4　ちなみに、難関中学を受験する小学生も、算数や理科の図形問題でこのようなテクニックを用いることがあります。最近の中学受験生には驚かされます。

第3章

ほしいものを取り出す

§1 関数が"直交"するって、どういうこと？

[1] テーマと問題の紹介

高校数学でベクトルを扱う際、二つのベクトル $\vec{a} = {}^t(a_1, a_2, a_3)$, $\vec{b} = {}^t(b_1, b_2, b_3)$ の内積を $\vec{a} \cdot \vec{b} = a_1 b_1 + a_2 b_2 + a_3 b_3$ と定め、$\vec{0}$ でない二つのベクトル $\vec{a}$, $\vec{b}$ が直交する条件は $\vec{a} \cdot \vec{b} = 0$ であると学びます。このような "内積" や "直交性" は、ベクトルの世界だけの話ではなく、実は関数に対しても同様の概念を定義できるのです。

題 材　　1968 年 文系数学 第 4 問

次の条件を満たす 3 次の多項式 $f(x)$ を求めよ。

(i) 多項式 $g(x)$ の次数が 2 をこえないならば、つねに

$$\int_{-1}^{1} f(x)g(x)\, dx = 0$$

(ii) $\displaystyle\int_{-1}^{1} (f(x))^2 \, dx = 1$

(iii) $f(1) > 0$

本問を見て、"これのどこが内積と関係しているの？" と思うかもしれません。この節では、本問と内積との関係を明らかにすることを主目的としましょう。

[2] 工夫せずに解くのは楽しくないので……

シンプルな設定の問題ですが、何も工夫しないで解くとどうなるでしょうか。

条件 (ii) は規格化をしているだけであり、条件 (iii) はおそらく解の複号のどちらを選択するか、的な話なのでしょう。そこで条件 (i) にまず着目します。たとえば

$$f(x) = ax^3 + bx^2 + cx + d \quad (a, b, c, d \in \mathbb{R}, a \neq 0)$$
$$g(x) = px^2 + qx + r \quad (p, q, r \in \mathbb{R})$$

と定め、任意の p, q, r に対し条件 (i) 内の積分（I とする）の値が 0 となるような a, b, c, d の条件を考えます。I は具体的には

$$I = \int_{-1}^{1} \left(ax^3 + bx^2 + cx + d\right)\left(px^2 + qx + r\right) \, dx$$

となるので、この積分を実行するわけですね。この過程は、煩雑ですし本節の主眼ではないため末尾にまとめておきました。計算を頑張ると

$$f(x) = \frac{\sqrt{14}}{4}\left(5x^3 - 3x\right)$$

という結果が得られ、これが本問の正解なのですが、より見通しの良い手段によりこれと同じ結果を導いてみましょう。以下の方法を読んで遠回りだと感じるかもしれませんが、次数を上げるなどの一般化をするとき、節末に載せた方法よりも強力です。

[3] 関数どうしの "積" を定義

まず、区間 $[-1, 1]$ で有界かつ連続な実数値関数 $p(x)$, $q(x)$ に対し、関数の "積" $(p(x), q(x))$ を次式により定義します。

$$(p(x), q(x)) := \int_{-1}^{1} p(x)q(x)\,dx$$

これを用いれば、条件 (i) に登場する積分も $(f(x), g(x))$ と表記できますね。

次に、非負整数 n に対し、以下の手順により関数列 $\{f_n\}$ を生成します。

（★）関数列 $f_n(x)$ のレシピ

(a) $f_0(x) = \dfrac{\sqrt{2}}{2}$ $(= \text{const.})$

(b) 非負整数 n に対し、まず $g_{n+1}(x) := x^{n+1} - \displaystyle\sum_{k=0}^{n}\left\{\left(x^{n+1}, f_k(x)\right)\cdot f_k(x)\right\}$

と定める。（直交化）

次にそれを用いて $f_{n+1}(x) = \dfrac{g_{n+1}(x)}{\sqrt{(g_{n+1}(x),\,g_{n+1}(x))}}$ とする。（規格化）

この方法で実際に $f_n(x)$ をどんどんつくってみると、次のようになります。

$$g_1(x) = x - \left(x,\,\frac{\sqrt{2}}{2}\right)\cdot\frac{\sqrt{2}}{2} = x - 0 = x \quad \therefore f_1(x) = \frac{x}{\sqrt{(x,\,x)}} = \frac{x}{\sqrt{\dfrac{2}{3}}} = \frac{\sqrt{6}}{2}x$$

$$g_2(x) = x^2 - \left\{\left(x^2,\,\frac{\sqrt{2}}{2}\right)\cdot\frac{\sqrt{2}}{2} + \left(x^2,\,\frac{\sqrt{6}}{2}x\right)\cdot\frac{\sqrt{6}}{2}x\right\} = x^2 - \left(\frac{1}{3}+0\right) = x^2 - \frac{1}{3}$$

$$\therefore f_2(x) = \frac{x^2 - \dfrac{1}{3}}{\sqrt{\left(x^2-\dfrac{1}{3},\,x^2-\dfrac{1}{3}\right)}} = \frac{x^2-\dfrac{1}{3}}{\sqrt{\dfrac{8}{45}}} = \frac{\sqrt{10}}{4}\left(3x^2-1\right)$$

$$g_3(x) = x^3 - \left\{\left(x^3,\,\frac{\sqrt{2}}{2}\right)\cdot\frac{\sqrt{2}}{2} + \left(x^3,\,\frac{\sqrt{6}}{2}x\right)\cdot\frac{\sqrt{6}}{2}x\right.$$

$$+ \left(x^3, \frac{\sqrt{10}}{4} \left(3x^2 - 1 \right) \right) \cdot \frac{\sqrt{10}}{4} \left(3x^2 - 1 \right) \Bigg\}$$

$$= x^3 - \left(0 + \frac{3}{5}x + 0 \right) = x^3 - \frac{3}{5}x$$

$$\therefore f_3(x) = \frac{x^3 - \dfrac{3}{5}x}{\sqrt{\left(x^3 - \dfrac{3}{5}x, \ x^3 - \dfrac{3}{5}x \right)}} = \frac{x^3 - \dfrac{3}{5}x}{\sqrt{\dfrac{8}{175}}} = \frac{\sqrt{14}}{4} \left(5x^3 - 3x \right)$$

すると、$f_3(x)$ は本問の答えとピッタリ一致しました。なんだか複雑で意味がわからない定義（★）をもとに $f_n(x)$ を生成した結果、一体どうして冒頭の問題の正しい答えが出たのでしょうか。

[4]　関数 $f_n(x)$ たちの直交性

前述のレシピでつくった関数 f_n たちには、次のような性質があります。

関数の直交性

任意の非負整数 n, n' に対し $(f_n(x), f_{n'}(x)) = \delta_{n,n'}$ が成り立つ。ここで $\delta_{n,n'}$ は

$$\delta_{n,n'} = \begin{cases} 1 & \left(n = n' \ \text{の場合} \right) \\ 0 & \left(n \neq n' \ \text{の場合} \right) \end{cases}$$

と定められるもので、クロネッカーの delta とよばれる。

この性質に驚くかもしれませんが、むしろそうなるように $\{f_n(x)\}$ を定めたのです。（★）の定義でこの直交性が成り立つことを証明してみましょう。

[5]　関数 $f_n(x)$ たちの直交性の証明

次の命題 $(*)_N$ が任意の非負整数 N に対し真であることを、N についての数学的帰納法で示します。

$(*)_N$：任意の N 以下の非負整数 n, n' に対し、$(f_n(x), f_{n'}(x)) = \delta_{n,n'}$ が成り立つ。

まず、次式より $(*)_0$ は真です。

$$(f_0(x), f_0(x)) = \int_{-1}^{1} \left(\frac{\sqrt{2}}{2} \right)^2 dx = \int_{-1}^{1} \frac{1}{2} dx = 1$$

以下、関数 $F(x)$ に対し $\|F(x)\| = \sqrt{(F(x), F(x))}$ と定めます。非負整数 M に対

し、$(*)_M$ が真であると仮定します。このとき M 以下の非負整数 n に対し

$$(f_{M+1}(x),\, f_n(x))$$

$$= \left(\frac{g_{M+1}(x)}{\|g_{M+1}(x)\|},\, f_n(x) \right) = \frac{1}{\|g_{M+1}(x)\|}\, (g_{M+1}(x),\, f_n(x))$$

$$= \frac{1}{\|g_{M+1}(x)\|} \left(x^{M+1} - \left\{ \sum_{k=0}^{M} \left(x^{M+1},\, f_k(x) \right) \cdot f_k(x) \right\},\, f_n(x) \right)$$

$$= \frac{1}{\|g_{M+1}(x)\|} \left\{ \left(x^{M+1},\, f_n(x) \right) - \sum_{k=0}^{M} \left(x^{M+1},\, f_k(x) \right) (f_k(x),\, f_n(x)) \right\}$$

$$= \frac{1}{\|g_{M+1}(x)\|} \left\{ \left(x^{M+1},\, f_n(x) \right) - \sum_{k=0}^{M} \left(x^{M+1},\, f_k(x) \right) \delta_{k,n} \right\} \quad (\because \text{仮定 } (*)_M \text{による})$$

$$= \frac{1}{\|g_{M+1}(x)\|} \left\{ \left(x^{M+1},\, f_n(x) \right) - \left(x^{M+1},\, f_n(x) \right) \right\} \quad (\because k = n \text{の項のみ残る})$$

$$= 0$$

が成り立ちます。また、$f_{M+1}(x) = \dfrac{g_{M+1}(x)}{\|g_{M+1}(x)\|}$ と定義していたのですから、$(f_{M+1}(x),\, f_{M+1}(x)) = 1$ も成り立ちます。よって $(*)_M$ が真ならば $(*)_{M+1}$ は真です。

　以上より、任意の非負整数 N に対し $(*)_N$ は真であり、したがって、前述の直交性が成り立ちます。■

[6]　直交する関数の集まり

　このように、(★) で定義される関数たちには直交性 $(f_n(x),\, f_{n'}(x)) = \delta_{n,n'}$ が成り立ちます。2 次以下の多項式全体のなすベクトル空間の基底として [3] の $f_0(x)$, $f_1(x)$, $f_2(x)$ をとることができるため、直交化法により構成した $f_3(x)$ が問題文の条件 (i) をみたした、というわけです。なお、冒頭の問題では $f(x)$ を 3 次の多項式としていましたが、$f_4(x)$, $f_5(x)$, $\cdots$ と次々に生成していくことにより、実際はいくらでも次元を上げられますね。このような手順により直交する関数やベクトルを構成していく方法を、シュミットの直交化法とよびます。

[7]　工夫しないで解く場合の計算

　冒頭で述べた計算の続きです。積分 I を計算すると

$$I = \int_{-1}^{1} \left(ax^3 + bx^2 + cx + d \right) \left(px^2 + qx + r \right)\, dx$$

$$= \int_{-1}^{1} \left\{ apx^5 + (aq + bp)x^4 + (ar + bq + cp)x^3 \right.$$

$$\left. + (br + cq + dp)x^2 + (cr + dq)x + dr \right\}\, dx$$

$$= \int_{-1}^{1} \left\{ (aq+bp)x^4 + (br+cq+dp)x^2 + dr \right\} \, dx \quad (\because 奇関数の積分値はゼロ)$$

$$= 2 \int_{0}^{1} \left\{ (aq+bp)x^4 + (br+cq+dp)x^2 + dr \right\} \, dx \quad (\because 被積分関数は偶関数)$$

$$= 2 \left[\frac{aq+bp}{5}x^5 + \frac{br+cq+dp}{3}x^3 + drx \right]_{0}^{1} = 2 \left(\frac{aq+bp}{5} + \frac{br+cq+dp}{3} + dr \right)$$

となります。よって、$a, b, c, d \in \mathbb{R}$, $a \neq 0$ のもとで条件 (i) は次のように変形できます。

$$条件 \text{(i)} \iff \forall p, q, r \in \mathbb{R}, \, 2 \left(\frac{aq+bp}{5} + \frac{br+cq+dp}{3} + dr \right) = 0$$

$$\iff \forall p, q, r \in \mathbb{R}, \, \left(\frac{2}{5}b + \frac{2}{3}d \right) p + \left(\frac{2}{5}a + \frac{2}{3}c \right) q + \left(\frac{2}{3}b + 2d \right) r = 0$$

$$\iff \begin{cases} \dfrac{2}{5}b + \dfrac{2}{3}d = 0 \\ \dfrac{2}{5}a + \dfrac{2}{3}c = 0 \\ \dfrac{2}{3}b + 2d = 0 \end{cases} \iff \begin{cases} a : c = 5 : (-3) \\ b = d = 0 \end{cases}$$

これより、実数 $k \, (\neq 0)$ を用いて $f(x) = 5kx^3 - 3kx$ と表せることがわかりました。次に条件 (ii) について考えると

$$\int_{-1}^{1} (f(x))^2 \, dx = 1 \iff \int_{-1}^{1} \left(5kx^3 - 3kx \right)^2 dx = 1$$

$$\iff k^2 \int_{-1}^{1} \left(25x^6 - 30x^4 + 9x^2 \right) dx = 1$$

$$\iff 2k^2 \int_{0}^{1} \left(25x^6 - 30x^4 + 9x^2 \right) dx = 1$$

$$(\because 被積分関数は偶関数)$$

$$\iff 2k^2 \left[\frac{25}{7}x^7 - 6x^5 + 3x^3 \right]_{0}^{1} = 1$$

$$\iff \left(\frac{50}{7} - 12 + 6 \right) k^2 = 1 \iff k = \pm \frac{\sqrt{14}}{4}$$

がしたがい、これより $f(x) = \pm \dfrac{\sqrt{14}}{4} \left(5x^3 - 3x \right)$ とわかります。最後に (iii) より複号は正の方を選択することとなり、$f(x) = \dfrac{\sqrt{14}}{4} \left(5x^3 - 3x \right)$ と決定されました。

　関数の直交性は、たとえばフーリエ変換などさまざまな場面で活躍する重要概念です。理系の大学生になると、数学や物理の授業でさらに詳しく深く学べます。

§2 極限を考えると見えてくる "ズレ" の世界

[1] テーマと問題の紹介

大学入試問題の中には、大学で学ぶ数学が背景にある問題が存在します。たとえば "$0 < x$ において、不等式 $x - \dfrac{1}{6}x^3 \leqq \sin x \leqq x$ が成り立つことを示せ。" といった問題を、理系で大学受験勉強をする場合一度は目にするはずです。$x - \dfrac{1}{6}x^3$ という形がよく登場するけれど、これはなぜだろう……？と疑問に思うかもしれませんね。これは偶然の一致ではなく、大学で学ぶテイラー展開が背景にあるのです。本節で扱う問題も、テイラー展開と関係しています。

題 材 **1961 年 文系数学 第 5 問**

曲線 $y = \sqrt{1 + x^2}$ の上に 3 点 P、A、Q があり、その x 座標がそれぞれ $a - h, a, a + h (h > 0)$ であるとする。いま A を通り、x 軸に垂直な直線が線分 PQ と交わる点を B とし、線分 AB の長さを l とするとき

$$\lim_{h \to 0} \frac{l}{h^2}$$

を a を用いて表せ。

シンプルな問題設定なのでカンタンに見えるかもしれませんが、途中過程はやや複雑になります。テイラー展開といったいどう関係しているのか、想像しながら計算を進めるとよいでしょう。

なお、$h > 0$ とあるので、$h \to +0$ の極限のみ考えればよいこととします。また、以下では点 Z の x 座標、y 座標を各々 $x_{\mathrm{Z}}, y_{\mathrm{Z}}$ のように表します。

[2] 素直に極限を計算してみると……

本問の様子を図示したものが図 3.1 です。

まずは l を a, h で表します。$f(x) := \sqrt{1 + x^2}$ と定めます。曲線 $y = \sqrt{1 + x^2}$ は下に凸な曲線なので $l = y_{\mathrm{B}} - y_{\mathrm{A}}$ と表せますね。ここで $y_{\mathrm{A}} = f(a) = \sqrt{1 + a^2}$ とただちにわかります。そして B は線分 PQ の中点となっているため（証明略）

$$y_{\mathrm{B}} = \frac{y_{\mathrm{P}} + y_{\mathrm{Q}}}{2} = \frac{f(a-h) + f(a+h)}{2} = \frac{\sqrt{1 + (a-h)^2} + \sqrt{1 + (a+h)^2}}{2}$$

と計算できます。したがって

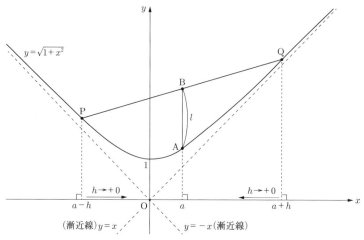

図 3.1: $y = f(x)\ \left(= \sqrt{1+x^2}\right)$ のグラフと点 A, B, P, Q。

$$l = y_{\mathrm{B}} - y_{\mathrm{A}} = \frac{\sqrt{1+(a-h)^2} + \sqrt{1+(a+h)^2}}{2} - \sqrt{1+a^2}$$

$$= \frac{1}{2}\left(\sqrt{1+(a+h)^2} - \sqrt{1+a^2} + \sqrt{1+(a-h)^2} - \sqrt{1+a^2}\right)$$

とわかりました。ここで

$$\sqrt{1+(a\pm h)^2} - \sqrt{1+a^2}$$

$$= \frac{\left(\sqrt{1+(a\pm h)^2} - \sqrt{1+a^2}\right)\left(\sqrt{1+(a\pm h)^2} + \sqrt{1+a^2}\right)}{\sqrt{1+(a\pm h)^2} + \sqrt{1+a^2}}$$

$$= \frac{\left(1+(a\pm h)^2\right) - \left(1+a^2\right)}{\sqrt{1+(a\pm h)^2} + \sqrt{1+a^2}} = \frac{\pm 2ah + h^2}{\sqrt{1+(a\pm h)^2} + \sqrt{1+a^2}}$$

ですから

$$2l = \frac{2ah + h^2}{\sqrt{1+(a+h)^2} + \sqrt{1+a^2}} + \frac{-2ah + h^2}{\sqrt{1+(a-h)^2} + \sqrt{1+a^2}}$$

$$= \frac{\left(h^2 + 2ah\right)\left(\sqrt{1+(a-h)^2} + \sqrt{1+a^2}\right) + \left(h^2 - 2ah\right)\left(\sqrt{1+(a+h)^2} + \sqrt{1+a^2}\right)}{\left(\sqrt{1+(a+h)^2} + \sqrt{1+a^2}\right)\left(\sqrt{1+(a-h)^2} + \sqrt{1+a^2}\right)}$$

$$\therefore \frac{l}{h^2} = \frac{\sqrt{1+(a-h)^2} + \sqrt{1+(a+h)^2} + 2\sqrt{1+a^2}}{2\left(\sqrt{1+(a+h)^2} + \sqrt{1+a^2}\right)\left(\sqrt{1+(a-h)^2} + \sqrt{1+a^2}\right)}$$

$$+ \frac{a}{\left(\sqrt{1+(a+h)^2}+\sqrt{1+a^2}\right)\left(\sqrt{1+(a-h)^2}+\sqrt{1+a^2}\right)}$$

$$\cdot \frac{\sqrt{1+(a-h)^2}-\sqrt{1+(a+h)^2}}{h} \quad \cdots ①$$

と変形できます。$h \to +0$ での極限を考えると

$$\left(式①の右辺第1項\right) \xrightarrow{h \to +0} \frac{\sqrt{1+a^2}+\sqrt{1+a^2}+2\sqrt{1+a^2}}{2\left(\sqrt{1+a^2}+\sqrt{1+a^2}\right)\left(\sqrt{1+a^2}+\sqrt{1+a^2}\right)}$$

$$= \frac{1}{2\sqrt{1+a^2}}$$

$$\left(式①の右辺第2項\right)$$

$$= \frac{a}{\left(\sqrt{1+(a+h)^2}+\sqrt{1+a^2}\right)\left(\sqrt{1+(a-h)^2}+\sqrt{1+a^2}\right)}$$

$$\cdot \frac{-4a}{\sqrt{1+(a-h)^2}+\sqrt{1+(a+h)^2}}$$

$$\xrightarrow{h \to +0} \frac{a}{\left(\sqrt{1+a^2}+\sqrt{1+a^2}\right)\left(\sqrt{1+a^2}+\sqrt{1+a^2}\right)} \cdot \frac{-4a}{\sqrt{1+a^2}+\sqrt{1+a^2}}$$

$$= -\frac{a^2}{2\sqrt{1+a^2}^3}$$

となるため、答えは次のようになります。

$$\frac{l}{h^2} \xrightarrow{h \to +0} \frac{1}{2\sqrt{1+a^2}} - \frac{a^2}{2\sqrt{1+a^2}^3} = \frac{\sqrt{1+a^2}^2 - a^2}{2\sqrt{1+a^2}^3} = \underline{\frac{1}{2\sqrt{1+a^2}^3}}$$

[3] 計算結果と $f''(a)$ との関係

極限の値を求めることはできましたが、これでおしまい、ではただの計算問題をこなしただけになってしまいます。本問の結果を考察してみましょう。
$\frac{l}{h^2}$ を関数 $f(x)\left(=\sqrt{1+x^2}\right)$ で表すと次のようになります。

$$\frac{l}{h^2} = \frac{f(a+h)+f(a-h)-2f(a)}{2h^2}$$

$$= \frac{1}{2} \cdot \frac{1}{h}\left\{\frac{f(a+h)-f(a)}{h} - \frac{f(a)-f(a-h)}{h}\right\} \quad \cdots ②$$

ここで $\dfrac{f(a+h)-f(a)}{h}$ は区間 $[a, a+h]$ での、$\dfrac{f(a)-f(a-h)}{h}$ は区間 $[a-h, a]$ での平均変化率となっています。これらの分数は、$h \to +0$ とするといずれも $f'(a)$ となりますね。それらの差をとって h で除算してから $h \to +0$ としていますが、これは $f'(x)$ をさらにもう一度微分しているように見えます。

そこで、$f(x)$ の 1 階・2 階の導関数を計算してみると次のようになります。

$$f'(x) = \frac{1}{2} \cdot \frac{1}{\sqrt{1+x^2}} \cdot \left(1+x^2\right)' = \frac{x}{\sqrt{1+x^2}}$$

$$f''(x) = \frac{1}{\sqrt{1+x^2}^2} \left\{ (x)' \cdot \sqrt{1+x^2} - x \cdot \left(\sqrt{1+x^2}\right)' \right\}$$

$$= \frac{1}{\sqrt{1+x^2}^2} \left\{ \sqrt{1+x^2} - x \cdot \frac{x}{\sqrt{1+x^2}} \right\} = \frac{1}{\sqrt{1+x^2}^3}$$

冒頭の問題の計算結果と見比べると、確かに

$$\lim_{h \to +0} \frac{l}{h^2} = \frac{1}{2\sqrt{1+a^2}^3} = \frac{1}{2} f''(a)$$

が成り立っていますね。

なお、計算機でラプラス方程式のような 2 階の微分方程式の解を考えるとき、② のような差分で 2 階の導関数の値を計算することがあります（物理学科時代に、私も実際にやったことがあります）。

[4]　$f(x)$ のテイラー展開との関係

冒頭でテイラー展開に言及しましたが、それとの関係を述べておきます。そのために、まずはテイラー展開について知っておきましょう。

テイラーの定理（その 1）

$n \in \mathbb{Z}_+$, $a \in \mathbb{R}$ とする。関数 f を、a を含む開区間 I で定義されるものであって、n 回微分可能な実数値関数とする。このとき、任意の $x \in I$ に対し、$\min\{a, x\} \le c \le \max\{a, x\}$ をみたす実数 c であって、次式をみたすものが存在する。

$$f(x) = f(a) + f'(a)(x-a) + \frac{1}{2!} f''(a)(x-a)^2 + \cdots$$
$$+ \frac{1}{(n-1)!} f^{(n-1)}(a)(x-a)^{n-1} + \frac{1}{n!} f^{(n)}(c)(x-a)^n$$

この式の最後の項 $\frac{1}{n!} f^{(n)}(c)(x-a)^n$ を剰余項という。なお、$f^{(n)}$ は関数 f の n 階の導関数である。

テイラーの定理 (その2)

テイラーの定理 (その1) において $f(x)$ が無限回微分可能であるとする。また、$R_n := \dfrac{1}{n!} f^{(n)}(c)(x-a)^n$ とする。このとき、$n \to \infty$ で $R_n \to 0$ となるならば

$$f(x) = f(a) + f'(a)(x-a)$$
$$+ \frac{1}{2!} f''(a)(x-a)^2 + \cdots + \frac{1}{n!} f^{(n)}(a)(x-a)^n + \cdots$$
$$\left(= \sum_{n=0}^{\infty} \frac{1}{n!} f^{(n)}(a)(x-a)^n \right)$$

が成り立ち、これを f の点 a のまわりにおけるテイラー展開という。なお、特に $a=0$ としたもの、つまり点 0 のまわりにおけるテイラー展開をマクローリン展開という。

これらは、示す能力が自分におそらくないため認めさせてください。また、本問で登場した関数 $f(x) = \sqrt{1+x^2}$ も定理 (その2) が適用できる関数であると認めます。

いま、変数のとりかたを少し変え、$x-a$、つまり a からのズレを新たな変数 h だとします (これが冒頭の問題の h に対応します)。このとき、定理 (その2) より

$$f(a+h) = f(a) + f'(a)h + \frac{1}{2} f''(a)h^2 + \cdots + \frac{1}{n!} f^{(n)}(a)h^n + \cdots \quad \cdots ③$$
$$\left(= \sum_{n=0}^{\infty} \frac{1}{n!} f^{(n)}(a)h^n \right)$$

が成り立ちます。つまり、これが点 Q の y 座標です。h を $-h$ に置き換えると

$$f(a-h) = f(a) - f'(a)h + \frac{1}{2} f''(a)h^2 + \cdots + \frac{(-1)^n}{n!} f^{(n)}(a)h^n + \cdots \quad \cdots ④$$
$$\left(= \sum_{n=0}^{\infty} \frac{(-1)^n}{n!} f^{(n)}(a)h^n \right)$$

となり、これは点 P の y 座標に対応しています。

③, ④ はいずれも無限級数ですが、シンプルに和を計算してよいものとすると

$$f(a+h) + f(a-h) = \left(f(a) + \cancel{f'(a)h} + \frac{1}{2} f''(a)h^2 + \cdots + \frac{1}{n!} f^{(n)}(a)h^n + \cdots \right)$$
$$+ \left(f(a) - \cancel{f'(a)h} + \frac{1}{2} f''(a)h^2 + \cdots + \frac{1}{n!} f^{(n)}(a)(-h)^n + \cdots \right)$$
$$= 2f(a) + f''(a)h^2 + \frac{1}{12} f^{(4)}(a)^4 h^4 + \cdots$$

$$\left(= \sum_{n=0}^{\infty} \frac{2}{(2n)!} f^{(2n)}(a) h^{2n} \right)$$

となりますね。点 B は線分 PQ の中点でしたから、その y 座標は

$$y_{\mathrm{B}} = \frac{y_{\mathrm{P}} + y_{\mathrm{Q}}}{2} = \frac{2f(a) + f''(a)h^2 + \frac{1}{12}f^{(4)}(a)^4 h^4 + \cdots}{2}$$

$$= f(a) + \frac{1}{2}f''(a)h^2 + \frac{1}{24}f^{(4)}(a)h^4 + \cdots \quad \left(= \sum_{n=0}^{\infty} \frac{1}{(2n)!} f^{(2n)}(a) h^{2n} \right)$$

と計算できます。一方、点 A の y 座標は $f(a)$ でしたから、線分 AB の長さ l は次のように計算できます。

$$l = y_{\mathrm{B}} - y_{\mathrm{A}} = \left(f(a) + \frac{1}{2}f''(a)h^2 + \frac{1}{24}f^{(4)}h^4 + \cdots \right) - f(a)$$

$$= \frac{1}{2}f''(a)h^2 + \frac{1}{24}f^{(4)}(a)h^4 + \cdots \quad \left(= \sum_{n=1}^{\infty} \frac{1}{(2n)!} f^{(2n)}(a) h^{2n} \right) \quad \cdots \text{⑤}$$

よって

$$\frac{l}{h^2} = \left(\frac{1}{2}f''(a)h^2 + \frac{1}{24}f^{(4)}(a)h^4 + \cdots \right) \cdot \frac{1}{h^2}$$

$$= \frac{1}{2}f''(a) + \frac{1}{24}f^{(4)}(a)h^2 + \cdots \quad \left(= \sum_{n=1}^{\infty} \frac{1}{(2n)!} f^{(2n)}(a) h^{2(n-1)} \right)$$

となり、$h \to +0$ とすることで $\displaystyle \lim_{h \to +0} \frac{l}{h^2} = \frac{1}{2}f''(a)$ とわかります。

　l というのは線分 AB の長さでした。それは、点 P, Q の間を曲線 $y = f(x)$ で（ちゃんと）つないだ場合と線分 PQ で近似した場合の "誤差" とみることができます。l 自体は当然 $h \to +0$ で 0 に収束しますが、テイラー展開を考えてみると h についての 1 次の項もなく、（2 以上の偶数）次の項のみ存在していることがわかったわけです（⑤）。そこで $\dfrac{l}{h^2}$ を考えて $h \to +0$ とすることにより、⑤ の最低次、つまり 2 次の項が表せたというのが、本問の背景でした。

　このように、テイラー展開は "微小なズレ" を取り出すうえで大いに役立ちます。高校でも学ぶ例でいうと、本節冒頭の不等式は $\sin x$ のテイラー展開が背景にあり、物理でよく登場する $\sin \theta \fallingdotseq \theta$ $(|\theta| \ll 1)$ も同じ展開式に基づいた近似です。

§3 ココの値だけ取り出したい！

[1]　テーマと問題の紹介

　私は高校生のときから数学の勉強が大好きでした。東大の二次試験本番でも数学は幸い9割程度の得点だったのですが、どうしても解けなかった小問が一つだけあったのです。その問題とこうしてまた執筆で対峙することになるとは思いませんでした……。

題材　**2015年 理系 第6問**

　n を正の整数とする。以下の問いに答えよ。

(1)　関数 $g(x)$ を次のように定める。

$$g(x) = \begin{cases} \dfrac{\cos(\pi x) + 1}{2} & (|x| \leqq 1 \text{ のとき}) \\ 0 & (|x| > 1 \text{ のとき}) \end{cases}$$

　$f(x)$ を連続な関数とし、p, q を実数とする。$|x| \leqq \dfrac{1}{n}$ をみたす x に対して $p \leqq f(x) \leqq q$ が成り立つとき、次の不等式を示せ。

$$p \leqq n \int_{-1}^{1} g(nx) f(x)\, dx \leqq q$$

(2)　関数 $h(x)$ を次のように定める。

$$h(x) = \begin{cases} -\dfrac{\pi}{2} \sin(\pi x) & (|x| \leqq 1 \text{ のとき}) \\ 0 & (|x| > 1 \text{ のとき}) \end{cases}$$

　このとき、次の極限を求めよ。

$$\lim_{n \to \infty} n^2 \int_{-1}^{1} h(nx) \log\left(1 + e^{x+1}\right) dx$$

　積分に関する不等式や極限の問題です。理系数学らしい内容がたくさん盛り込まれていますね。実は本問は、物理などで登場するある関数と関連しているのですが、それは問題を攻略した後にお話しすることとします。

[2]　(1) $|x| \leqq 1$ 以外の範囲は気にしない

(1) で示したい不等式

$$p \leqq n \int_{-1}^{1} g(nx)f(x)\,dx \leqq q$$

を ① とします。また、$I := n \displaystyle\int_{-1}^{1} g(nx)f(x)\,dx$ と定めておきます。

　関数 $g(x)$ が場合分けを含みつつ定義されており面倒に見えるかもしれませんが、よく見ると $|x| > 1$ ではつねに 0 と定められています。よって I の被積分関数 $g(nx)f(x)$ は $|nx| > 1$、つまり $|x| > \dfrac{1}{n}$ ではつねに 0 となり、I の値に寄与しません。これより次式を得ます。

$$I = n \int_{-\frac{1}{n}}^{\frac{1}{n}} g(nx)f(x)\,dx$$

　ここで改めて ① を眺めてみると、中辺の積分区間は $[-1,\,1]$ となっており、いま得られた式の積分区間 $\left[-\dfrac{1}{n},\,\dfrac{1}{n}\right]$ とは異なっています。① を証明するにあたり、積分区間はなんとなく合わせておいた方がよさそうです。そこで、$y := nx$ となる新しい変数 y への変換を行います。$\dfrac{1}{n}\,dy = dx$ であり、y での積分区間は $[-1,\,1]$ となるので

$$I = n \int_{-1}^{1} g(y)f\left(\frac{y}{n}\right) \cdot \frac{1}{n}\,dy = \int_{-1}^{1} g(y)f\left(\frac{y}{n}\right)\,dy$$

と変形できます。

　ここで、任意の $y \in [-1,\,1]$ に対し $-1 \leq \cos(\pi y) \leq 1$ ですから、次式が成り立ちます。

$$\frac{-1+1}{2} \leq g(y) \leq \frac{1+1}{2} \qquad \text{i.e.,} \quad 0 \leq g(y) \leq 1$$

　また、$-1 \leq y \leq 1$ のとき $\left|\dfrac{y}{n}\right| \leq \dfrac{1}{n}$ なので $p \leq f\left(\dfrac{y}{n}\right) \leq q$ が成り立ちます。したがって、任意の $y \in [-1,\,1]$ に対し $pg(y) \leq g(y)f\left(\dfrac{y}{n}\right) \leq qg(y)$ となり、これより

$$\int_{-1}^{1} pg(y)\,dy \leq I \leq \int_{-1}^{1} qg(y)\,dy$$

を得ます。左辺・右辺の積分は各々

$$\int_{-1}^{1} pg(y)\,dy = p \int_{-1}^{1} \frac{\cos(\pi y)+1}{2}\,dy = p\left[\frac{\sin \pi y}{2\pi} + \frac{y}{2}\right]_{-1}^{1} = p$$

$$\int_{-1}^{1} qg(y)\,dy = q \int_{-1}^{1} \frac{\cos(\pi y)+1}{2}\,dy = q\left[\frac{\sin \pi y}{2\pi} + \frac{y}{2}\right]_{-1}^{1} = q$$

と具体的に計算できますから、$p \leq I \leq q$、つまり ① がいえました。■

[3] (2) 前問との関連は？

次は (2) です。(1) が不等式の証明でしたから、いかにもそれを利用して "はさみうちの原理" で極限を求める気がしますね。

ここでポイントとなるのが、$g(x)$ と $h(x)$ の関係です。関数形がだいぶ違うように見えますが、$|x| < 1$ における $g(x)$ の導関数を考えると

$$\frac{d}{dx}g(x) = \frac{d}{dx}\frac{\cos(\pi x) + 1}{2} = \frac{1}{2} \cdot (-\sin \pi x) \cdot \pi = -\frac{\pi}{2}\sin(\pi x) = h(x)$$

つまり、$\dfrac{d}{dx}g(x) = h(x)$ となります[1]。そして、この関係は $|x| \geq 1$ でも成り立ちます（証明略）。

(1) の積分 I における被積分関数は、二つの関数 $g(nx)$ と $f(x)$ の積になっていました。そしていま、$g(x)$ の導関数が $h(x)$ そのものとなっています。とすると、部分積分を利用できるかもしれない、と思い至りますね。早速試してみましょう。

$J_n := n^2 \displaystyle\int_{-1}^{1} h(nx)\log\left(1 + e^{x+1}\right)\, dx$ と定めます。上の結果より $\dfrac{d}{dx}g(nx) = nh(nx)$ が成り立つため

$$J_n = n^2 \int_{-1}^{1} \left(\frac{g(nx)}{n}\right)' \log\left(1 + e^{x+1}\right)\, dx$$

$$= n^2 \cdot \left[\frac{g(nx)}{n} \cdot \log\left(1 + e^{x+1}\right)\right]_{-1}^{1} - n^2 \int_{-1}^{1} \frac{g(nx)}{n}\left\{\log\left(1 + e^{x+1}\right)\right\}'\, dx$$

$$= n\left\{g(n) \cdot \log\left(1 + e^2\right) - g(-n) \cdot \log\left(1 + e^0\right)\right\} - n\int_{-1}^{1} g(nx)\frac{\left(1 + e^{x+1}\right)'}{1 + e^{x+1}}\, dx$$

$$= -n\int_{-1}^{1} g(nx)\frac{e^{x+1}}{1 + e^{x+1}}\, dx \quad (\text{これを } J_n \text{ とする})$$

がしたがいます。ここで、$|x| \geq 1$ なる任意の実数 x に対し $g(x) = 0$ となることを用いて代入項を消しました。

さて、残った積分 J_n に着目すると、ピッタリ (1) の主張を使える形になっています。ただし、結果的に極限がわかるようにしたいので、p, q の値をうまく決めなければなりません。ゆるい評価にすると極限を決定できない可能性があるということです。

関数 $\varphi(x) := \dfrac{e^{x+1}}{1 + e^{x+1}}$ は連続関数です。また、たとえば

$$\varphi(x) = 1 - \frac{1}{1 + e^{x+1}}$$

---

1 どういうわけか、私は試験場でこれに気づけず敗北を喫しました。これさえできていればほぼ満点だったのに……。

と変形することで狭義単調増加とわかります。これより、$|x| \leq \dfrac{1}{n}$、つまり $-\dfrac{1}{n} \leq x \leq \dfrac{1}{n}$ において

$$\varphi\left(-\frac{1}{n}\right) \leq \varphi(x) \leq \varphi\left(\frac{1}{n}\right) \qquad \therefore \; \frac{e^{-\frac{1}{n}+1}}{1+e^{-\frac{1}{n}+1}} \leq \varphi(x) \leq \frac{e^{\frac{1}{n}+1}}{1+e^{\frac{1}{n}+1}}$$

が成り立ちます。よって、(1) で

$$f(x) = \varphi(x), \quad p = \frac{e^{-\frac{1}{n}+1}}{1+e^{-\frac{1}{n}+1}}, \quad q = \frac{e^{\frac{1}{n}+1}}{1+e^{\frac{1}{n}+1}}$$

とすることで次を得ます。

$$\frac{e^{-\frac{1}{n}+1}}{1+e^{-\frac{1}{n}+1}} \leq n \int_{-1}^{1} g(nx) \frac{e^{x+1}}{1+e^{x+1}} \, dx \leq \frac{e^{\frac{1}{n}+1}}{1+e^{\frac{1}{n}+1}}$$

$$\therefore \; -\frac{e^{\frac{1}{n}+1}}{1+e^{\frac{1}{n}+1}} \leq J_n \leq -\frac{e^{-\frac{1}{n}+1}}{1+e^{-\frac{1}{n}+1}}$$

ここで

$$-\frac{e^{\frac{1}{n}+1}}{1+e^{\frac{1}{n}+1}} \xrightarrow{n \to \infty} -\frac{e}{1+e}, \qquad -\frac{e^{-\frac{1}{n}+1}}{1+e^{-\frac{1}{n}+1}} \xrightarrow{n \to \infty} -\frac{e}{1+e}$$

ですから、はさみうちの原理より

$$\left(\lim_{n \to \infty} J_n =\right) \quad \lim_{n \to \infty} n^2 \int_{-1}^{1} h(nx) \log\left(1+e^{x+1}\right) \, dx = \underline{-\frac{e}{1+e}}$$

とわかります。

[4] $g(x)$ に隠された秘密

これで問題は解決です。しかし、話はこれで終わりではありません。東大に合格して物理学科に進学した私は、そこで本問の "続き" を知ることとなります。$g(x), h(x)$ という関数は、入試問題のためだけに用意された関数ではなかったのです。

まずは (1) の主張を問題形式でない形にまとめます。

(1) の主張

$n \in \mathbb{Z}_+$, $p, q \in \mathbb{R}$, $g(x) := \begin{cases} \dfrac{\cos(\pi x)+1}{2} & (|x| \leq 1) \\ 0 & (|x| > 1) \end{cases}$ と定める。連続関数

$f(x)$ が $|x| \leq \dfrac{1}{n}$ において $p \leq f(x) \leq q$ をみたすとき、次が成り立つ。

$$p \leqq n \int_{-1}^{1} g(nx)f(x)\,dx \leqq q$$

(1) は単に不等式の証明問題であり、(2) のような極限は考えませんでした。そこで、(1) で示した不等式で $n \to \infty$ とすると何が起こるか考えてみましょう。

$f(x)$ は連続な関数です。つまり次が成り立ちます。

$$\forall \varepsilon \in \mathbb{R}_+, \exists \delta \in \mathbb{R}_+ \left[\, |x| < \delta \Longrightarrow |f(x) - f(0)| < \varepsilon \,\right]$$

これを次のように言い換えましょう。

$$\forall \varepsilon \in \mathbb{R}_+, \exists \delta \in \mathbb{R}_+ \left[\, |x| < \delta \Longrightarrow f(0) - \varepsilon < f(x) < f(0) + \varepsilon \,\right]$$

$f(x)$ は連続関数ですから、閉区間 $\left[-\dfrac{1}{n}, \dfrac{1}{n}\right]$ 上で最大値 M_n および最小値 m_n をとります。上式において、ε に応じて δ の値を適切にとったとき、$n > \dfrac{1}{\delta}$ なる n に対して $\left|\dfrac{1}{n}\right| < \delta$ となるため $f(0) - \varepsilon < m_n \leq M_n < f(0) + \varepsilon$ が成り立ちます。つまり

$$\forall \varepsilon \in \mathbb{R}_+, \exists N \in \mathbb{Z}_+ \left[\, n > N \Longrightarrow (|M_n - f(0)| < \varepsilon \wedge |m_n - f(0)| < \varepsilon) \,\right]$$

が成り立つため、$\displaystyle\lim_{n \to \infty} M_n = f(0),\ \lim_{n \to \infty} m_n = f(0)$ が得られ、はさみうちの原理より次のことがわかります。

$$\lim_{n \to \infty} \int_{-1}^{1} ng(nx)f(x)\,dx = f(0)$$

なお、$|nx| > 1$ となる範囲、つまり $|x| > \dfrac{1}{n}$ では $g(nx) = 0$ でしたから

$$\lim_{n \to \infty} \int_{-\frac{1}{n}}^{\frac{1}{n}} ng(nx)f(x)\,dx = f(0) \quad \cdots ②$$

と書くこともできます。

② をよく観察してみましょう。関数 $ng(nx)$ を $f(x)$ と乗算して区間 $\left[-\dfrac{1}{n}, \dfrac{1}{n}\right]$ で積分して $n \to \infty$ とすることにより、$f(0)$ という値が出てきました。つまり、$ng(nx)$ は "$x = 0$ での値を取り出す" 役割を担っていると解釈できます。

実は、物理を学んでいると、この $ng(nx)$ のような "1 点での値を取り出す関数" が登場します。ディラックの delta 関数 $\delta(x)$ とよばれるものです。delta 関数は以下のような性質をもちます。

> **delta 関数 $\delta(x)$ の性質** ───
>
> 実数全体で定義され実数値をとる任意の連続関数 f に対し、次式が成り立つ。
>
> $$\int_{-\infty}^{\infty} \delta(x)f(x)\,dx = f(0) \quad \cdots ③$$

③ を見ると、delta 関数は $ng(nx)$ と似ているものの、決定的に異なる性質を有することがわかります。というのも、そもそも $\delta(x)$ は正整数のパラメータ n を含んでおらず、③ においても $n \to \infty$ などという極限は考えていないのです。標語的にいうならば、$\delta(x)$ は "$ng(nx)$ であらかじめ $n \to \infty$ としたもの" です（なんとなくそう思える、という程度の話です）。その気持ちを反映すると

$$"\delta(x) = \lim_{n \to \infty} ng(nx)"$$

という感じでしょうか。

ただし、delta 関数は通常の意味での関数ではありません。それは以下の議論により納得できます。まず、特に $f(x) \equiv 1$ という定数関数に対しても ③ が成り立つことを要請するならば

$$\int_{-\infty}^{\infty} \delta(x)\,dx = 1$$

が成り立つ必要があります。また、③ は連続関数 $f(x)$ の $x = 0$ での値を取り出しており、その他の値は関係しないことから、$x \neq 0$ において $\delta(x) = 0$ が成り立っていなければなりません。つまり、$\delta(x)$ は $x = 0$ でのみ値をもち、十分広い幅で積分をすると値が 1 となるのです。しかし、そのような関数は、少なくとも高校数学までで扱ってきたような通常の関数では存在しません。

そんなわけで、$\delta(x)$ は直感的にアレコレ扱ってよい関数ではなく、超関数とよばれるものの一つになっています。超関数について私は全くの素人なので、数学的な議論は行わないこととします（というか、私にはできないです）。

[5]　delta 関数が登場する例：1 次元の波動関数

delta 関数の厳密な定義は行わず、物理での登場例をいくつかご紹介します。

たとえば量子力学では、delta 関数型のポテンシャルがある一次元領域での波動関数を考えることがあります[2]。一粒子・一次元系における定常状態のシュレーディンガー方程式において、$V(x) = V_0\delta(x)$ $(V_0 > 0)$ というポテンシャルのもとでの波動関数 $\psi(x)$ を考えましょう。エネルギー固有値を E (> 0) とすると、次式が成り立ちます。

2　東大の物理学科の授業でも、2 年生の頃に学んだ記憶があります

$$E\psi(x) = \left(-\frac{\hbar^2}{2m}\frac{d^2}{dx^2} + V_0\delta(x) \right)\psi(x)$$

式をシンプルにするために、両辺に $\dfrac{2m}{\hbar^2}$ を乗算しましょう。すると

$$\frac{2mE}{\hbar^2}\psi(x) = \left(-\frac{d^2}{dx^2} + \frac{2mV_0}{\hbar^2}\delta(x) \right)\psi(x)$$

となります。ここで $v_0 := \dfrac{2mV_0}{\hbar^2}\ (>0),\ \varepsilon := \dfrac{2mE}{\hbar^2}\ (>0)$ と定めることにより、シュレーディンガー方程式は

$$\varepsilon\psi(x) = \left(-\frac{d^2}{dx^2} + v_0\delta(x) \right)\psi(x) \quad \cdots ④$$

というシンプルな見た目に変形できます。

以下、これの解を考えましょう。波動関数に対して

- 波動関数が領域の境界 $x = 0$ で連続である
- 波動関数の（x についての）導関数が $x = 0$ で連続である

という境界条件を与えるのが通常です。有限の高さの井戸型ポテンシャルを考える場合などがそうですね。しかし、いま扱っている関数が delta 関数であることにより、この境界条件はそもそも妥当でないことがいえます。具体的には、後者の導関数の連続性を担保できなくなります。

代替の接続条件は以下のとおりです。$a > 0$ とし、シュレーディンガー方程式 ④ を

$$\frac{d^2}{dx^2}\psi(x) = (v_0\delta(x) - \varepsilon)\psi(x)$$

とした後、この両辺を区間 $[-a, a]$ で積分します。

$$\int_{-a}^{a} \left(\frac{d^2}{dx^2}\psi(x) \right)dx = \int_{-a}^{a}(v_0\delta(x) - \varepsilon)\psi(x)\,dx$$

$$\therefore \left.\frac{d}{dx}\psi(x)\right|_{x=a} - \left.\frac{d}{dx}\psi(x)\right|_{x=-a} = v_0\psi(0) - \varepsilon\int_{-a}^{a}\psi(x)\,dx$$

ここで $a \to +0$ の極限の存在を認め、これを考えると次式がしたがいます。

$$\lim_{a \to +0}\left(\left.\frac{d}{dx}\psi(x)\right|_{x=a} - \left.\frac{d}{dx}\psi(x)\right|_{x=-a} \right) = v_0\psi(0) \quad \cdots ⑤$$

導関数の連続性ではなく、この ⑤ を接続条件として用いることとしましょう。

いま、$V_0 > 0$ としています。無限に細く、無限に高い壁が立っているイメージです。マクロな世界であれば、壁に隔てられた二つの部屋をボールが行き来できないように、"壁" の一方にしかモノは存在できません。ミクロな世界だとどうなるでしょうか。

　まず、境界 $x = 0$ 以外の場所、つまり $x < 0, 0 < x$ 各々のことを考えましょう。各領域では $\delta(x) = 0$ ですから、シュレーディンガー方程式 ④ は

$$\varepsilon\psi(x) = -\frac{d^2}{dx^2}\psi(x)$$

となります。よって、波動関数は次のようになります。

$$\psi(x) = \begin{cases} C_1 e^{ikx} + D_1 e^{-ikx} & (x < 0 \text{ のとき}) \\ C_2 e^{ikx} + D_2 e^{-ikx} & (x \geq 0 \text{ のとき}) \end{cases} \quad \left(k := \sqrt{\varepsilon} = \frac{\sqrt{2mE}}{\hbar}\right)$$

　ここで、先ほどの接続条件を用います。まず、波動関数の $x = 0$ での連続性を課すと

$$C_1 + D_1 = C_2 + D_2$$

がしたがいます。次に、先ほど考えた導関数のギャップの条件 ⑤ を用いましょう。すると

$$\frac{d}{dx}\psi(x)\bigg|_{x=a} - \frac{d}{dx}\psi(x)\bigg|_{x=-a} = ik\left(C_2 e^{ika} - D_2 e^{-ika}\right) - ik\left(C_1 e^{-ika} - D_1 e^{ika}\right)$$
$$\rightarrow ik\left(C_2 - D_2 - C_1 + D_1\right) \quad (a \rightarrow +0)$$

ですから、第 2 の境界条件は

$$ik\left(C_2 - D_2 - C_1 + D_1\right) = v_0\psi(0) \quad \left(= v_0\left(C_1 + D_1\right) = v_0\left(C_2 + D_2\right)\right)$$

となります。ここで、$\psi(0)$ は $x = 0$ での波動関数の値です（$x = 0$ で連続であるとしているのでしたね）。

　以上より、境界条件は

$$\begin{cases} C_1 + D_1 = C_2 + D_2 \\ ik\left(C_2 - D_2 - C_1 + D_1\right) = v_0\left(C_1 + D_1\right) \ (= v_0\left(C_2 + D_2\right)) \end{cases}$$

となります。四つの定数 C_1, D_1, C_2, D_2 について二つの条件式があるため、たとえば C_2, D_2 を C_1, D_1 で次のように表すことができます。

$$C_2 = \frac{2k - iv_0}{2k}C_1 - \frac{iv_0}{2k}D_1, \quad D_2 = \frac{iv_0}{2k}C_1 + \frac{2k + iv_0}{2k}D_1$$

　とりあえずシュレーディンガー方程式の解はわかりましたが、delta 関数ポテンシャルという（見た目上）シンプルなポテンシャルを与えただけにもかかわらず、上の結果は興味深いことを示唆しています。前述のとおり、マクロな物体（たとえばボール）が

うすい壁のようなものの一方に置かれていたとして、それが勝手に壁の向こうに行くことはありません。しかし、解の形を見るに、量子の場合は話が違うようです。

　もう少し具体的に計算をし、性質の違いを確認してみましょう。$x < 0$ の領域に量子を "置いた" として、その後波動関数がどれほど $0 < x$ の領域に進んだかを考えます。$x < 0$ の領域には入射波と反射波が、$0 < x$ の領域には透過波が存在していることでしょう。そこで、$0 < x$ では位相の符号が反転した波動関数の成分がないと考え、$D_2 = 0$ としてみます。このとき

$$\frac{iv_0}{2k}C_1 + \frac{2k + iv_0}{2k}D_1 = 0 \quad \therefore \frac{D_1}{C_1} = -\frac{iv_0}{2k + iv_0}$$

となります。よって、この波の反射率 R は次のように計算できます。

$$R = \frac{|D_1|^2}{|C_1|^2} = \frac{|iv_0|^2}{|2k + iv_0|^2} = \frac{v_0^2}{4k^2 + v_0^2}$$

また、透過率 T は次のとおりです。

$$T = 1 - (\text{反射率}) = 1 - \frac{v_0^2}{4k^2 + v_0^2} = \frac{4k^2}{4k^2 + v_0^2}$$

　v_0 を大きくすると T は 0 に近づくものの、そもそも delta 関数型のポテンシャルを与えているにもかかわらず、$0 < x$ に波動関数が透過していることが、いくつかの都合のよい仮定のもとでわかりました。

　delta 関数から随分話を広げてしまいましたが、たとえば物理ではこんなふうに delta 関数が登場します。ほかにも、荷電粒子の分布を表すのにうってつけであったり、階段関数の導関数が delta 関数になっていると思えたりするなど、この関数はさまざまな場面で姿を見せるのです。

[6]　$h(x)$ に隠された秘密

　$h(x)$ にはどういう秘密が隠されているのか。これについては簡単に触れる程度にさせてください。

　$g(x)$ の話にだいぶページを割いてしまったので、いったん (2) の結果を再掲します。

---

(2) の主張

$h(x) := \begin{cases} -\dfrac{\pi}{2}\sin(\pi x) & (|x| \leqq 1 \text{ のとき}) \\ 0 & (|x| > 1 \text{ のとき}) \end{cases}$ と定める。このとき、次が成り立つ。

$$\lim_{n \to \infty} n^2 \int_{-1}^{1} h(nx) \log\left(1 + e^{x+1}\right) dx = -\frac{e}{1+e}$$

---

(2) では被積分関数のうちに $\log\left(1 + e^{x+1}\right)$ という具体的な関数が含まれているため、逆に $h(x)$ のはたらきが見えづらくなっています。しかし、(1) でご紹介した delta のように、$h(x)$ にもとあるはたらきがあるのです。

唐突ですが、$\log\left(1 + e^{x+1}\right)$ という関数の導関数を計算すると次のようになります。

$$\frac{d}{dx}\log\left(1 + e^{x+1}\right) = \frac{\left(1 + e^{x+1}\right)'}{1 + e^{x+1}} = \frac{e^{x+1}}{1 + e^{x+1}}$$

それがどうしたの？と思うかもしれませんが、ここで $x = 0$ としてみると

$$\left.\frac{d}{dx}\log\left(1 + e^{x+1}\right)\right|_{x=0} = \frac{e^{0+1}}{1 + e^{0+1}} = \frac{e}{1 + e}$$

となり、なんと (2) の答え（の符号を逆にしたもの）が出てくるのです。つまり、$h(x)$ は "ある関数と積にして積分すると、その関数の $x = 0$ での導関数の値を取り出す" はたらきがあると思えます。

しかも、だいぶ前に述べたとおり $\dfrac{d}{dx}g(x) = h(x)$ が成り立っているのでした。冒頭の大問とその後の考察からわかる $g(x)$, $h(x)$ の性質をカジュアルにまとめると、次のようになります。なお、符号や "n" の存在は気にせず、あくまで大雑把に述べるものですのでご注意ください。

1. $g(x)$ は、ある関数 $p(x)$ と積にして積分すると、$p(0)$ の値を取り出してくれる。
2. その $g(x)$ の導関数である $h(x)$ は、ある関数 $p(x)$ と積にして積分すると、$p'(0)$ の値を取り出してくれる。

一つ目の性質が成り立つだけでも不思議に思うかもしれませんが、導関数 $h(x)$ を積分に入れると、こんどは乗算相手の導関数の値を取り出してくれるというのはさらに驚きです[3]。

3　$h(x)$ は、大雑把には "delta 関数的なものを微分したもの" です。ごく大雑把な表現であることに注意してください。

第4章

座標で分析する

§1 "距離"は一つだけじゃない

[1]　テーマと問題の紹介

"距離"と聞いて、あなたは何を思い浮かべるでしょうか。中高の数学では、たとえば平面上の 2 点間の距離は、それら 2 点を結ぶ線分の長さを指します。日常生活では、たとえば地図アプリでの目的地までの長さのことを"距離"といいますが、それも経路を折れ線の集まりだと思ったときの長さの合計と捉えることができるため、長さのはかり方は同じです。

題材　**1994 年 理系数学 第 6 問**

xy 平面上の 2 点 P, Q に対し、P と Q を x 軸または y 軸に平行な線分からなる折れ線で結ぶときの経路の長さの最小値を $d(\mathrm{P, Q})$ で表す。

(1)　原点 O(0, 0) と点 A(1, 1) に対し、$d(\mathrm{O, P}) = d(\mathrm{P, A})$ をみたす点 P(x, y) の範囲を xy 平面上に図示せよ。

(2)　実数 $a \geqq 0$ に対し、点 Q$(a, a^2 + 1)$ を考える。次の条件 $(*)$ を満足する点 P(z, y) の範囲を xy 平面上に図示せよ。

$(*)$　原点 O(0, 0) に対し、$d(\mathrm{O, P}) = d(\mathrm{P, Q})$ となるような $a \geqq 0$ が存在する。

本問で定義される d は、日常生活や高校数学までで登場する通常の意味での距離（ユークリッド距離とよばれます）とは異なるもののようです。まずは定義の日本語を正確に読解しなければなりませんね。

そもそも本問における d はどのような距離なのか。そして、(1), (2) は各々どういう答えになるのか。これらをぜひ予想してから以下の内容をお読みください。

なお、以下は x 軸正方向のことを"右"とよぶなど、方向の表現を簡略化することがあります。

[2]　d の正体を探ろう

座標平面上に 2 点 P, Q があります。この 2 点を結ぶ曲線は、図 4.1 のように（当然）いくらでも存在します。

そのうち、x 軸または y 軸に平行な線分からなる折れ線で結ぶ方法さえさまざまありますが、その長さが最小となるのはその一部です。図 4.2 でいうと、○ の経路の長さが最小となり、× の経路ではそうなりません。

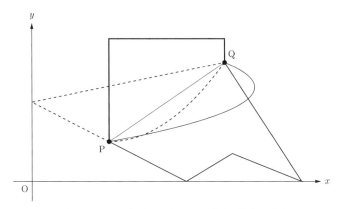

図 4.1: 座標平面上の 2 点 P, Q を結ぶ曲線は無数に存在する。

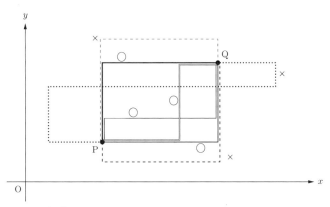

図 4.2: P, Q を結ぶ経路のうち、x 軸または y 軸と平行な線分のみにより構成されるもの。◯
の経路は最短距離を実現しており、✕ の経路は（遠回りをしているので）最短距離を
とらない。

　こうしてアレコレ経路を描いて実験してみると、どのようなものが最短経路となるの
かが見えてきます。つまるところ、図 4.2 において ✕ で示した経路たちのような"遠回
り"は許されないのです。この位置関係で P より Q に至る場合は、右か上にしか進んで
はならないということですね。ただし、図の ◯ の経路たちはいずれも長さが等しく、右
また上にのみ移動することさえ守れば、どのようにジグザグに進むかは自由です。例え
るならば、碁盤の目のような市街を歩いて目的地まで行く際の最短距離が d なのです。
　点 P, Q の座標を P(x_P, y_P), Q(x_Q, y_Q) としておきます。このとき、$d(P, Q)$ の計
算式はどうなるでしょうか。

前述のとおり、方向さえ守ればどうギザギザに進むのも自由ですが、結局点 P から点 Q に至るまでには

- x 軸方向：距離 $|x_P - x_Q|$
- y 軸方向：距離 $|y_P - y_Q|$

だけ進むことになります。よって

$$d(P, Q) = |x_P - x_Q| + |y_P - y_Q| \quad \cdots ①$$

であることがわかります。これでようやく、本問の土俵に上がれますね。

[3]　(1) "等距離にある点の集合" は不思議な図形をなす

ではいよいよ (1) に取り組みます。(1) では $d(O, P) = d(P, A) \cdots ②$ をみたす点 P(x, y) の範囲を求めるのでした。① に基づくと

$$d(O, P) = |x - 0| + |y - 0| = |x| + |y|$$

$$d(P, A) = |x - 1| + |y - 1|$$

$$\therefore ② \iff |x| + |y| = |x - 1| + |y - 1|$$

$$\iff |x| - |x - 1| + |y| - |y - 1| = 0 \quad \cdots ③$$

が成り立ちますから、③ をみたす点 P(x, y) の範囲を求めましょう。③ のうち $|x| - |x-1|$ は x のみに依存し、$|y| - |y - 1|$ は y のみに依存します。そこで

$$\Delta_x := |x| - |x - 1|, \quad \Delta_y := |y| - |y - 1|, \quad \Delta := \Delta_x + \Delta_y$$

とし、これらの関数形を調べます。

……といっても、Δ_x, Δ_y は同じ形の関数ですから、Δ_x の一方のみ調べれば OK ですね。それに Δ_x もさほど苦労せずわかります。というのも

$$|x| = \begin{cases} x & (0 \le x) \\ -x & (x \le 0) \end{cases}, \qquad |x - 1| = \begin{cases} x - 1 & (1 \le x) \\ -x + 1 & (x \le 1) \end{cases}$$

ですから、Δ_x は表 4.1 のように計算できます。

表 4.1: x の範囲と Δ_x の関数形。

x	$x \le 0$	$0 \le x \le 1$	$1 \le x$
$\|x\|$	$-x$	x	
$\|x - 1\|$	$-x + 1$		$x - 1$
$\Delta_x \ (= \|x\| - \|x - 1\|)$	-1	$2x - 1$	1

このように、Δ_x は $x = 0, 1$ の 2 か所を境に 3 区間に分かれています。Δ_y も（変数が y になっているだけで）同じ関数ですから、xy 平面は $3 \times 3 = 9$ 領域に分かれます。各領域における Δ $(= \Delta_x + \Delta_y)$ の式は表 4.2 のとおりです。一般的な表と異なり見出しを左下に寄せてありますが、これは xy 平面での各領域の位置関係と表のマス目たちの位置関係とを対応させるためです。

表 4.2: P(x, y) の位置とそこでの $\Delta_x + \Delta_y$ の関数形。

$1 \le y$ $\Delta_y = 1$	0	$2x$	2
$0 \le y \le 1$ $\Delta_y = 2y - 1$	$2y - 2$	$2x + 2y - 2$	$2y$
$y \le 0$ $\Delta_y = -1$	-2	$2x - 2$	0
Δ $(= \Delta_x + \Delta_y)$	$\Delta_x = -1$ $x \le 0$	$\Delta_x = 2x - 1$ $0 \le x \le 1$	$\Delta_x = 1$ $1 \le x$

表 4.3 は一見しんどい見た目をしていますが、内容は極めて単純です。あるマスでの Δ は、その下にある Δ_x と Δ_y の和を計算しているだけですから。変数ごとに Δ_x, Δ_y という二つの関数に分離したご利益がここに現れています。

あとは各領域で $\Delta = 0$ となる x, y の条件を求めれば答えがわかったも同然です。各領域でのその条件をまとめると、表 4.3 のようになります。

表 4.3: 各領域で $\Delta = 0$ となる x, y の条件。表の ○ はその領域でつねに $\Delta = 0$ となることを、× はその領域でつねに $\Delta \neq 0$ となることを表す。

$1 \le y$ $\Delta_y = 1$	0 ○	$2x$ $x = 0$	2 ×
$0 \le y \le 1$ $\Delta_y = 2y - 1$	$2y - 2$ $y = 1$	$2x + 2y - 2$ $x + y = 1$	$2y$ $y = 0$
$y \le 0$ $\Delta_y = -1$	-2 ×	$2x - 2$ $x = 1$	0 ○
Δ $(= \Delta_x + \Delta_y)$ 下段：$\Delta = 0$ となる条件	$\Delta_x = -1$ $x \le 0$	$\Delta_x = 2x - 1$ $0 \le x \le 1$	$\Delta_x = 1$ $1 \le x$

最後にこれを図示すれば (1) は終了です。② をみたす点 P(x, y) の範囲は図 4.3 の太線部および影をつけた部分となります。

2 点 O, A から "等距離" にある点を図示したところ、なんだか不思議な結果が得られました。2 点 $(1, 0)$, $(0, 1)$ を結ぶ線分に加え、左上・右下に 2 次元的な広がりをもつ図形になっていますね。中学・高校の数学で通常用いる距離の場合、平面上の異なる 2 点

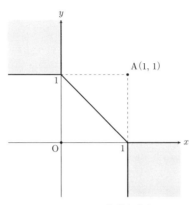

図 4.3: $d(\mathrm{O},\ \mathrm{P}) = d(\mathrm{P},\ \mathrm{A})$ を満たす点 $\mathrm{P}(x,\ y)$ の範囲。

から等距離にある点の集合は、その 2 点がなす線分の垂直二等分線であったわけですが、それとはだいぶ異なる見た目をしています。それゆえに、東大の試験会場でこの問題に取り組んだ受験生のうちには、自信をなくしたり焦ったりした方も少なくないでしょう[1]。

[4]　(2) まずは "スナップショット" を求めよう

では次に (2) です。これは過去の東大の理系数学のうちでもかなりの難問です。(1) でさえそれなりに手間がかかったのに、今度は値のわからない定数 a が含まれています。

原点 $\mathrm{O}(0, 0)$ と点 $\mathrm{Q}(a,\ a^2 + 1)\ (a \geq 0)$ に対し、$d(\mathrm{O},\ \mathrm{P}) = d(\mathrm{P},\ \mathrm{Q})\ \cdots④$ をみたす点 $\mathrm{P}(x,\ y)$ の範囲を求めるのでした。① に基づくと

$$d(\mathrm{O},\ \mathrm{P}) = |x - 0| + |y - 0| = |x| + |y|$$
$$d(\mathrm{P},\ \mathrm{Q}) = |x - a| + \left|y - \left(a^2 + 1\right)\right|$$
$$④ \quad \Longleftrightarrow \quad |x| + |y| = |x - a| + \left|y - \left(a^2 + 1\right)\right|$$
$$\Longleftrightarrow \quad |x| - |x - a| + |y| - \left|y - \left(a^2 + 1\right)\right| = 0 \quad \cdots⑤$$

が成り立ちますから、⑤ をみたす点 $\mathrm{P}(x,\ y)$ の範囲を求めましょう。⑤ のうち $|x| - |x - a|$ は x のみに依存し、$|y| - \left|y - \left(a^2 + 1\right)\right|$ は y のみに依存します。そこで

$$\Delta_x' := |x| - |x - a|, \quad \Delta_y' := |y| - \left|y - \left(a^2 + 1\right)\right|, \quad \Delta' := \Delta_x' + \Delta_y'$$

とし、これらの関数形を調べてます。(1) と場合分けの形式は同じですが、定数 $a\ (\geq 0)$ が含まれているのが厄介ですね。

まず Δ_x' について考えましょう。

---

[1]　もっとも、本問の場合検算はしやすく、それに気づければ自信をもって答えられるとは思いますが。

ですから、

$$|x| = \begin{cases} x & (x \geq 0) \\ -x & (x \leq 0) \end{cases}, \qquad |x-a| = \begin{cases} x-a & (a \leq x) \\ -x+a & (x \leq a) \end{cases}$$

ですから、Δ'_x は表 4.4 のように計算できます。

表 4.4: x の範囲と Δ'_x の関数形。

x	$x \leq 0$	$0 \leq x \leq a$	$a \leq x$
$\lvert x \rvert$	$-x$	x	
$\lvert x-a \rvert$		$-x+a$	$x-a$
$\Delta'_x \, (= \lvert x \rvert - \lvert x-a \rvert)$	$-a$	$2x-a$	a

次に Δ'_y について考えます。

$$|y| = \begin{cases} y & (0 \leq y) \\ -y & (y \leq 0) \end{cases}, \qquad \left|y-\left(a^2+1\right)\right| = \begin{cases} y-\left(a^2+1\right) & \left(a^2+1 \leq y\right) \\ -y+\left(a^2+1\right) & \left(y \leq a^2+1\right) \end{cases}$$

ですから、Δ'_y は表 4.5 のように計算できます。

表 4.5: y の範囲と Δ'_y の関数形。

y	$y \leq 0$	$0 \leq y \leq a^2+1$	$a^2+1 \leq y$
$\lvert y \rvert$	$-y$	y	
$\left\lvert y-\left(a^2+1\right)\right\rvert$		$-y+\left(a^2+1\right)$	$y-\left(a^2+1\right)$
$\Delta'_y \, \left(= \lvert y \rvert - \left\lvert y-\left(a^2+1\right)\right\rvert\right)$	$-\left(a^2+1\right)$	$2y-\left(a^2+1\right)$	a^2+1

このように、(2) でも Δ'_x, Δ'_y は各々 3 区間に分かれており、xy 平面は $3 \times 3 = 9$ 領域に分かれます。各領域における $\Delta' \left(= \Delta'_x + \Delta'_y\right)$ の式は表 4.6 のとおりです。

9 領域各々において、$\Delta' = 0$ となる x, y の条件を考えましょう。以下、たとえば表の $\begin{cases} x \leq 0 \\ a^2+1 \leq y \end{cases}$ のマス（に対応する領域）を"左上"とよんだり、$\begin{cases} 0 \leq x \leq a \\ y < 0 \end{cases}$ のマス（に対応する領域）を"中下"とよんだりします。まず

$$a^2 \pm a + 1 = \left(a \pm \frac{1}{2}\right)^2 + \frac{3}{4} > 0$$

より左下・右下・左上・右上の 4 マスではつねに $\Delta' \neq 0$ であるとわかります。また、中上では $0 \leq x \leq a$ ですから

$$\Delta' = 2x + a^2 - a + 1 = 2x + \left(a - \frac{1}{2}\right)^2 + \frac{3}{4} \geq 0 + \frac{3}{4} > 0$$

表 4.6: $\mathrm{P}(x, y)$ の位置とそこでの $\Delta'_x + \Delta'_y$ の関数形。

$\begin{array}{c}a^2+1 \le y \\ \Delta'_y = a^2+1\end{array}$	a^2-a+1	$2x+a^2-a+1$	a^2+a+1
$\begin{array}{c}0 \le y \le a^2+1 \\ \Delta'_y = 2y-\left(a^2+1\right)\end{array}$	$2y-\left(a^2+a+1\right)$	$2x+2y-\left(a^2+a+1\right)$	$2y-\left(a^2-a+1\right)$
$\begin{array}{c}y \le 0 \\ \Delta'_y = -\left(a^2+1\right)\end{array}$	$-\left(a^2+a+1\right)$	$2x-\left(a^2+a+1\right)$	$-\left(a^2-a+1\right)$
$\Delta'\ \left(= \Delta'_x + \Delta'_y\right)$	$\begin{array}{c}\Delta'_x = -a \\ x \le 0\end{array}$	$\begin{array}{c}\Delta'_x = 2x-a \\ 0 \le x \le a\end{array}$	$\begin{array}{c}\Delta'_x = a \\ a \le x\end{array}$

よりつねに $\Delta' \ne 0$ です。そして、中下でも $0 \le x \le a$ ですから

$$\Delta' = 2x - a^2 - a - 1 = (2x - 2a) - \left(a - \frac{1}{2}\right)^2 - \frac{3}{4} \le 0 - 0 - \frac{3}{4} < 0$$

よりつねに $\Delta' \ne 0$ です。

　上記以外、つまり中段（左中・中中・右中）のみです。各々における x, y の条件は次のとおりです。

$$\text{左中：}\quad 2y - \left(a^2 + a + 1\right) = 0 \quad \Longleftrightarrow \quad y = \frac{1}{2}\left(a^2 + a + 1\right)$$

$$\text{中中：}\quad 2x + 2y - \left(a^2 + a + 1\right) = 0 \quad \Longleftrightarrow \quad x + y = \frac{1}{2}\left(a^2 + a + 1\right)$$

$$\text{右中：}\quad 2y - \left(a^2 - a + 1\right) = 0 \quad \Longleftrightarrow \quad y = \frac{1}{2}\left(a^2 - a + 1\right)$$

よって、各領域における $\Delta' = 0$ の条件をまとめると表 4.7 のようになります。

表 4.7: 各領域で $\Delta' = 0$ となる x, y の条件。表の $\times$ はその領域でつねに $\Delta' \ne 0$ となることを表す。

$\begin{array}{c}a^2+1 \le y \\ \Delta'_y = a^2+1\end{array}$	$\begin{array}{c}a^2-a+1 \\ \times\end{array}$	$\begin{array}{c}2x+a^2-a+1 \\ \times\end{array}$	$\begin{array}{c}a^2+a+1 \\ \times\end{array}$
$\begin{array}{c}0 \le y \le a^2+1 \\ \Delta'_y = 2y-\left(a^2+1\right)\end{array}$	$\begin{array}{c}2y-\left(a^2+a+1\right) \\ y = \frac{1}{2}\left(a^2+a+1\right)\end{array}$	$\begin{array}{c}2x+2y-\left(a^2+a+1\right) \\ x+y = \frac{1}{2}\left(a^2+a+1\right)\end{array}$	$\begin{array}{c}2y-\left(a^2-a+1\right) \\ y = \frac{1}{2}\left(a^2-a+1\right)\end{array}$
$\begin{array}{c}y \le 0 \\ \Delta'_y = -\left(a^2+1\right)\end{array}$	$\begin{array}{c}-\left(a^2+a+1\right) \\ \times\end{array}$	$\begin{array}{c}2x-\left(a^2+a+1\right) \\ \times\end{array}$	$\begin{array}{c}-\left(a^2-a+1\right) \\ \times\end{array}$
$\Delta'\ \left(= \Delta'_x + \Delta'_y\right)$	$\begin{array}{c}\Delta'_x = -a \\ x \le 0\end{array}$	$\begin{array}{c}\Delta'_x = 2x-a \\ 0 \le x \le a\end{array}$	$\begin{array}{c}\Delta'_x = a \\ a \le x\end{array}$

以上より、$a\ (\geq 0)$ の値を決めたとき、④ をみたす点 $P(x, y)$ の範囲は図 4.4 の太線部のようになります。

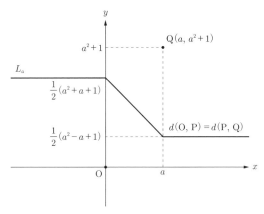

図 4.4: $d(O, P) = d(P, Q) \cdots$ ④ をみたす点 $P(x, y)$ の範囲。

よし、これで終了！……といいたいところなのですが、よく考えるとまだ先は長いです。というのも、本問で問われているのは、条件

(∗)　原点 $O(0, 0)$ に対し、$d(O, P) = d(P, Q)$ となるような $a \geq 0$ が存在する。

をみたす $P(x, y)$ の範囲であって、上図は a の値を決めたときのスナップショットでしかないからです。a の値を決めたときの上の折れ線を L_a としておき、次のステップに進みます。

[5]　(2) 折れ線の通過領域は？

というわけで、条件 (∗) をみたす点 $P(x, y)$ の範囲（D とします）を求めましょう。この条件をそのままの意味で解釈すると次のようになります。

$$(x, y) \in D \iff \exists a \in \mathbb{R}_{\geq 0}\,[(x, y) \in L_a]$$

しかし、L_a は場合分けを伴った関数形をしているため、束縛変数 a を動かすか否か以前に、$(x, y) \in L_a$ を x, y の条件式として整理すること自体が困難です。

そこで、視点を変えてみましょう。$\exists a \in \mathbb{R}_{\geq 0}\,[(x, y) \in L_a]$ は、L_a が点 $P(x, y)$ を含むような a が存在することを意味します。逆に L_a を主役にして考えると、a が非負実数全体を動くとき、L_a が点 $P(x, y)$ を少なくとも 1 回含むというふうに捉えられます。つまり、a が非負実数全体を動くときの折れ線 L_a の通過領域が D なのです。

そうだとして、どうすれば L_a を求められるでしょうか。さまざまな a の値に対する L_a を図示し、それをもとに D を推測するという手はありますが、それはあくまで推測

であって、それで正しいことを別途証明する必要があります。

　L_a をよく観察すると、"任意の x 座標に対し、L_a 上の点で対応するのもがちょうど一つ存在する" ことがわかります。つまり、L_a は x の関数のグラフだと思えるわけです。そこで、いったん x 座標を $x = \xi$ と固定し、対応する L_a 上の点の y 座標を a の関数 (=: $f_\xi(a)$) とみて、$f_\xi(a)$ の値域を調べることとしましょう。

　まず、$\xi \leq 0$ の場合を考えます。このとき、a の値によらず $f(a) = \dfrac{1}{2}\left(a^2 + a + 1\right)$ が成り立ちます。つまり、0 以下の任意の x 座標に対応する L_a 上の点の y 座標は、つねに $\dfrac{1}{2}\left(a^2 + a + 1\right)$ と表せるということです。$a \geq 0$ において $f_\xi(a)$ は連続かつ狭義単調増加ですから、$f_\xi(a)$ のとりうる値の範囲は $[f_\xi(0),\, \infty)$ つまり $\left[\dfrac{1}{2}, \infty\right)$ です。

　次に $0 \leq \xi$ の範囲を考えます。このとき、a の値によって、L_a 上で $x = \xi$ である点が、ノード $\left(a,\, \dfrac{1}{2}\left(a^2 - a + 1\right)\right)$ の左右いずれにあるかが変化します。すなわち

$$f_\xi(a) = \begin{cases} \dfrac{1}{2}\left(a^2 - a + 1\right) & (0 \leq a \leq \xi) \\[2mm] \dfrac{1}{2}\left(a^2 + a + 1\right) - \xi & (\xi \leq a) \end{cases}$$

となります。$(0 \leq)\,\xi \leq a$ において $\dfrac{1}{2}\left(a^2 + a + 1\right)$ は連続かつ狭義単調増加であり、上に有界ではないため、この区間での $f_\xi(a)$ の値域が $[f_\xi(\xi),\, \infty)$ です。あとは、$0 \leq a \leq \xi$ における関数 $f_\xi(a)$ の値域がわかればクリアです。この区間では

$$f_\xi(a) = \frac{1}{2}\left(a^2 - a + 1\right) = \frac{1}{2}\left(a - \frac{1}{2}\right)^2 + \frac{3}{8}$$

なのでした。よって、$0 \leq a \leq \xi$ における関数 $f_\xi(a)$ の最小値は次のようになります。

$$\min_{a \in [0,\xi]} f_\xi(a) = \begin{cases} f_\xi(\xi) = \dfrac{1}{2}\left(\xi - \dfrac{1}{2}\right)^2 + \dfrac{3}{8} & \left(0 \leq \xi \leq \dfrac{1}{2}\right) \\[3mm] f_\xi\left(\dfrac{1}{2}\right) = \dfrac{3}{8} & \left(\xi \leq \dfrac{1}{2}\right) \end{cases}$$

　これでいよいよ大団円です。$f_\xi(a)$ は $0 \leq a$ において連続関数であり、$a \to \infty$ で ξ の値によらず $f_\xi(a) \to \infty$ となることも踏まえると、$f_\xi(a)$ のとりうる値の範囲は

$$\begin{cases} \left[\dfrac{1}{2}, \infty\right) & (\xi \leq 0) \\[3mm] \left[\dfrac{1}{2}\left(\xi - \dfrac{1}{2}\right)^2 + \dfrac{3}{8},\, \infty\right) & \left(0 \leq \xi \leq \dfrac{1}{2}\right) \\[3mm] \left[\dfrac{3}{8}, \infty\right) & \left(\dfrac{1}{2} \leq \xi\right) \end{cases}$$

となります。

よって、a が非負実数全体を動くときの L_a の通過領域、つまり D を図示すると図 4.5 の太線部および影をつけた部分のようになります。これが (2) の答えです。

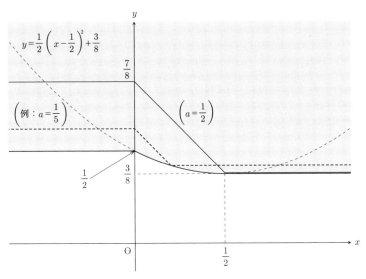

図 4.5: 条件 $(*)$ をみたす点 $\mathrm{P}(x, y)$ の範囲。

[6] そもそも "距離" とは？

本問の d のことをさも当たり前のように "距離" とよびましたが、どんなものでも距離とよんでよいわけではありません。少なくとも数学においては、距離の公理とよばれる次の条件たちをいずれもみたしているものが距離とされます。

距離の公理（括弧内はその意味をカジュアルに表現したもの）

集合 A に対する写像 $d : A \times A \to \mathbb{R}$ が以下の三つの条件をいずれもみたすとき、写像 d は A 上の距離とよばれる。

対称性：任意の $a, b \in A$ に対し $d(b, a) = d(a, b)$ が成り立つ。
（2 点間の距離は、その 2 点を指定する順番によらない）

非退化性：任意の $a, b \in A$ に対し "$d(a, b) = 0 \iff a = b$" が成り立つ。
（異なる 2 点間の距離は 0 でなく、同じ 2 点間の距離は 0 である）

三角不等式：任意の $a, b, c \in A$ に対し $d(a, c) + d(c, b) \geq d(a, b)$ が成り立つ。
（途中でどこかを経由すると、距離は等しいか増える一方である）

なお、任意の $a, b \in A$ に対し三角不等式より $d(a, b) + d(b, a) \geq d(a, a)$ がいえ、これと対称性より $d(a, b) \geq 0$ がいえる。（距離は非負である）

[7]　ユークリッド距離が距離の公理をみたすことの確認

日常的に用いる距離（ユークリッド距離）もこれらをみたしています。試しにそれを確認してみましょう。座標平面における 2 点 $P(x_P, y_P)$, $Q(x_Q, y_Q)$ について、ユークリッド距離 d_E は

$$d_E(P, Q) = \sqrt{(x_P - x_Q)^2 + (y_P - y_Q)^2}$$

と定められます（これを定義とします）。このとき、x_P, y_P, x_Q, y_Q の値によらず

$$\begin{aligned}
d_E(Q, P) &= \sqrt{(x_Q - x_P)^2 + (y_Q - y_P)^2} \\
&= \sqrt{(x_P - x_Q)^2 + (y_P - y_Q)^2} \\
&= d_E(P, Q)
\end{aligned}$$

が成り立つため、対称性は成り立っています。つまるところ、2 点の順番を入れ替えても "座標の差の 2 乗" は変わらないというだけです。

非退化性についても確認しましょう。$\forall t \in \mathbb{R}$, $t^2 \geq 0$ であり、2 乗が 0 となる実数は 0 のみですから

$$(x_P - x_Q)^2 \geq 0 \quad \wedge \quad (y_P - y_Q)^2 \geq 0$$

$$\therefore d_E(P, Q) = 0 \iff \begin{cases} (x_P - x_Q)^2 = 0 \\ (y_P - y_Q)^2 = 0 \end{cases} \iff \begin{cases} x_P - x_Q = 0 \\ y_P - y_Q = 0 \end{cases}$$

$$\iff \begin{cases} x_P = x_Q \\ y_P = y_Q \end{cases} \iff P = Q$$

となり、たしかに $d_E(P, Q) = 0 \iff P = Q$ がいえています。

次に三角不等式について考えてみましょう。P, Q のほかに新たに $R(x_R, y_R)$ という点を設けます。また

$$X_1 := x_P - x_R, \quad X_2 := x_R - x_Q$$

$$Y_1 := y_P - y_R, \quad Y_2 := y_R - y_Q$$

と定めます。すると次が成り立ちます。

$$\begin{aligned}
d_E(P, Q)^2 &= (x_P - x_Q)^2 + (y_P - y_Q)^2 = (X_1 + X_2)^2 + (Y_1 + Y_2)^2 \\
&= \left(X_1^2 + 2X_1 X_2 + X_2^2\right) + \left(Y_1^2 + 2Y_1 Y_2 + Y_2^2\right) \\
&= \left(X_1^2 + Y_1^2\right) + 2\left(X_1 X_2 + Y_1 Y_2\right) + \left(X_2^2 + Y_2^2\right)
\end{aligned}$$

$$\leq d_{\mathrm{E}}(\mathrm{P,\ R})^2 + 2\,(X_1 X_2 + Y_1 Y_2) + d_{\mathrm{E}}(\mathrm{R,\ Q})^2$$

ここで、ベクトルのノルムと内積の関係（コーシー・シュワルツの不等式）より

$$X_1 X_2 + Y_1 Y_2 \leq \sqrt{X_1^2 + Y_1^2} \cdot \sqrt{X_2^2 + Y_2^2} = d_{\mathrm{E}}(\mathrm{P,\ R})d_{\mathrm{E}}(\mathrm{R,\ Q})$$

が成り立つため

$$d_{\mathrm{E}}(\mathrm{P,\ Q})^2 \leq d_{\mathrm{E}}(\mathrm{P,\ R})^2 + 2d_{\mathrm{E}}(\mathrm{P,\ R})d_{\mathrm{E}}(\mathrm{R,\ Q}) + d_{\mathrm{E}}(\mathrm{R,\ Q})^2$$
$$= \{d_{\mathrm{E}}(\mathrm{P,\ R}) + d_{\mathrm{E}}(\mathrm{R,\ Q})\}^2$$
$$\therefore d_{\mathrm{E}}(\mathrm{P,\ Q}) \leq d_{\mathrm{E}}(\mathrm{P,\ R}) + d_{\mathrm{E}}(\mathrm{R,\ Q})$$

が得られ、三角不等式も示されました。

[8] 冒頭の問題の d が距離の公理をみたすことの確認

次に、冒頭の問題で登場した d というものが距離の公理をみたしていることを確認してみましょう。なお、後述するようにこの d は L^1 ノルムとよばれるものなので、以下 d_{L^1} と記します。

座標平面における 2 点 $\mathrm{P}(x_{\mathrm{P}},\ y_{\mathrm{P}})$, $\mathrm{Q}(x_{\mathrm{Q}},\ y_{\mathrm{Q}})$ について、d_{L^1} は

$$d_{L^1}(\mathrm{P,\ Q}) = |x_{\mathrm{P}} - x_{\mathrm{Q}}| + |y_{\mathrm{P}} - y_{\mathrm{Q}}|$$

により与えられるのでした。このとき、$x_{\mathrm{P}}, y_{\mathrm{P}}, x_{\mathrm{Q}}, y_{\mathrm{Q}}$ の値によらず

$$d_{L^1}(\mathrm{Q,\ P}) = |x_{\mathrm{Q}} - x_{\mathrm{P}}| + |y_{\mathrm{Q}} - y_{\mathrm{P}}| = |x_{\mathrm{P}} - x_{\mathrm{Q}}| + |y_{\mathrm{P}} - y_{\mathrm{Q}}| = d_{L^1}(\mathrm{P,\ Q})$$

が成り立つため、対称性は成り立っています。つまるところ、2 点の順番を入れ替えても "座標の差の絶対値" は変わらないということです。

非退化性についても確認しましょう。$\forall t \in \mathbb{R},\ |t| \geq 0$ であり、絶対値が 0 となる実数は 0 のみですから

$$d_{L^1}(\mathrm{P,\ Q}) = 0 \iff \begin{cases} |x_{\mathrm{P}} - x_{\mathrm{Q}}| = 0 \\ |y_{\mathrm{P}} - y_{\mathrm{Q}}| = 0 \end{cases} \iff \begin{cases} x_{\mathrm{P}} - x_{\mathrm{Q}} = 0 \\ y_{\mathrm{P}} - y_{\mathrm{Q}} = 0 \end{cases}$$
$$\iff \begin{cases} x_{\mathrm{P}} = x_{\mathrm{Q}} \\ y_{\mathrm{P}} = y_{\mathrm{Q}} \end{cases} \iff \mathrm{P = Q}$$

となり、やはり $d_{L^1}(\mathrm{P,\ Q}) = 0 \iff \mathrm{P = Q}$ がいえています。

三角不等式については、ユークリッド距離よりも容易に示せます。先ほど同様に点 $\mathrm{R}(x_{\mathrm{R}},\ y_{\mathrm{R}})$ や X_1, X_2, Y_1, Y_2 を定めると、次が成り立ちます。

$$d_{L^1}(\mathrm{P}, \mathrm{R}) + d_{L^1}(\mathrm{R}, \mathrm{Q}) \geq d_{L^1}(\mathrm{P}, \mathrm{Q})$$
$$\iff \quad (|X_1| + |Y_1|) + (|X_2| + |X_2|) \geq |X_1 + X_2| + |Y_1 + Y_2|$$
$$\iff \quad (|X_1| + |X_2| - |X_1 + X_2|) + (|Y_1| + |Y_2| - |Y_1 + Y_2|) \geq 0$$

ここで、$\forall Z_1, Z_2 \in \mathbb{R}, |Z_1| + |Z_2| - |Z_1 + Z_2| \geq 0$ より上式最後の不等式の成立がいえ、よって d_{L^1} は三角不等式をみたすこともいえます。なお、いま用いた不等式は

$$|Z_1| + |Z_2| - |Z_1 + Z_2| \geq 0 \iff |Z_1| + |Z_2| \geq |Z_1 + Z_2|$$
$$\iff (|Z_1| + |Z_2|)^2 \geq |Z_1 + Z_2|^2$$
$$\iff \left(Z_1^2 + 2|Z_1 Z_2| + Z_2^2\right)$$
$$\geq \left(Z_1^2 + 2 Z_1 Z_2 + Z_2^2\right)$$
$$\iff |Z_1 Z_2| \geq Z_1 Z_2$$

と同値変形でき、絶対値の定義より最終辺の不等式が成り立つことから示せます。

[9]　L^1 ノルムはこんなところで活躍

通常の意味での距離（日常生活でよく "直線距離" とよばれるもの）とは異なる距離の測り方である L^1 ノルムですが、ちゃんと活躍の機会があります。

機械学習における L^1 正則化が一例です。機械学習において注意すべき事態の一つに "過学習" というものがあるのですが、これを防ぐために誤差関数に重み係数の L^1 ノルムを加算し、これをペナルティ項にするというもののようです。ただ、私自身が機械学習について詳しくないうえ、機械学習の仕事をされている方でないとこれはイメージしづらいことでしょう。そこで、よりイメージしやすい例を挙げます。

たとえば、あなたは地図を片手に旅をしており、現在 S 地点にいます。ある目的地 G まで歩いて行くための所要時間を知りたいとしましょう。G までの直線距離は地図でわかっているものの、途中の道はまっすぐ G につながっているわけではないことがわかりました。この辺りで一泊するか、それとも陽が落ちるまでに G に行ってしまうか迷っており、おおまかにでいいから所要時間を知りたいとします。ただし、経路中の高低差は無視できるとします。

地図を眺めてみると、目的地までの最短経路は図 4.6 の太線のものとわかりました。G は現在地から北東の方角にあり、この最短経路による移動では南・西方向に移動することはありません。

x 軸が東西方向、y 軸が南北方向となるように座標を設けてみます。すると、S から G までの道のりは上から $d_{L^1}(\mathrm{S}, \mathrm{G})$ で評価できるのです。最も距離が長い場合でも $d_{L^1}(\mathrm{S}, \mathrm{G})$ であるということです。その距離でも日の入りに間に合うのであれば、このまま G に進んだほうがよいと判断できますね。

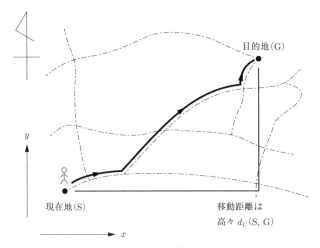

図 4.6: 現在地 S と目的地 G の間の地図。

　南・西向きの移動成分が少しくらい含まれていたとしても、必要な移動距離が途端に跳ね上がることはありませんから、平面上における移動距離を L^1 ノルムで見積もるというのは現実的な手段といえるでしょう。いまは地図アプリで経路がわかるのだからいいじゃないか！と思うかもしれませんが、ほかにも以下のような場面で L^1 ノルムによる評価を用いることができます。

- 碁盤の目のように区画された街並みで、目的地までの所要時間を知りたい。当然、建物の中を突っ切るわけにはいかない。このとき、現在地と目的地との間の L^1 ノルムを計算し、それを速度で除算することによりおおよその所要時間がわかる。

- 大事なものを運搬するために、ジグザグした移動経路の両脇をコーンバーで挟む。必要なコーンとコーンバーの総数を見積もりたい。このとき、適切に軸を設定して 2 点間の L^1 ノルムを考えることにより、必要な物資の数がわかる。

- 宅配便のサイズは、荷物の幅・高さ・奥行きという 3 数の合計により指定されることが多い。これは、荷物を直方体容器に入れた際の、直方体の真反対にある 2 点間における（3 次元の）L^1 ノルムと思える。

§2 高校では教わらない、でも重要な"積"

[1]　テーマと問題の紹介

　中高生や文系進学した大学生が"ベクトルの積"と聞いて通常想像するのは、ベクトルの内積ではないでしょうか。現在の高校数学の学習指導要領においても、ベクトル分野で扱う積は内積に限られます。

　ところで、"内積"という名称について不思議に思ったことはありませんか？内積があるならば、"外積"だってあっていいと思いますよね。実際、たとえば空間内のベクトルに対して外積というものを定義できます。単に定義できるだけでなく、実は大学で物理などを勉強する際に頻繁に登場するのです。

題材　2014年 理系数学 第1問

　一辺の長さが1の正方形を底面とする四角柱 OABC-DEFG を考える。3点 P, Q, R を、それぞれ辺 AE、辺 BF、辺 CG 上に、4点 O, P, Q, R が同一平面上にあるようにとる。四角形 OPQR の面積を S とおく。また、∠AOP を α、∠COR を β とおく。

(1)　S を $\tan\alpha$ と $\tan\beta$ を用いて表せ。

(2)　$\alpha + \beta = \dfrac{\pi}{4}$, $S = \dfrac{7}{6}$ であるとき、$\tan\alpha + \tan\beta$ の値を求めよ。さらに、$\alpha \leq \beta$ のとき、$\tan\alpha$ の値を求めよ。

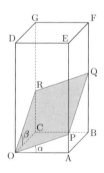

　立体図形の問題であることは一目瞭然ですが[2]、どこに外積が登場するのかさっぱりわからないかもしれません。これは大学入試問題ですから外積の利用はもちろん必須では

2　余談ですが、近年の東大の入試数学で図が載っている問題は珍しいです。

ないのですが、外積を利用することでスマートに解くことができます。本節では、外積の定義と本問での利用法、そして物理などでの応用についてご紹介します。

[2] (1) 断面の形状と面積を求める

問題文において、断面は単に "四角形 OPQR" とよばれていますが、より強い性質がないか考えます。OABC-DEFG は四角柱ですから、面 OCGD と面 ABFE は平行です。平行な 2 平面を一つの平面 OPQR で切断したときの交線が直線 PQ, OR ですから、これら 2 直線は平行です。

同様に直線 OP, RQ も平行ですから、四角形 OPQR は平行四辺形とわかりますね。

以下、断面である四角形 OPQR が平行四辺形であることにも注意しつつ、その面積 S を計算します。まずは見通しの良さや計算の工夫を考えず、中高の範囲の数学で処理をしてみましょう。

OA $= 1$, $\angle$POA $= \alpha$ ですから、OP $= \dfrac{1}{\cos\alpha}$ と求められます。同様に OC $= 1$, $\angle$ROC $= \beta$ ですから、OR $= \dfrac{1}{\cos\beta}$ ですね。これで、平行四辺形 OPQR の隣接する二辺の長さがわかりました。

ただ、これではまだ平行四辺形が決定されません。たとえば $\angle$POR（隣接する二辺の開き具合）やその角の三角比の値を求めればよいのですが、これはどうにも計算しづらそうです。そこでたとえば平行四辺形の対角線 OQ の長さを計算してみましょう。

直線 PQ と直線 OR が平行なので、図 4.7 のように点 H をとると $\triangle$OCR $\equiv$ $\triangle$PHQ と

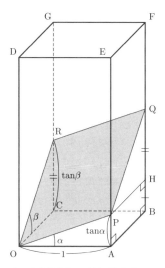

図 4.7: 平行四辺形 OPQR の対角線 OQ の長さを求める。

なり、HQ = CR = $\tan\beta$ とわかります。これと BH = $\tan\alpha$ より、BQ = BH + HQ = $\tan\alpha + \tan\beta$ を得ます。直線 OB と直線 BQ が直交することに注意すると

$$\begin{aligned}
\mathrm{OQ}^2 &= \mathrm{OB}^2 + \mathrm{BQ}^2 = \sqrt{2}^2 + (\tan\alpha + \tan\beta)^2 \\
&= 2 + \left(\tan^2\alpha + 2\tan\alpha\tan\beta + \tan^2\beta\right) \\
&= \left(1 + \tan^2\alpha\right) + \left(1 + \tan^2\beta\right) + 2\tan\alpha\tan\beta \\
&= \frac{1}{\cos^2\alpha} + \frac{1}{\cos^2\beta} + 2\tan\alpha\tan\beta
\end{aligned}$$

と計算できますね。このあと OQ ではなく OQ^2 という形で登場するので、2 乗のままにしておきましょう。

四角形 OPQR が平行四辺形であることも踏まえると、OP = RQ = $\dfrac{1}{\cos\alpha}$, OR = PQ = $\dfrac{1}{\cos\beta}$, $\mathrm{OQ}^2 = \dfrac{1}{\cos^2\alpha} + \dfrac{1}{\cos^2\beta} + 2\tan\alpha\tan\beta$ とわかりました。これらを用いて S を計算しましょう。

まず、$\triangle$OPQ で余弦定理を用いることで

$$\begin{aligned}
\cos\angle\mathrm{OPQ} &= \frac{\mathrm{PO}^2 + \mathrm{PQ}^2 - \mathrm{OQ}^2}{2 \cdot \mathrm{PO} \cdot \mathrm{PQ}} \\
&= \frac{\dfrac{1}{\cos^2\alpha} + \dfrac{1}{\cos^2\beta} - \left(\dfrac{1}{\cos^2\alpha} + \dfrac{1}{\cos^2\beta} + 2\tan\alpha\tan\beta\right)}{2 \cdot \dfrac{1}{\cos\alpha} \cdot \dfrac{1}{\cos\beta}} \\
&= \frac{-\tan\alpha\tan\beta}{\dfrac{1}{\cos\alpha} \cdot \dfrac{1}{\cos\beta}} = -\sin\alpha\sin\beta
\end{aligned}$$

とわかり、これより

$$\sin\angle\mathrm{OPQ} = \sqrt{1 - \cos^2\angle\mathrm{OPQ}} = \sqrt{1 - \sin^2\alpha\sin^2\beta}$$

と計算できます。したがって、平行四辺形 OPQR の面積 S は次のようになります。

$$\begin{aligned}
S &= \mathrm{PO} \cdot \mathrm{PQ} \cdot \sin\angle\mathrm{OPQ} = \frac{1}{\cos\alpha} \cdot \frac{1}{\cos\beta} \cdot \sqrt{1 - \sin^2\alpha\sin^2\beta} \\
&= \sqrt{\frac{1}{\cos^2\alpha} \cdot \frac{1}{\cos^2\beta} - \frac{\sin^2\alpha}{\cos^2\alpha} \cdot \frac{\sin^2\beta}{\cos^2\beta}} \\
&= \sqrt{\left(1 + \tan^2\alpha\right)\left(1 + \tan^2\beta\right) - \tan^2\alpha\tan^2\beta} \\
&= \sqrt{1 + \tan^2\alpha + \tan^2\beta}
\end{aligned}$$

これで (1) はクリアです。ただ、ちょっと計算が面倒でしたね。工夫してみましょう。

[3] 空間座標の導入

次は、図 4.8 のような空間座標を設けて攻略します。

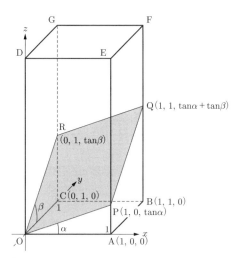

図 4.8: 空間座標を導入し、平行四辺形 OPQR の面積を求める。

平行四辺形 OPQR は、二つのベクトル $\overrightarrow{\mathrm{OP}}$, $\overrightarrow{\mathrm{OR}}$ により形づくられます。各々の成分やノルム、両者の内積は次のとおりです。

$$\overrightarrow{\mathrm{OP}} = \begin{pmatrix} 1 \\ 0 \\ \tan\alpha \end{pmatrix}, \qquad \overrightarrow{\mathrm{OR}} = \begin{pmatrix} 0 \\ 1 \\ \tan\beta \end{pmatrix}$$

$$\left|\overrightarrow{\mathrm{OP}}\right| = \sqrt{1 + \tan^2\alpha}, \quad \left|\overrightarrow{\mathrm{OR}}\right| = \sqrt{1 + \tan^2\beta}$$

$$\overrightarrow{\mathrm{OP}} \cdot \overrightarrow{\mathrm{OR}} = \tan\alpha \tan\beta$$

よって、高校数学のベクトル分野で登場する平行四辺形の面積公式を用いることで

$$\begin{aligned}
S &= \sqrt{\left|\overrightarrow{\mathrm{OP}}\right|^2 \left|\overrightarrow{\mathrm{OR}}\right|^2 - \left(\overrightarrow{\mathrm{OP}} \cdot \overrightarrow{\mathrm{OR}}\right)^2} \\
&= \sqrt{\left(1 + \tan^2\alpha\right)\left(1 + \tan^2\beta\right) - \left(\tan\alpha \tan\beta\right)^2} \\
&= \sqrt{1 + \tan^2\alpha + \tan^2\beta}
\end{aligned}$$

と計算できます。

先ほどの解法よりは計算量が減りましたが、$S = \sqrt{\left|\overrightarrow{\mathrm{OP}}\right|^2 \left|\overrightarrow{\mathrm{OR}}\right|^2 - \left(\overrightarrow{\mathrm{OP}} \cdot \overrightarrow{\mathrm{OR}}\right)^2}$ という式がなんとも複雑で、的を射ていない感じがします。高校数学の範囲内に限定すると、どうしても歪になってしまうようです。

[4]　外積を用いてスマートに計算

というわけで、いよいよ外積の登場です。ここでは、ベクトルの外積を次のように定義します。

定義：3 次元ベクトルの外積

（実数成分の）3 次元ベクトル

$$\vec{a} = \begin{pmatrix} a_1 \\ a_2 \\ a_3 \end{pmatrix}, \qquad \vec{b} = \begin{pmatrix} b_1 \\ b_2 \\ b_3 \end{pmatrix}$$

に対し、$\vec{a}, \vec{b}$ の内積 $\vec{a} \times \vec{b}$ を次式により定める。

$$\vec{a} \times \vec{b} := \begin{pmatrix} a_2 b_3 - a_3 b_2 \\ a_3 b_1 - a_1 b_3 \\ a_1 b_2 - a_2 b_1 \end{pmatrix}$$

---

3 次元ベクトルの外積 $\vec{a} \times \vec{b}$ には以下のような性質があります（証明略）。

(i)　定義より、$\vec{a} \times \vec{b}$ は 3 次元ベクトルである。

(ii)　$\vec{a} \times \vec{b} \, (\neq \vec{0})$ は、$\vec{a}$ とも $\vec{b}$ とも垂直な 2 方向のうち、$\vec{a}$ の方向から $\vec{b}$ の方向へ右ねじを巻いたときにねじが進む方を向いている。

(iii)　外積 $\vec{a} \times \vec{b}$ のノルム

$$\left|\vec{a} \times \vec{b}\right| = \sqrt{(a_2 b_3 - a_3 b_2)^2 + (a_3 b_1 - a_1 b_3)^2 + (a_1 b_2 - a_2 b_1)^2}$$

は、3 次元ベクトル $\vec{a}, \vec{b}$ により形づくられる平行四辺形の面積と等しい。

外積の性質のうち、いま重要なものは (iii) です。結局、平行四辺形の隣接する二辺のベクトルの外積を考え、そのノルムを計算すればおしまいです。

$$\overrightarrow{\mathrm{OP}} = \begin{pmatrix} 1 \\ 0 \\ \tan \alpha \end{pmatrix}, \qquad \overrightarrow{\mathrm{OR}} = \begin{pmatrix} 0 \\ 1 \\ \tan \beta \end{pmatrix} \qquad \therefore \overrightarrow{\mathrm{OP}} \times \overrightarrow{\mathrm{OR}} = \begin{pmatrix} -\tan \alpha \\ -\tan \beta \\ 1 \end{pmatrix}$$

$$S = \left| \overrightarrow{\mathrm{OP}} \times \overrightarrow{\mathrm{OR}} \right| = \sqrt{(-\tan\alpha)^2 + (-\tan\beta)^2 + 1^2} = \sqrt{\tan^2\alpha + \tan^2\beta + 1}$$

かなり手っ取り早く四角形 OPQR の面積 S を求めることができました。といっても、マイナーなテクニックを用いて攻略したわけではありませんし、これまでの方法よりもむしろ自然といえるでしょう。

外積の力を借りて、(1) をスマートに攻略できました。なお、(2) は実質的に $\tan\alpha$, $\tan\beta$ に関する計算問題に過ぎないため、本節の末尾で解説することとします。

[5] 求値問題や物理現象におけるベクトルの外積の活用例

さて、これで終わってしまうと外積のありがたみがよくわからないことでしょう。そこで、数学の求値問題や物理現象における外積の活用例をご紹介します。

・四面体の体積

座標空間において、座標のわかっている 4 点 A, B, C, D が四面体をなすとします。この四面体 ABCD の体積 V の計算において、ベクトルの外積は大いに活躍します。体積 V は、たとえば次の手順により計算できます。

(i) △ABC の面積 S を求める。

(ii) 点 D より平面 ABC に下ろした垂線の長さ h を求める。

(iii) $V = \dfrac{1}{3} Sh$ を計算する。

方針だけ述べるとシンプルに見えますが、高校数学の範囲だと S の計算からもう大変です。S が計算できたとしても、h を求める際に

- 平面 ABC の方程式を求める
- 点 D の座標と平面 ABC の方程式を用いて h を計算する（点と平面の距離公式を利用）

という計算を行うことになり、これもやはり面倒です。

そこで外積の出番です。まず $\overrightarrow{\mathrm{AB}}$, $\overrightarrow{\mathrm{AC}}$ の成分を計算し、これらの外積 $\overrightarrow{\mathrm{AB}} \times \overrightarrow{\mathrm{AC}}$ を求めます。この外積のノルムの半分 $\dfrac{1}{2} \left| \overrightarrow{\mathrm{AB}} \times \overrightarrow{\mathrm{AC}} \right|$ が △ABC の面積 S です[3]。

S は簡単に計算できても h は計算しづらいのでは？と思ったかもしれません。しかし実は、h の計算においても外積 $\overrightarrow{\mathrm{AB}} \times \overrightarrow{\mathrm{AC}}$ は活用できます。

ここでカギとなるのは正射影です。いま知りたいのは点 D から平面 ABC に下ろした垂線の長さであり、それはベクトル $\overrightarrow{\mathrm{AD}}$ のうち平面 ABC に垂直な成分の大きさです。ここで、外積 $\overrightarrow{\mathrm{AB}} \times \overrightarrow{\mathrm{AC}}$ は $\overrightarrow{\mathrm{AB}}$ と $\overrightarrow{\mathrm{AC}}$ の双方に対し垂直、つまり平面 ABC に垂直です。よって、この外積方向への正射影ベクトルを求めれば、そのノルムが h そのものとなるのです。つまり h は

---

3 外積のノルムは $\overrightarrow{\mathrm{AB}}$, $\overrightarrow{\mathrm{AC}}$ が形づくる平行四辺形の面積ですから、それを $\dfrac{1}{2}$ 倍することで三角形の面積が計算できるというわけです。

$$h = \left| \frac{\overrightarrow{AD} \cdot \left(\overrightarrow{AB} \times \overrightarrow{AC} \right)}{\left| \overrightarrow{AD} \right| \left| \overrightarrow{AB} \times \overrightarrow{AC} \right|} \overrightarrow{AD} \right| = \frac{\left| \overrightarrow{AD} \cdot \left(\overrightarrow{AB} \times \overrightarrow{AC} \right) \right|}{\left| \overrightarrow{AD} \right| \left| \overrightarrow{AB} \times \overrightarrow{AC} \right|} \left| \overrightarrow{AD} \right| = \frac{\left| \overrightarrow{AD} \cdot \left(\overrightarrow{AB} \times \overrightarrow{AC} \right) \right|}{\left| \overrightarrow{AB} \times \overrightarrow{AC} \right|}$$

と計算できます[4]。

以上より、四面体の体積 V は次のように計算できます。

$$V = \frac{1}{3} Sh = \frac{1}{3} \cdot \frac{1}{2} \left| \overrightarrow{AB} \times \overrightarrow{AC} \right| \cdot \frac{\left| \overrightarrow{AD} \cdot \left(\overrightarrow{AB} \times \overrightarrow{AC} \right) \right|}{\left| \overrightarrow{AB} \times \overrightarrow{AC} \right|} = \frac{1}{6} \left| \overrightarrow{AD} \cdot \left(\overrightarrow{AB} \times \overrightarrow{AC} \right) \right|$$

四面体の体積は、ベクトルの外積を利用することでかなりシンプルに求められることがわかりました。特に外積に不慣れだとゴツい式に見えるかもしれませんが、あくまでノーテーションが重たいだけで、計算自体は大変ではありません。点 A, B, C, D の座標がわかっていれば $\overrightarrow{AB}, \overrightarrow{AC}, \overrightarrow{AD}$ の成分は直ちに計算できますし、外積や内積の計算も定義に従うのみですから。

・角運動量

高校物理では登場しませんが、角運動量という物理量は外積を用いて定義されます。座標空間において、位置 $\overrightarrow{r}$ に存在し運動量 $\overrightarrow{p}$ をもつ質点の角運動量 $\overrightarrow{l}$ は

$$\overrightarrow{l} := \overrightarrow{r} \times \overrightarrow{p}$$

により定義されます。

そのように定義するのは自由だけれど、それを定義して何になるの？と思うかもしれません。でもこの角運動量は、物理現象の解明において重要な役割を果たします。

たとえば天体の運動を考えましょう。地球は太陽の周りを公転していますが、太陽の位置を固定し、地球が太陽からの万有引力のみを受けて運動しているものとします。また、地球は（太陽や天文単位と比較すれば）十分小さいことから、地球を質点とみなします。

太陽を中心とした座標空間を設け、地球の位置を時刻 t の関数 $\overrightarrow{r}(t)$ と定めましょう。また、時刻 t における地球の運動量を $\overrightarrow{p}(t)$、地球がうける万有引力を $\overrightarrow{f}(t)$ とします。まず、地球が受ける万有引力は

$$\overrightarrow{f} = -\frac{GM_{\odot} m_{\oplus}}{r^2} \cdot \frac{\overrightarrow{r}}{r}$$

4　$\frac{\overrightarrow{AB} \times \overrightarrow{AC}}{\left| \overrightarrow{AB} \times \overrightarrow{AC} \right|}$ が $\overrightarrow{AB} \times \overrightarrow{AC}$ 方向の単位ベクトルであり、それと $\overrightarrow{AD}$ との内積（の絶対値）を考えているだけです。

と表すことができます。ここで、G は万有引力定数、$M_\odot$ は太陽の質量、$m_\oplus$ は地球の質量、r は $\vec{r}$ のノルムです。これを用いると、地球の運動方程式は次のように書くことができます。

$$\frac{d}{dt}\vec{p} = \vec{f} = -\frac{GM_\odot m_\oplus}{r^2}\cdot\frac{\vec{r}}{r}$$

上式を用いて地球の角運動量 $\vec{r}\times\vec{p}$ の時間変化を計算すると

$$\frac{d}{dt}(\vec{r}\times\vec{p}) = \left(\frac{d\vec{r}}{dt}\right)\times\vec{p} + \vec{r}\times\left(\frac{d\vec{p}}{dt}\right)$$

$$= \frac{\vec{p}}{m_\oplus}\times\vec{p} + \vec{r}\times\left(-\frac{GM_\odot m_\oplus}{r^2}\cdot\frac{\vec{r}}{r}\right)$$

$$\left(\because \frac{d\vec{r}}{dt}=\frac{\vec{p}}{m_\oplus}, \frac{d}{dt}\vec{p}=-\frac{GM_\odot m_\oplus}{r^2}\cdot\frac{\vec{r}}{r}\right)$$

$$= \vec{0}\quad\left(\because \vec{p}\times\vec{p}=\vec{0}, \vec{r}\times\vec{r}=\vec{0}\right)$$

つまり $\frac{d}{dt}(\vec{r}\times\vec{p})=\vec{0}$ がしたがいます。これは地球の角運動量 $\vec{r}\times\vec{p}$ の時間変化が $\vec{0}$ であること、つまり角運動量が一定であることを表しています。ケプラーの法則における面積速度一定の法則も、面積速度という語を用いているだけで、結局角運動量保存則と同じことを主張しています。

より一般に、質点にかかる力の向きがつねに質点の位置ベクトル $\vec{r}$ と平行（反平行を含む）であるとき、質点の角運動量が保存されます。高校物理で学習するエネルギー保存や運動量保存もそうですが、ある運動における保存量を見つけることは、運動の解析をするうえで大変重要です。

・**マクスウェル方程式における外積**

理系の大学生になると電磁気学の初歩を学びます。高校までと異なり大学の物理では微分も積分もたくさん用いるのですが、電磁気学の一つのマイルストーンであるマクスウェル方程式にも外積が登場するのです。具体形は次のとおりです。

$$\nabla\cdot\vec{E}=\frac{\rho}{\varepsilon_0}, \quad \nabla\cdot\vec{B}=0, \quad \nabla\times\vec{E}=-\frac{\partial\vec{B}}{\partial t}, \quad \nabla\times\vec{B}=\mu_0\left(\vec{J}+\varepsilon_0\frac{\partial\vec{E}}{\partial l}\right)$$

後ろの二つの方程式に、$\nabla\times\vec{E}, \nabla\times\vec{B}$ という外積が登場しています。∇ は

$$\nabla := {}^t\left(\frac{\partial}{\partial x},\frac{\partial}{\partial y},\frac{\partial}{\partial z}\right)$$

により定義されるもので、これは実数成分をもつ 3 次元ベクトルではなく、空間座標に関する演算子なのですが、外積の計算方法自体はさきほど導入したものと同じです。これを用いると、たとえば $\nabla\times\vec{E}$ は次のように計算されます。

$$\nabla \times \vec{E} = {}^t\left(\frac{\partial}{\partial y}E_z - \frac{\partial}{\partial z}E_y, \quad \frac{\partial}{\partial z}E_x - \frac{\partial}{\partial x}E_z, \quad \frac{\partial}{\partial x}E_y - \frac{\partial}{\partial y}E_x \right)$$

この $\nabla \cdot \vec{E}$ は電場の "回転" とよばれるものです。$\nabla \cdot \vec{E} = -\dfrac{\partial \vec{B}}{\partial t}$ という式は、磁場の時間変化が電場の回転と（負の係数で）つながることを意味しており、電磁誘導の法則にほかなりません。

[6]　参考：(2) の解法

$\alpha + \beta = \dfrac{\pi}{4}$, $S = \dfrac{7}{6}$ であるときの $\tan \alpha + \tan \beta$ や $\alpha \le \beta$ であるときの $\tan \alpha$ を求めます。

以下、$\tan$ がたくさん登場するので $A := \tan \alpha$, $B := \tan \beta$ としましょう。ただし $0 \le \alpha \le \dfrac{\pi}{4}$, $0 \le \beta \le \dfrac{\pi}{4}$ より $0 \le A \le 1 \wedge 0 \le B \le 1$ $\cdots$ ⓪ であることに注意します。

A, B を用いると $S = \sqrt{1 + A^2 + B^2}$ と表せます。これと $S = \dfrac{7}{6}$ より

$$\sqrt{1 + A^2 + B^2} = \frac{7}{6} = \sqrt{\frac{49}{36}} \quad \therefore A^2 + B^2 = \frac{13}{36} \quad \cdots ①$$

を得ます。また、正接の加法定理および $\alpha + \beta = \dfrac{\pi}{4}$ より

$$\tan(\alpha + \beta) = \frac{A + B}{1 - AB} \wedge \tan(\alpha + \beta) = 1 \quad \therefore AB = 1 - (A + B) \quad \cdots ②$$

もわかります（なお、$1 - AB = 0$ とはなりません）。あとは A, B に関する連立方程式 ① $\wedge$ ② を ⓪ のもとで解くのみですね。連立方程式を同値変形すると

$$\begin{cases} ① \\ ② \end{cases} \iff \begin{cases} ① \\ ① + 2 \cdot ② \end{cases} \iff \begin{cases} ① \\ (A + B)^2 = \dfrac{13}{36} + 2\{1 - (A + B)\} \quad \cdots ③ \end{cases}$$

が得られ、③ は $A + B$ についての 2 次方程式となっています。これを解くと

$$③ \iff (A + B)^2 + 2(A + B) - \frac{85}{36} = 0 \quad \therefore A + B = \frac{5}{6} \quad (\because ⓪)$$

とわかります。つまり $\underline{\tan \alpha + \tan \beta = \dfrac{5}{6}}$ です。

次に、$\alpha \le \beta$、つまり $(0 \le) A \le B (< 1)$ $\cdots$ ⓪$'$ のときの $\tan \alpha (= A)$ の値を求めます。$A + B = \dfrac{5}{6}$ と ② より $AB = 1 - \dfrac{5}{6} = \dfrac{1}{6}$ なので、$A (= \tan \alpha)$, $B (= \tan \beta)$ の値は次のように計算できます。

$$\begin{cases} A + B = \dfrac{5}{6} \\ AB = \dfrac{1}{6} \end{cases} \quad \therefore A = \frac{1}{3}, B = \frac{1}{2} \quad (\because ⓪')$$

よって $\underline{\tan \alpha = \dfrac{1}{3}}$ です。

§3 自然科学に欠かせないあの式

[1] テーマと問題の紹介

中学の数学で 2 次方程式の解の公式を学びます。$a, b, c \in \mathbb{R}\,(a \neq 0)$ に対し、2 次方程式 $ax^2 + bx + c = 0$ の解は $x = \dfrac{-b \pm \sqrt{b^2 - 4ac}}{2a}$ と書けるのでした。根号の中身 $b^2 - 4ac$ が負のとき "解なし" という取扱いをしていたわけですが、高校生になって複素数を学ぶことにより、この伏線が回収されたわけです。しかし、複素数の活躍はそれだけではありません。

題 材　1966 年 理系数学（新課程・旧課程共通）第 3 問

平面上に点列

$$P_0, P_1, P_2, \cdots, P_n, \cdots$$

があり、P_0, P_1 の座標はそれぞれ $(0, 0), (1, 0)$ である。また、任意の自然数 n に対し、線分 $P_n P_{n+1}$ の長さは $P_{n-1} P_n$ の長さの 2 倍で、半直線 $P_n P_{n+1}$ が半直線 $P_{n-1} P_n$ となす角は $120°$ である。P_{3n} の座標を求めよ。

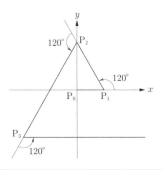

そもそも設問文に複素数などというものは一切登場していませんが、理系で大学受験をした・する方は、本問をどう複素数とリンクさせるのかなんとなく気づくことでしょう。まず地道に正解を導き、その後複素数に登場してもらう予定です。お楽しみに！

[2] 通常の座標平面だと思って処理する方法

まずは、シンプルに座標平面を用いて攻略することとしましょう。

以下、k を非負整数とし、ベクトル $\vec{p_k} := \overrightarrow{P_k P_{k+1}}$ の向きと大きさを求めます。問題文と

図にもあるとおり、$\vec{p_k}$ は反時計回りに $120°$ ずつ向きを変えていきます。$360° = 120° \times 3$ ですから、$\vec{p_k}$ の向きは周期的に変化し、その周期は 3 です。大きさについては、任意の非負整数 k に対し $|\vec{p_{k+1}}| = 2\,|\vec{p_k}|$ が成り立ち、これと $|\vec{p_0}| = 1$ より $|\vec{p_k}| = 2^k$ が得られます。したがって、$\vec{p_k}$ を成分表示すると次のようになります。

$$
\vec{p_k} =
\begin{cases}
{}^t\!\left(2^k \cos 0°,\, 0 \sin 0°\right) = 2^k \cdot {}^t(1,\, 0) \quad (k \equiv 0 \,(\mathrm{mod}\,3)\,\text{のとき}) \\[2mm]
{}^t\!\left(2^k \cos 120°,\, 2^k \sin 120°\right) = 2^k \cdot {}^t\!\left(-\dfrac{1}{2},\, \dfrac{\sqrt{3}}{2}\right) \\[2mm]
\hspace{5cm} (k \equiv 1 \,(\mathrm{mod}\,3)\,\text{のとき}) \\[2mm]
{}^t\!\left(2^k \cos 240°,\, 2^k \sin 240°\right) = 2^k \cdot {}^t\!\left(-\dfrac{1}{2},\, -\dfrac{\sqrt{3}}{2}\right) \\[2mm]
\hspace{5cm} (k \equiv 2 \,(\mathrm{mod}\,3)\,\text{のとき})
\end{cases}
$$

よって、点 P_{3n} （n は非負整数）の座標は次のように計算できます。

$$
\begin{aligned}
\overrightarrow{\mathrm{P}_0 \mathrm{P}_{3n}} &= \sum_{m=0}^{3n-1} \vec{p_m} = \sum_{k=0}^{n-1} \vec{p_{3k}} + \sum_{m=0}^{n-1} \vec{p_{3k+1}} + \sum_{k=0}^{n-1} \vec{p_{3k+2}} \\
&= \sum_{k=0}^{n-1} 2^{3k} \cdot {}^t(1,\, 0) + \sum_{m=0}^{n-1} 2^{3k+1} \cdot {}^t\!\left(-\frac{1}{2},\, \frac{\sqrt{3}}{2}\right) \\
&\quad + \sum_{k=0}^{n-1} 2^{3k+2} \cdot {}^t\!\left(-\frac{1}{2},\, -\frac{\sqrt{3}}{2}\right) \\
&= \left(\sum_{k=0}^{n-1} 2^{3k}\right)\left\{ {}^t(1,\,0) + 2 \cdot {}^t\!\left(-\frac{1}{2},\, \frac{\sqrt{3}}{2}\right) + 2^2 \cdot {}^t\!\left(-\frac{1}{2},\, -\frac{\sqrt{3}}{2}\right) \right\} \\
&= \left(\sum_{k=0}^{n-1} 8^{k}\right)\left\{ {}^t(1,\,0) + {}^t\!\left(-1,\, \sqrt{3}\right) + {}^t\!\left(-2,\, -2\sqrt{3}\right) \right\} \\
&= \frac{8^n - 1}{8 - 1} \cdot {}^t\!\left(-2,\, -\sqrt{3}\right) = {}^t\!\left(-\frac{2}{7}(8^n - 1),\, -\frac{\sqrt{3}}{7}(8^n - 1)\right)
\end{aligned}
$$

なお、これは $n = 0$ でも成り立っています。

したがって、非負整数 n に対し、点 P_{3n} の座標は $\left(-\dfrac{2}{7}(8^n - 1),\, -\dfrac{\sqrt{3}}{7}(8^n - 1)\right)$ とわかります。

[3]　複素数を活用すると……

このように、通常の座標平面のまま考えても正しい結論を導くことは可能です。しかし、非負整数 k を 3 で除算した余りで分類し、各ケースで $\vec{p_k}$ の成分を求めた後にそれ

らの和を計算するというプロセスはなんだか冗長です。$120°$ ずつ向きを変えるという動作を、3 方向に場合分けすることなしに統一的に捉えたいものです。

そこで複素数の登場です。x 軸を実軸、y 軸を虚軸とみることにより、本問の xy 平面を複素数平面と同一視します。また、非負整数 k に対し、P_k から P_{k+1} への移動に対応している複素数を z_k と定めます。すると、P_0 から P_1 への移動の "ベクトル"z_0 は 1 と等しいことがわかりますね。

その次の P_1 から P_2 への移動は、まず移動距離が $2\,(=1×2)$ となっていますね。そして、向きが正の方向に $120°$ 変わっています。大きさが 2 で偏角が $120°$ の複素数は

$$w := 2(\cos 120° + i\sin 120°) = -1 + \sqrt{3}i$$

ですから、P_1 から P_2 への移動のベクトル z_1 は $1 \cdot w = w$ となります。

さらにその次、つまり P_1 から P_2 への移動のベクトルに対応する複素数 z_2 は、z_1 の大きさを 2 倍にし、かつ偏角を正の方向に $120°$ 変えたものですから、$z_2 = z_1 \cdot w = w^2$ となります。

長さは毎回 2 倍になりますし、偏角も正の方向に $120°$ ずつ変わります。これより、非負整数 k に対して $z_k = w^{k-1}$ が成り立つことがわかります。したがって、原点 P_0 から見た点 P_{3n} の位置は、複素数

$$1 + w + w^2 + w^3 + \cdots\cdots + w^{3n-2} + w^{3n-1} = \frac{w^{3n} - 1}{w - 1}$$

に対応することがわかりますね。ここで、等比数列の和の公式が複素数に対しても使えることを認め、これを用いました。

w は大きさ 2、偏角 $120°$ の複素数です。したがって、w^{3n} の大きさは $2^{3n}\,(=8^n)$ であり、偏角は $120° × 3n = 360° × n$ です。したがって

$$w^{3n} = 8^n\left\{\cos\left(360° × n\right) + i\sin\left(360° × n\right)\right\} = 8^n$$

と計算できます。それもふまえると

$$\frac{w^{3n} - 1}{w - 1} = \frac{8^n - 1}{\left(-1 + \sqrt{3}i\right)\ 1} = \frac{8^n - 1}{-2 + \sqrt{3}i}$$
$$= \frac{\left(-2 - \sqrt{3}i\right)\left(8^n - 1\right)}{\left(-2 + \sqrt{3}i\right)\left(-2 - \sqrt{3}i\right)} = -\frac{2 + \sqrt{3}i}{7}\left(8^n - 1\right)$$

と計算でき、最右辺の実部が点 P_{3n} の x 座標、虚部が y 座標となります。さきほどの計算結果とも値が一致していますね。複素数を用いることで、向きの変化にさほど振り回されずに点 P_{3n} の座標を計算できました。

[4]　あの公式を活用

　ベクトルを x 成分・y 成分に分けて各々の和を求めるという手法は、高校数学で学習する等比数列やその和、そして三角関数の範囲内に収まりますが、二つの成分に分けて議論することとなりました。一方、複素数にすると 2 方向をまとめて扱うことができ、等比数列の和の公式を認めてしまえば計算は簡略化されました。複素数の導入により三角関数を等比数列に落とし込めたのが、うまく計算できた理由といえるでしょう。

　これにて一件落着としてもよいのですが、さまざまな問題への応用がしやすいよう、もう少し掘り下げておきます。複素数に関する等式に

$$e^{i\theta} = \cos\theta + i\sin\theta \quad （オイラーの公式）$$

というものがあります。θ は（複素数でもよいのですが）ここでは実数とし、以下単位を rad とします。$\sin, \cos$ は高校数学と同様に定義されるものとしましょう。

　上の公式の成立を認めると、大きさ 2、偏角 $120°\left(=\dfrac{2}{3}\pi\right)$ の複素数は $2e^{\frac{2\pi i}{3}}$ と書くことができます。よって点 P_0 から見た点 P_{3n} の位置は、複素数

$$\sum_{k=0}^{3n-1}\left(2e^{\frac{2\pi i}{3}}\right)^k = \frac{\left(2e^{\frac{2\pi i}{3}}\right)^{3n}-1}{2e^{\frac{2\pi i}{3}}-1} = \frac{2^{3n}e^{2n\pi i}-1}{\left(-1+\sqrt{3}i\right)-1} = \cdots = -\frac{2+\sqrt{3}i}{7}\left(8^n-1\right)$$

に対応しているとわかります。$e^{i\theta}$ という形の複素数やそれに関する公式を用いることで、w という複素数を別途定義する必要がなくなりスッキリしましたね。

[5]　複素数や複素指数関数が役立つ、ほかの例

　このように、複素数や複素指数関数を導入することで、偏角の変化を伴う平面上の点の移動を一つの数で表現できます。どうやら便利そうですね。これらを活用しうる別の場面をご紹介します。

　バネ定数 k をもち、フックの法則に従うバネを用意します。一方の端を天井に、他方の端を質量 m の物体につなぎ、物体をぶら下げたとします。また、物体は速度 v に比例する空気抵抗 $\kappa v\ (\kappa > 0)$ を受けるものとします。ただし、空気抵抗は速度と逆向きであることに注意しましょう。つり合いの位置から物体をつまんで引き下げて離したとき、この物体の運動がどうなるかを調べることとします。なお、初期条件についてはいったん気にしないこととし、それ（ら）に対応する積分定数を含んだ状態での運動方程式の解を求めます。

　鉛直上向きに z 軸をとり、物体にかかる 2 力（バネの復元力と重力）がつり合っているときの物体の位置を $z = 0$ とします[5]。物体の変位 z を時刻 t の関数とみて古典力学の運動方程式を立てると次のようになります。

5　バネはフックの法則に従うことから、どの位置を $z = 0$ としてもおかしなことは起こりません。

$$m\frac{d^2z}{dt^2} = -kz - \kappa\frac{dz}{dt} \quad \left(\Longleftrightarrow m\frac{d^2z}{dt^2} + \kappa\frac{dz}{dt} + kz = 0 \cdots (*)\right)$$

　時刻の関数 z とその 1 階・2 階微分が登場する、複雑な見た目の方程式ですね[6]。この微分方程式は、常識的な量の手計算で解くことができ、かつ複素指数関数が活躍するよい例です。

　早速試してみましょう。まず、本問の微分方程式の解が $z = e^{\lambda t}$ ($\lambda \in \mathbb{C}$) という形であると仮定します。λ は複素数で、その実部と虚部は各々物理的解釈を与えられますが、それは解を求めた後に述べます。

　さて、整理した微分方程式 $(*)$ に $z = e^{\lambda t}$ を代入すると次のようになります。

$$m\frac{d^2}{dt^2}\left(e^{\lambda t}\right) + \kappa\left(\frac{d}{dt}e^{\lambda t}\right) + kz = 0$$

ここで、複素指数関数についても微分公式

$$\frac{d}{dx}e^{\alpha x} = \alpha e^{\alpha x} \quad (\alpha \text{ は定数})$$

が成り立つことを認め、微分計算を好き勝手に行うこととします。すると

$$m\frac{d^2}{dt^2}\left(e^{\lambda t}\right) + \kappa\left(\frac{d}{dt}e^{\lambda t}\right) + kz = m\lambda^2 e^{\lambda t} + \kappa\lambda e^{\lambda t} + ke^{\lambda t} = \left(m\lambda^2 + \kappa\lambda + k\right)e^{\lambda t}$$

となります。複素数 λt がどのような値であっても $e^{\lambda t} \neq 0$ ですから、微分方程式 $(*)$ は結局次のように書き換えられます。

$$m\lambda^2 + \kappa\lambda + k = 0 \quad \cdots (*)'$$

　m, κ, k はいずれも実数としており、$m \neq 0$ を想定しています。よって $(*)'$ は 2 次方程式の解の公式を用いることで次のように解くことができます。

$$\lambda = \frac{-\kappa \pm \sqrt{\kappa^2 - 4mk}}{2m}$$

　たとえば $\kappa^2 - 4mk \geq 0$ の場合、λ_+, λ_- はいずれも実数となります。$\kappa > 0$ より λ_+, λ_- はいずれも負の実数となるので、z は指数関数的に減衰する関数形になります（過減衰、臨界減衰）。バネがついていますが、振動することなく速度が低下し、やがて止まるということです。一方、$\kappa^2 - 4mk < 0$ の場合、λ_+, λ_- は互いに共役な虚数となります。このとき、$z = e^{\lambda t}$ の指数に虚数が含まれるため、z は減衰しながら振動し

6　といっても、線型常微分方程式ですから、自然現象を解き明かすモデルとしては相当単純な方です。むしろ教科書の中の世界がおとなしすぎる、と捉えるのが適切だと思います。

ます（減衰振動）。κ の値の大小によって振動の有無が変わるというのは、少なくとも直感と矛盾はしていません。

　このように、複素指数関数を用いることで、微分方程式をたいへんスマートに解くことができます。以上のような計算は、理系で大学に進学すると、主に 1 年生で学ぶこととなります。お楽しみに！

§4 見た目は違っても、つくりは同じ

[1] テーマと問題の紹介

たとえば、座標平面上で原点を中心にある点を回転させたとします。移動後の点の座標を求めるにはどうすればよいでしょうか。

高校数学の範囲内でいうと、三角関数の加法定理を用いることができそうですね。理系の大学受験生であれば複素数の乗算による回転もできるはずです。また、ちょっとだけ先の数学を勉強している人やだいぶ前の課程で大学受験をした方であれば、回転行列を用いるかもしれません。

ところで、このように一見異なる手段で同じものを求められるのは、いったいどうしてなのでしょうか。

題材 **1977 年 新課程 文系 第 2 問、理系 第 5 問**

$$\begin{pmatrix} 1 & 0 \\ 0 & 1 \end{pmatrix} = I, \quad \begin{pmatrix} 0 & -1 \\ 1 & 0 \end{pmatrix} = J \text{ と書く。}$$

行列 $A = \begin{pmatrix} a & b \\ c & d \end{pmatrix}$ と実数 t に対し

$$A(I - tJ) = I + tJ$$

という関係が成り立つとき、a, b, c, d を t の式で表せ。また t が実数全体を動くとき、関係

$$\begin{pmatrix} x \\ y \end{pmatrix} = A \begin{pmatrix} 3 \\ 4 \end{pmatrix}$$

で定まる点 x, y が動いてできる図形を求め、これを図示せよ。

この問題は、ご覧のとおり行列による点の移動がテーマです。でも実は、2×2 行列と複素数の関係を知る格好の題材でもあるのです。大学受験までの数学では、こういう異なる分野の橋渡しをあまり学ばないため、行列と複素数の双方を知っていたとしても、きっと以下の内容は新鮮に感じられることでしょう。

[2] 高校数学までの感覚で計算すると……

まずは、特に工夫をせず考えてみましょう。I, J, A の定義より

$$I - tJ = \begin{pmatrix} 1 & t \\ -t & 1 \end{pmatrix} \quad \therefore A(I - tJ) = \begin{pmatrix} a & b \\ c & d \end{pmatrix}\begin{pmatrix} 1 & t \\ -t & 1 \end{pmatrix} = \begin{pmatrix} a-bt & at+b \\ c-dt & ct+d \end{pmatrix}$$

であり、$I + tJ = \begin{pmatrix} 1 & -t \\ t & 1 \end{pmatrix}$ ですから、a, b, c, d は次の連立方程式の解です。

$$\begin{cases} a - bt = 1 & \cdots ① \\ at + b = -t & \cdots ② \\ c - dt = t & \cdots ③ \\ ct + d = 1 & \cdots ④ \end{cases}$$

式が四つもあって困惑するかもしれませんが、2 式ずつペアにすればさほど苦労せずに解を求められます。

$$\begin{cases} ① \\ ② \end{cases} \iff \begin{cases} ①+t\cdot② \\ ② \end{cases} \iff \begin{cases} (1+t^2)a = 1-t^2 \\ b = -at - t \end{cases} \iff \begin{cases} a = \dfrac{1-t^2}{1+t^2} \\ b = -\dfrac{2t}{1+t^2} \end{cases}$$

$$\begin{cases} ③ \\ ④ \end{cases} \iff \begin{cases} ③+t\cdot④ \\ ④ \end{cases} \iff \begin{cases} (1+t^2)c = 2t \\ d = -ct + 1 \end{cases} \iff \begin{cases} c = \dfrac{2t}{1+t^2} \\ d = -\dfrac{1-t^2}{1+t^2} \end{cases}$$

まとめると次のようになります。

$$a = \frac{1-t^2}{1+t^2}, \quad b = -\frac{2t}{1+t^2}, \quad c = \frac{2t}{1+t^2}, \quad d = \frac{1-t^2}{1+t^2}$$

[3]　せっかく行列なのだから

中学・高校の数学の感覚で解くと以上のようになりますが、せっかく行列で記述されているのですから、それ相応の手段で A の成分を再び計算してみましょう。

いま $I - tJ = \begin{pmatrix} 1 & t \\ -t & 1 \end{pmatrix}$ であり、これより $\det(I - tJ) = 1 \cdot 1 - t \cdot (-t) = 1 + t^2$ ですから

$$(I - tJ)^{-1} = \frac{1}{1+t^2}\begin{pmatrix} 1 & -t \\ t & 1 \end{pmatrix}$$

とわかります。これを問題文の式 $A(I - tJ) = I + tJ$ の両辺に右から乗算することにより

$$A(I - tJ)(I - tJ)^{-1} = (I + tJ)(I - tJ)^{-1}$$

$$\therefore A = (I + tJ)(I - tJ)^{-1}$$

$$= \frac{1}{1 + t^2} \begin{pmatrix} 1 & -t \\ t & 1 \end{pmatrix} \begin{pmatrix} 1 & -t \\ t & 1 \end{pmatrix} = \frac{1}{1 + t^2} \begin{pmatrix} 1 - t^2 & -2t \\ 2t & 1 - t^2 \end{pmatrix}$$

となり同じ結果が得られます。行列の問題は行列のまま考えるのがスマートですね。

[4]　実数 t の存在条件

さて、行列 A の成分がわかったところで、後半の問いを考えてみましょう。実際に $^t(x, y)$ を計算してみると次のようになります。

$$\begin{pmatrix} x \\ y \end{pmatrix} = A \begin{pmatrix} 3 \\ 4 \end{pmatrix} = \frac{1}{1 + t^2} \begin{pmatrix} 1 - t^2 & -2t \\ 2t & 1 - t^2 \end{pmatrix} \begin{pmatrix} 3 \\ 4 \end{pmatrix} = \frac{1}{1 + t^2} \begin{pmatrix} 3 - 8t - 3t^2 \\ 4 + 6t - 4t^2 \end{pmatrix}$$

ここで

$$f(t) := \frac{3 - 8t - 3t^2}{1 + t^2}, \quad g(t) := \frac{4 + 6t - 4t^2}{1 + t^2}$$

と定めると、実は任意の t ($\in \mathbb{R}$) に対し $f(t)^2 + g(t)^2 = 25$ が成り立ち、変換後の点 $(f(t), g(t))$ は原点を中心とする半径 5 の円 (C と名付けます) の上にあることがいえます。ただ、これはあくまで点 $(f(t), g(t))$ が円 C 上にあるということしか述べておらず、この円全体が答えになるかはわかりません。今度は逆に、C 上のどの部分が答えになるのかを調べる必要があるのです。その際、たとえば $f(t)$ や $g(t)$ の増減・変域を調べることになるのですが、正直ちょっと面倒です。何か上手い解決策はないのでしょうか……。

[5]　行列の成分をよく見てみよう

ここでいったん、行列 A がどのようなものであったか振り返りましょう。成分は次のようになっていました。

$$A = \frac{1}{1 + t^2} \begin{pmatrix} 1 - t^2 & -2t \\ 2t & 1 - t^2 \end{pmatrix}$$

ここから、次の計算により $\det A = 1$ がしたがいます。

$$\det A = \left(\frac{1}{1 + t^2} \right)^2 \cdot \left\{ \left(1 - t^2 \right) \left(1 - t^2 \right) - (-2t) \cdot 2t \right\} = \frac{(1 - t^2)^2 + 4t^2}{(1 + t^2)^2} = 1$$

そして、この行列の対角成分は等しい値になっており、$(1, 2)$ 成分と $(2, 1)$ 成分は逆符号です。つまり、この行列は回転行列になっているのです。その回転角を θ とすると、次の 2 式が成り立ちます。

$$\cos\theta = \frac{1 - t^2}{1 + t^2}, \quad \sin\theta = \frac{2t}{1 + t^2}$$

105

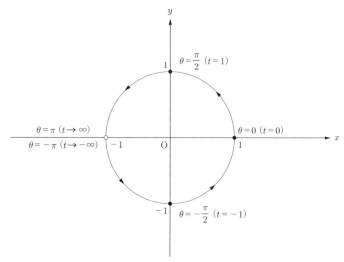

図 4.9: t と θ の関係。$t = 0$ は $\theta = 0$ と対応しており、t が増加すると θ も増加する。なお、$(-1, 0)$ に対応する $t \in \mathbb{R}$ は存在しない。

媒介変数 t の値と回転角 θ との関係は図 4.9 のとおりです。

つまり、t の値と対応する回転角 θ は（2π の整数倍の違いを除けば）$-\pi < \theta < \pi$ の範囲を動くこととなります[7]。原点を中心として点 $(3, 4)$ を θ 回転すると移動後の点になり、その回転角が $-\pi < \theta < \pi$ の範囲を動くわけですから、移動後の点の軌跡は図 4.10 のようになります。

[6]　突然ですが、複素数平面の問題です。

これで問題の答えは得られたわけですが、本問をこれで終えるのはもったいないです。現在の教育課程では、数学 II で "複素数" を学習します。理系高校生であればその後複素数平面も扱います。突然何の話？　と思うかもしれませんが、実は本問と複素数の間には深いつながりがあるのです。

> ┌─ 冒頭の問題と似ている複素数平面の問題 ──────
>
> 　　実数 t に対し、複素数 z は
>
> $$z(1 - ti) = (1 + ti)$$
>
> 　をみたすものとする。このとき

7　なお、θ と t の間には $t = \tan \dfrac{\theta}{2}$ という関係があります。

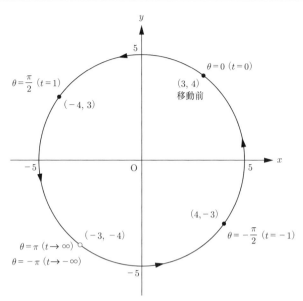

図 4.10: 行列 A による変換後の点の軌跡。移動後の点の座標が $(-3, -4)$ となることはない。これは、図 4.9 において点 $(-1, 0)$ に対応する実数 t が存在しなかったことと対応している。

$$w = z \cdot (3 + 4i)$$

で定まる複素数 w が複素数平面上で動いてできる図形を求め、これを図示せよ。

　元の問題との関連については後述します。まずはこれ自体を解いてみましょう。z は t を用いて次のように書けます。

$$z = \frac{1 + ti}{1 - ti} = \frac{(1 + ti)^2}{(1 - ti)(1 + ti)} = \frac{(1 - t^2) + 2ti}{1 + t^2}$$

これより

$$\mathrm{Re}(z) = \frac{1 - t^2}{1 + t^2}, \quad \mathrm{Im}(z) = \frac{2t}{1 + t^2}$$

であり、次式が成り立ちます。

$$|z|^2 = \mathrm{Re}(z)^2 + \mathrm{Im}(z)^2 = \frac{(1 - t^2)^2 + (2t)^2}{(1 + t^2)^2} = 1$$

107

$|z| = 1$ であることがわかりました。つまり、ある複素数に z を乗算することは、複素数平面上で（大きさを変えずに）角度 $\arg(z)$ だけ回転させる操作と対応しているのです。

$$\arg(z) = \arg\left(\frac{1 + ti}{1 - ti}\right) = 2\arg(1 + ti)$$

ですから、回転角は $2\arg(1 + ti)$ となります。

t が実数全体を動くとき、複素数平面において $1 + ti$ は図 4.11 のように直線 $\mathrm{Re}(z) = 1$ 上を動きます。よって、その偏角のとりうる値の範囲は $-\dfrac{\pi}{2} < \arg(1 + ti) < \dfrac{\pi}{2}$ です。これと $\arg(z) = 2\arg(1 + ti)$ より、z の偏角のとりうる値の範囲は $-\pi < \arg(z) < \pi$ となります。以上より、$w \, (= z \cdot (3 + 4i))$ は点 $3 + 4i$ を θ $(-\pi < \theta < \pi)$ だけ回転した点となり、その軌跡は先ほどの問題の結果と同じものになります。

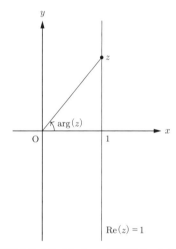

図 4.11: t が実数全体を動くとき、z は直線 $\mathrm{Re}(z) = 1$ 上を動く。

[7]　違った見た目のものが "同一視" できる

唐突にお見せした問題と本節冒頭の問題の結果は全く同じになりました。なんとなく数値などが似ていることからもわかるとおり、これは偶然によるものではありません。いよいよタネ明かしです。

まず、2×2 の行列 $I = \begin{pmatrix} 1 & 0 \\ 0 & 1 \end{pmatrix}$, $\quad J = \begin{pmatrix} 0 & -1 \\ 1 & 0 \end{pmatrix}$ には以下の性質があります。

$$I^2 = \begin{pmatrix} 1 & 0 \\ 0 & 1 \end{pmatrix}\begin{pmatrix} 1 & 0 \\ 0 & 1 \end{pmatrix} = \begin{pmatrix} 1 \cdot 1 + 0 \cdot 0 & 1 \cdot 0 + 0 \cdot 1 \\ 0 \cdot 1 + 1 \cdot 0 & 0 \cdot 0 + 1 \cdot 1 \end{pmatrix} = \begin{pmatrix} 1 & 0 \\ 0 & 1 \end{pmatrix} = I$$

$$J^2 = \begin{pmatrix} 0 & -1 \\ 1 & 0 \end{pmatrix} \begin{pmatrix} 0 & -1 \\ 1 & 0 \end{pmatrix} = \begin{pmatrix} 0 \cdot 0 + (-1) \cdot 1 & 0 \cdot (-1) + (-1) \cdot 0 \\ 1 \cdot 0 + 0 \cdot 1 & 1 \cdot (-1) + 0 \cdot 0 \end{pmatrix}$$

$$= \begin{pmatrix} -1 & 0 \\ 0 & -1 \end{pmatrix} = -I$$

$I^2 = I$, $J^2 = -I$ とわかりましたね。一方、複素数については $1^2 = 1$, $i^2 = -1$ が成り立っているのでした。どうやら、行列 I と実数 1、そして行列 J と虚数単位 i が同じような役割を担っているようです。

もう少し詳しくみてみましょう。行列において、通常の意味で加法・減法・乗法を定義します。そして、正則行列 A による除算は A^{-1} の乗算と考えましょう。なお、$p, q \in \mathbb{R}$ に対し、行列 $pI + qJ$ が正則でないのは $p = 0 = q$ の場合に限られます。複素数においては、高校数学でも扱うような通常の意味での四則演算を定義します。

行列 I, J の実数係数 p, q での線型結合 $pI + qJ$ に対し、複素数 $p + qi$ を対応させる関数を f と定めます。定義域・値域を明示すると次のとおりです。

定義域：$\{pI + qJ \,|\, p, q \in \mathbb{R}\}$ 　　値域：$\{p + qi \,|\, p, q \in \mathbb{R}\}$

また、$i = 1, 2$ に対し $A_i = p_i I + q_i J$ ($p_i, q_i \in \mathbb{R}$) と定めます。このとき、各種演算 ★ について

$$f(A_1 \bigstar A_2) = f(A_1) \bigstar f(A_2)$$

が成り立つことを確認してみましょう。まず加法・減法については

$$f(A_1 \pm A_2) = f\left((p_1 I + q_1 J) \pm (p_2 I + q_2 J)\right) = f\left((p_1 \pm p_2) I + (q_1 \pm q_2) J\right)$$

$$= (p_1 \pm p_2) + (q_1 \pm q_2)i \quad (\because f \text{ の定義})$$

$$= (p_1 + q_1 i) \pm (p_2 + q_2 i) = f(p_1 I + q_1 J) \pm f(p_2 I + q_2 J)$$

$$= f(A_1) \pm f(A_2) \quad (\because f \text{ の定義})$$

が成り立ちます。乗法については

$$f(A_1 A_2) = f\left((p_1 I + q_1 J)(p_2 I + q_2 J)\right)$$

$$= f\left((p_1 p_2 - q_1 q_2) I + (p_1 q_2 + p_2 q_1) J\right) \quad (\because I^2 = I,\ J^2 = -I)$$

$$= (p_1 p_2 - q_1 q_2) + (p_1 q_2 + p_2 q_1)i \quad (\because f \text{ の定義})$$

$$= (p_1 + q_1 i)(p_2 + q_2 i) = f(p_1 I + q_1 J)f(p_2 I + q_2 J)$$

$$= f(A_1)f(A_2) \quad (\because f \text{ の定義})$$

が成り立ちます。除法については、$(p_2, q_2) \neq (0, 0)$ のもとで

$$
\begin{aligned}
f(A_1 A_2^{-1}) &= f\left((p_1 I + q_1 J)(p_2 I + q_2 J)^{-1}\right) \\
&= f\left((p_1 I + q_1 J)\left(\frac{1}{p_2^2 + q_2^2}(p_2 I - q_2 J)\right)\right) \\
&= f\left(\frac{(p_1 p_2 + q_1 q_2) I + (-p_1 q_2 + p_2 q_1) J}{p_2^2 + q_2^2}\right) \quad (\because I^2 = I,\ J^2 = -I) \\
&= \frac{(p_1 p_2 + q_1 q_2) + (-p_1 q_2 + p_2 q_1) i}{p_2^2 + q_2^2} \quad (\because f \text{ の定義}) \\
&= \frac{(p_1 + q_1 i)(p_2 - q_2 i)}{(p_2 + q_2 i)(p_2 - q_2 i)} = \frac{p_1 + q_1 i}{p_2 + q_2 i} \\
&= \frac{f(A_1)}{f(A_2)} \quad (\because f \text{ の定義})
\end{aligned}
$$

が成り立ちます（$A_2^{-1} A_1$ などの計算は省略）。

　以上より、四則演算のうち任意のもの ★ について $f(A_1 \star A_2) = f(A_1) \star f(A_2)$ が成り立つことが示されました。つまり、関数 f は四則演算の性質を変えないのです。そして、この f は全単射になっています。

　二つの集合 $\{pI + qJ \mid p, q \in \mathbb{R}\}$ および $\{p + qi \mid p, q \in \mathbb{R}\}$ は、以上の意味で "同一視" することができます。それらを結びつける関数 f は、数学の世界では、体（たい）についての同型写像とよばれているようです。

第5章
関係性や操作を表現する

§1 とっても大事な "一次変換"

[1] テーマと問題の紹介

いま考えると信じられないことなのですが、ひと昔前は文系受験生でも行列が大学入試の試験範囲になっていました。東大の文系数学でも出題例があります。2023 年現在の高校数学の新課程では、数学 C の発展事項として行列を学習することがあるくらいで、特別な機会のない限り、高校生は学校の授業で行列をほとんど学習しません。しかし、たとえば 2 × 2 行列による演算は、その後に学ぶ理学・工学において大変重要です。

題材　**1959 年 新課程 数学 I 代数 第 1 問**

平面上の点 (x, y) に $\begin{cases} x' = 2x + y \\ y' = 3x + 2y \end{cases}$ によって定まる点 (x', y') を対応させる。

(1) 4 点 $(0, 0)$, $(a, 0)$, $(0, b)$, (a, b) を頂点とする長方形は、この対応によってどのような図形に移るか。図をかいて説明せよ。ただし、$a > 0$, $b > 0$ とする。

(2) その図形の面積と元の長方形の面積との比を求めよ。

問題文に 2 × 2 行列は一切登場していないのですが、本問は一次変換を題材としたものであり、行列を用いることで本問の一般化がスムーズに行えるため、後ほどご登場いただくこととします。

[2] "普通に"解くと……

とはいえ、まずは普通に解いてみましょう。前述のとおり、現在の中等教育の数学で行列を扱うことは少なく、そもそもご存じでない方もいらっしゃるためです。

さて、問題文にある 4 点に O$(0, 0)$, A$(a, 0)$, B$(0, b)$, C(a, b) と名前を与えます。問題文にある変換によるこれら 4 点の移動先をそれぞれ点 O′, A′, B′, C′ とすると、各点の座標は以下のようになります。

点 O′ $\begin{cases} x' = 2 \cdot 0 + 0 = 0 \\ y' = 3 \cdot 0 + 2 \cdot 0 = 0 \end{cases}$ $\quad \therefore$ O′$(0, 0)$

点 A′
$$\begin{cases} x' = 2 \cdot a + 0 = 2a \\ y' = 3 \cdot a + 2 \cdot 0 = 3a \end{cases} \qquad \therefore \mathrm{A}'(2a,\, 3a)$$

点 B′
$$\begin{cases} x' = 2 \cdot 0 + b = b \\ y' = 3 \cdot 0 + 2 \cdot b = 2b \end{cases} \qquad \therefore \mathrm{B}'(b,\, 2b)$$

点 C′
$$\begin{cases} x' = 2 \cdot a + b = 2a + b \\ y' = 3 \cdot a + 2 \cdot b = 3a + 2b \end{cases} \qquad \therefore \mathrm{C}'(2a+b,\, 3a+2b)$$

なお、O′ = O となっていますが、原点の名称が変わると要らぬ混乱を生むため、以下 O′ ではなく O に統一します。

すぐにでも図を描きたいところなのですが、長方形 OA′B′C′ が裏返ったり、O, A′, B′, C′ が同一直線上に存在したりする可能性がないことを調べておきます。変換後の 4 点のうち O 以外はみな第 1 象限の点であり、直線 OA′, OB′, OC′ の傾きは以下のとおりです。

$$(\text{直線 OA}' \text{の傾き}) = \frac{3a}{2a} = \frac{3}{2}, \quad (\text{直線 OB}' \text{の傾き}) = \frac{2b}{b} = 2,$$

$$(\text{直線 OC}' \text{の傾き}) = \frac{3a + 2b}{2a + b}$$

ここで $a, b \in \mathbb{R}_+$ に注意すると

$$\frac{3a + 2b}{2a + b} - \frac{3}{2} = \frac{2(3a + 2b) - 3(2a + b)}{2(2a + b)} = \frac{b}{2(2a + b)} > 0$$

$$\frac{3a + 2b}{2a + b} - 2 = \frac{3a + 2b - 2(2a + b)}{2a + b} = -\frac{a}{2a + b} < 0$$

ですから、次式の関係が成り立ちます。

$$\frac{3}{2} = (\text{直線 OA}' \text{の傾き}) < (\text{直線 OC}' \text{の傾き}) < (\text{直線 OB}' \text{の傾き}) = 2$$

これで 4 点の位置関係がわかったので、あとは 4 点を線分で結べば変換後の図形ができあがります。

……と言いたいところですが、"線分で" 結ぶべきかは定かではありません。当たり前に思えるか否かはさておき、ここでいったん次のことを示します。

線分は線分に移る

$c, d, e, f \in \mathbb{R}$ とする。図形の移動 $\begin{cases} x' = cx + dy \\ y' = ex + fy \end{cases}$ によって、座標平面上

の 2 点 P, Q は各々点 P′, Q′ に移るとする。このとき、線分 PQ は線分 P′Q′ に移る。また、内分点はその内分比を保つ。

ただし、点 P = Q または P′ = Q′ となる場合は、その重なっている 1 点を線分とみなし、内分点も（内分比によらず）その点であるものとする。

（証明）

点 P の座標を (p_1, p_2)、点 Q の座標を (q_1, q_2) と定めます。このとき、線分 PQ を $t : (1 - t)$ $(t \in [0, 1])$ に内分する点 R について、次式が成り立ちます。

$$\overrightarrow{OR} = (1 - t)\overrightarrow{OP} + t\overrightarrow{OQ} = (1 - t)\begin{pmatrix} p_1 \\ p_2 \end{pmatrix} + t\begin{pmatrix} q_1 \\ q_2 \end{pmatrix} = \begin{pmatrix} (1 - t)p_1 + tq_1 \\ (1 - t)p_2 + tq_2 \end{pmatrix}$$

この点 R の移動先を R′ とすると

$$\begin{aligned} \overrightarrow{OR'} &= \begin{pmatrix} c\left((1 - t)p_1 + tq_1\right) + d\left((1 - t)p_2 + tq_2\right) \\ e\left((1 - t)p_1 + tq_1\right) + f\left((1 - t)p_2 + tq_2\right) \end{pmatrix} \\ &= \begin{pmatrix} (1 - t)\left(cp_1 + dp_2\right) + t\left(cq_1 + dq_2\right) \\ (1 - t)\left(ep_1 + fp_2\right) + t\left(eq_1 + fq_2\right) \end{pmatrix} \\ &= (1 - t)\begin{pmatrix} cp_1 + dp_2 \\ ep_1 + fp_2 \end{pmatrix} + t\begin{pmatrix} cq_1 + dq_2 \\ eq_1 + fq_2 \end{pmatrix} \\ &= (1 - t)\overrightarrow{OP'} + t\overrightarrow{OQ'} \end{aligned}$$

が成り立ちます。$\overrightarrow{OR'} = (1 - t)\overrightarrow{OP'} + t\overrightarrow{OQ'}$ は、点 R′ が線分 P′Q′ を $t : (1 - t)$ に内分する点であることを意味しますから、前述の性質が示されました。■

いま示した事実も踏まえると、長方形 OACB は図 5.1 のような四角形 OA′C′B′ に移ることがわかります。

ここで、$\overrightarrow{OA'} = {}^t(2a, 3a) = \overrightarrow{B'C'}$ や $\overrightarrow{OB'} = {}^t(b, 2b) = \overrightarrow{A'C'}$ が成り立っていますから、四角形 OA′C′B′ は平行四辺形とわかります。以上が (1) に対応する部分です。

[3] 面積はどう変わるか？

次に平行四辺形 OA′C′B′ の面積を考えます。(2) に対応します。

さまざまな求め方がありますが、ベクトルの外積や後述する行列式の知識を仮定せず、長方形や三角形、台形の面積公式だけ知っているつもりで面積を求めてみましょう。ただし、たくさん垂線を下ろすなどして頑張って求めてしまうと一般化する際に苦労しそうな気がするので、なるべくシンプルに求積します。

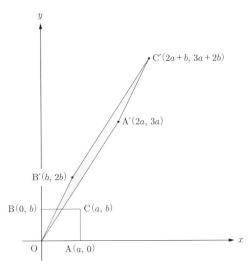

図 5.1: 移動前の長方形 ACBD と、移動後の四角形 OA′C′B′。

図 5.2 の点線のように補助線を引いてみましょう。これにより、長方形 OACB の内部であって四角形 OA′C′B′ の外部である領域は四つの三角形に分割されます。各々の面積も計算しやすいそうですね。

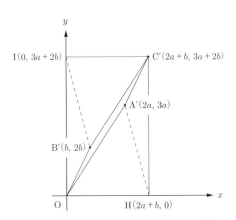

図 5.2: 変形後の四角形 OA′C′B′ の面積。

多角形 XYZW の面積を |XYZW| のように表すことにすると、平行四辺形 OA′C′B′ の面積 |OA′C′B′| は次のように計算できます。

$$|\mathrm{OA'C'B'}|$$

$$= |\mathrm{OHC'I}| - |\mathrm{OA'C'H}| - |\mathrm{OB'C'I}|$$

$$= |\mathrm{OHC'I}| - \bigl(|\mathrm{OA'H}| + |\mathrm{C'A'H}|\bigr) - \bigl(|\mathrm{OB'I}| + |\mathrm{C'B'I}|\bigr)$$

$$= (2a + b)(3a + 2b) - \left(\frac{(2a + b) \cdot 3a}{2} + \frac{(3a + 2b) \cdot b}{2} \right)$$

$$\quad - \left(\frac{(3a + 2b) \cdot b}{2} + \frac{(2a + b) \cdot 3a}{2} \right)$$

$$= \cdots = ab$$

つまり、平行四辺形 $\mathrm{OA'C'B'}$ の面積は ab であり、これは元の長方形 OACB の面積と等しくなっています。すなわち、前後の面積比は $\underline{1:1}$ です。

これで問題の解答が出揃いました。ただ、これで終わりにしてしまうと "おっ、元の長方形と同じ面積になった。わざとそういう設定にしてあるのかな" くらいの感想で終わってしまうと思います。そこで、行列による一次変換について紹介し、本問に行列を登場させることで何がわかるかを考えていきます。

[4] 行列に関する基礎知識

理系の大学 1 年生になると線型代数で行列の乗算を扱うようになりますが、高校生までの方や文系の方は行列の演算についてよく知らないかもしれません。そこで、まず最初に列の乗算関連の基礎知識を簡単にまとめます。

k, l, m, n を正整数とし、次のような $k \times l$ 行列 P と $m \times n$ 行列 Q を考えます。P, Q は一般に同じサイズではないことに注意してください。

$$P = \begin{pmatrix} p_{11} & p_{12} & \cdots & p_{1l} \\ p_{21} & p_{22} & \cdots & p_{2l} \\ \vdots & \vdots & & \vdots \\ p_{k1} & p_{k2} & \cdots & p_{kl} \end{pmatrix}, \quad Q = \begin{pmatrix} q_{11} & q_{12} & \cdots & q_{1n} \\ q_{21} & q_{22} & \cdots & q_{2n} \\ \vdots & \vdots & & \vdots \\ q_{m1} & q_{m2} & \cdots & q_{mn} \end{pmatrix}$$

$l = m$ の場合、これらの間に乗算 PQ が定義でき、PQ は次のような $k \times n$ 行列となります。

$$PQ = \begin{pmatrix} p_{11} & p_{12} & \cdots & p_{1l} \\ p_{21} & p_{22} & \cdots & p_{2l} \\ \vdots & \vdots & & \vdots \\ p_{k1} & p_{k2} & \cdots & p_{kl} \end{pmatrix} \begin{pmatrix} q_{11} & q_{12} & \cdots & q_{1n} \\ q_{21} & q_{22} & \cdots & q_{2n} \\ \vdots & \vdots & & \vdots \\ q_{l1} & q_{l2} & \cdots & q_{ln} \end{pmatrix}$$

$$= \begin{pmatrix} \sum_{i=1}^{l} p_{1i}q_{i1} & \sum_{i=1}^{l} p_{1i}q_{i2} & \cdots & \sum_{i=1}^{l} p_{1i}q_{in} \\ \sum_{i=1}^{l} p_{2i}q_{i1} & \sum_{i=1}^{l} p_{2i}q_{i2} & \cdots & \sum_{i=1}^{l} p_{2i}q_{in} \\ \vdots & \vdots & & \vdots \\ \sum_{i=1}^{l} p_{ki}q_{i1} & \sum_{i=1}^{l} p_{ki}q_{i2} & \cdots & \sum_{i=1}^{l} p_{ki}q_{in} \end{pmatrix}$$

つまり、行列のサイズの "内側" が等しいときに積を定義でき、それらを

$$(k \times l \, 行列)(l \times n \, 行列) = (k \times n \, 行列)$$

という具合に潰すことで計算結果の行列のサイズが得られるというわけです。

以上が一般的な行列の積です。そのうち、本問や後の節で用いる積をピックアップしておきます。上の式はしんどい……という場合は、とりあえず以下の式を頭に入れておけばしばらく困らないと思います。

$$\begin{pmatrix} a & b \\ c & d \end{pmatrix}\begin{pmatrix} x \\ y \end{pmatrix} = \begin{pmatrix} ax+by \\ cx+dy \end{pmatrix} \quad \begin{pmatrix} a & b \\ c & d \end{pmatrix}\begin{pmatrix} e & f \\ g & h \end{pmatrix} = \begin{pmatrix} ae+bg & af+bh \\ ce+dg & cf+dh \end{pmatrix}$$

$$\begin{pmatrix} a & b & c \\ d & e & f \\ g & h & i \end{pmatrix}\begin{pmatrix} x \\ y \\ z \end{pmatrix} = \begin{pmatrix} ax+by+cz \\ dx+ey+fz \\ gx+hy+iz \end{pmatrix}$$

[5] 点の変換を行列で表現できる

以上をもとにして、冒頭の問題に行列を持ち込むとどうなるのか考えてみましょう。点の対応は

$$\begin{cases} x' = 2x + y \\ y' = 3x + 2y \end{cases} \quad \cdots (*)$$

でしたが、x', y' の式はいずれも x, y についての（定数項のない）1 次式となっていますね。これと行列の乗算

$$\begin{pmatrix} a & b \\ c & d \end{pmatrix}\begin{pmatrix} x \\ y \end{pmatrix} = \begin{pmatrix} ax+by \\ cx+dy \end{pmatrix}$$

を見比べてみると、$(*)$ は 2×2 行列を用いて次のように表せることがわかります。

$$\begin{pmatrix} x' \\ y' \end{pmatrix} = \begin{pmatrix} 2 & 1 \\ 3 & 2 \end{pmatrix}\begin{pmatrix} x \\ y \end{pmatrix}$$

これだけでも驚きかもしれませんが、正直ここまでは "行列でうまく変換を表せた" というだけです。そこで、このように実数成分の行列の乗算で表せる変換の性質を探ってみましょう。

117

[6] 線型性と行列式

以下、$P := \begin{pmatrix} a & b \\ c & d \end{pmatrix}$ $(a, b, c, d \in \mathbb{R})$ とします。行列 P の乗算で表せる変換には、一般的にどのような性質があるのか考えてみましょう。

線型性

任意の 2 次元のベクトル $\overrightarrow{x_1} := {}^t(x_1, y_1)$, $\overrightarrow{x_2} := {}^t(x_2, y_2)$ および任意の実数 k_1, k_2 に対し、次式が成り立ちます。

$$P\left(k_1 \overrightarrow{x_1} + k_2 \overrightarrow{x_2}\right) = k_1\left(P\overrightarrow{x_1}\right) + k_2\left(P\overrightarrow{x_2}\right)$$

（線型性の証明）

$$
\begin{aligned}
P\left(k_1 \overrightarrow{x_1} + k_2 \overrightarrow{x_2}\right) &= \begin{pmatrix} a & b \\ c & d \end{pmatrix} \left(k_1 \begin{pmatrix} x_1 \\ y_1 \end{pmatrix} + k_2 \begin{pmatrix} x_2 \\ y_2 \end{pmatrix} \right) \\
&= \begin{pmatrix} a & b \\ c & d \end{pmatrix} \begin{pmatrix} k_1 x_1 + k_2 x_2 \\ k_1 y_1 + k_2 y_2 \end{pmatrix} \\
&= \begin{pmatrix} a\left(k_1 x_1 + k_2 x_2\right) + b\left(k_1 y_1 + k_2 y_2\right) \\ c\left(k_1 x_1 + k_2 x_2\right) + d\left(k_1 y_1 + k_2 y_2\right) \end{pmatrix} \\
&= \begin{pmatrix} k_1\left(a x_1 + b y_1\right) + k_2\left(a x_2 + b y_2\right) \\ k_1\left(c x_1 + d y_1\right) + k_2\left(c x_2 + d y_2\right) \end{pmatrix} \\
&= k_1 \begin{pmatrix} a x_1 + b y_1 \\ c x_1 + d y_1 \end{pmatrix} + k_2 \begin{pmatrix} a x_2 + b y_2 \\ c x_2 + d y_2 \end{pmatrix} \\
&= k_1\left(P\overrightarrow{x_1}\right) + k_2\left(P\overrightarrow{x_2}\right) \blacksquare
\end{aligned}
$$

[7] 線型性からいえること

この性質は、先ほど問題を解く過程で証明した "線分は線分に移る" ことの一般化となっています。線型性からたとえば次のことが（特別な場合を除き）成り立ちます。

- 平行な 2 直線は、変換後も平行なままである。

  2 直線上にそれぞれの直線と平行なベクトルをとり、その変換を考えると納得しやすいです。

- 平行四辺形は、平行四辺形に移る。

  平行四辺形をなす 2 組の直線に対し前項を適用することで理解できます。

- 線分の内分点は、やはり同じ比で移動後の線分を内分する。

  内分比を文字でおき、線型性を用いればわかります。

- 二つの図形の面積比は、変換後も保たれる。

  一般の場合はよくわからないのですが、平行四辺形などの扱いやすい図形であれば確認できます。

[8] 行列式

線型性からいえる上記性質は、"特別な場合を除き" 成り立つと述べました。その "特別な場合" を紹介しつつ、行列式という量に言及します。

たとえば、座標平面に点 A$(a, 0)$, B$(0, b)$, C(a, b) $(a, b \in \mathbb{R}_+)$ をとります。いま四角形 OACB は長方形です。また、変換を表す行列 P の成分を $P = \begin{pmatrix} 2 & 0 \\ 1 & 0 \end{pmatrix}$ と定めたとします。このとき、原点 O は $(0, 0)$ のまま動きませんが

$$\begin{pmatrix} 2 & 0 \\ 1 & 0 \end{pmatrix}\begin{pmatrix} a \\ 0 \end{pmatrix} = \begin{pmatrix} 2a \\ a \end{pmatrix}, \quad \begin{pmatrix} 2 & 0 \\ 1 & 0 \end{pmatrix}\begin{pmatrix} 0 \\ b \end{pmatrix} = \begin{pmatrix} 0 \\ 0 \end{pmatrix}, \quad \begin{pmatrix} 2 & 0 \\ 1 & 0 \end{pmatrix}\begin{pmatrix} a \\ b \end{pmatrix} = \begin{pmatrix} 2a \\ a \end{pmatrix}$$

より変換後の点の座標は A$'(2a, a)$, B$'(0, 0)$, C$'(2a, a)$ となり、4 点 O, A$'$, B$'$, C$'$ は四角形をなしません（潰れてしまいます）。

線型性自体は行列の成分によらず成り立つため、たとえば図 5.3 においても $\overrightarrow{OA'}+\overrightarrow{OB'} = \overrightarrow{OC'}$ となってはいます。しかし、面積をもつ図形だったものが潰れて面積がなくなってしまっています。

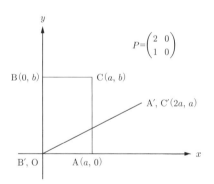

図 5.3: 行列 P の成分によっては、長方形が "潰れる" ことがある。

もっと極端な場合もあります。P の 4 成分をすべて 0 にしてしまえば、あらゆる点は原点に変換されることとなりますね。線分や直線のような "1 次元" のものですらなくなってしまうのです。

上述の変換は、2 次元的な図形を 1 次元的なものや 0 次元的なものに潰してしまっているため、冒頭の問題とはまた違った変換だと思うこともできます。少なくとも、両者を区別したい場面はあることでしょう。そこで役立つのが "行列式" というものです。

　一般の場合の行列式は、置換とよばれる操作やその偶奇も用いて定義される複雑なもので
す。ここでは 2×2 行列の場合の定義をいきなり述べてしまいます。行列 $P = \begin{pmatrix} a & b \\ c & d \end{pmatrix}$
に対し、$ad - bc$ で定義される量を 2×2 行列 P の行列式といい、これを $\det P$ と表し
ます。行列式の表記は複数あり、たとえば $\begin{vmatrix} a & b \\ c & d \end{vmatrix}$ と絶対値記号のように表すこともあ
ります（本書では $\det$ を用います）。

　さて、この行列式が図形の変換とどう関係しているのか調べるにあたり、大事な概念
を導入したり、大事な性質を証明したりします。

性質：行列の積の行列式

　任意の 2×2 行列 $X = \begin{pmatrix} x_{11} & x_{12} \\ x_{21} & x_{22} \end{pmatrix}$, $\quad Y = \begin{pmatrix} y_{11} & y_{12} \\ y_{21} & y_{22} \end{pmatrix}$ について

$$\det(XY) = (\det X)(\det Y) \ \cdots (*)$$

が成り立つ。

（証明）

2×2 行列の場合だけであれば、次のような計算により容易に証明できます。

$$
\begin{aligned}
\det(XY) &= \det \begin{pmatrix} x_{11}y_{11}+x_{12}y_{21} & x_{11}y_{12}+x_{12}y_{22} \\ x_{21}y_{11}+x_{22}y_{21} & x_{21}y_{12}+x_{22}y_{22} \end{pmatrix} \\
&= (x_{11}y_{11}+x_{12}y_{21})(x_{21}y_{12}+x_{22}y_{22}) \\
&\quad - (x_{11}y_{12}+x_{12}y_{22})(x_{21}y_{11}+x_{22}y_{21}) \\
&= \cancel{x_{11}y_{11}\cdot x_{21}y_{12}}+x_{11}y_{11}\cdot x_{22}y_{22}+x_{12}y_{21}\cdot x_{21}y_{12}+\cancel{x_{12}y_{21}\cdot x_{22}y_{22}} \\
&\quad -(\cancel{x_{11}y_{12}\cdot x_{21}y_{11}}+x_{11}y_{12}\cdot x_{22}y_{21}+x_{12}y_{22}\cdot x_{21}y_{11}+\cancel{x_{12}y_{22}\cdot x_{22}y_{21}}) \\
&= x_{11}y_{11}x_{22}y_{22}+x_{12}y_{21}x_{21}y_{12}-x_{11}y_{12}x_{22}y_{21}-x_{12}y_{22}x_{21}y_{11} \\
&= x_{11}x_{22}\cdot y_{11}y_{22}+x_{12}x_{21}\cdot y_{12}y_{21}-x_{11}x_{22}\cdot y_{12}y_{21}-x_{12}x_{21}\cdot y_{11}y_{22} \\
&= (x_{11}x_{22}-x_{12}x_{21})(y_{11}y_{22}-y_{12}y_{21}) \\
&= (\det X)(\det Y) \quad \blacksquare
\end{aligned}
$$

定義と性質：逆行列

正方行列 P の逆行列 P^{-1} とは、それ自身も P と同じサイズの正方行列で
あって、$P^{-1}P = E = PP^{-1}$ が成り立つものをいう（E は単位行列）。

$P = \begin{pmatrix} a & b \\ c & d \end{pmatrix}$ $(a, b, c, d \in \mathbb{R})$ とする。$\det P \neq 0$ であるとき、P の逆行列
P^{-1} が存在し、具体的には

$$P^{-1} = \frac{1}{\det P} \begin{pmatrix} d & -b \\ -c & a \end{pmatrix} = \frac{1}{ad - bc} \begin{pmatrix} d & -b \\ -c & a \end{pmatrix}$$

となる。$\det P = 0$ のとき、行列 P の逆行列は存在しない。

（証明）

$\det P \neq 0$、つまり $ad - bc = 0$ であるとき

$$\frac{1}{\det P} \begin{pmatrix} d & -b \\ -c & a \end{pmatrix} \cdot \begin{pmatrix} a & b \\ c & d \end{pmatrix} = \frac{1}{ad - bc} \begin{pmatrix} d \cdot a + (-b) \cdot c & d \cdot b + (-b) \cdot d \\ (-c) \cdot a + a \cdot c & (-c) \cdot b + a \cdot d \end{pmatrix}$$

$$= \frac{1}{ad - bc} \begin{pmatrix} ad - bc & 0 \\ 0 & ad - bc \end{pmatrix} = E$$

$$\begin{pmatrix} a & b \\ c & d \end{pmatrix} \cdot \frac{1}{\det P} \begin{pmatrix} d & -b \\ -c & a \end{pmatrix} = \frac{1}{ad - bc} \begin{pmatrix} a \cdot d + b \cdot (-c) & a \cdot (-b) + b \cdot a \\ c \cdot d + d \cdot (-c) & c \cdot (-b) + d \cdot a \end{pmatrix}$$

$$= \frac{1}{ad - bc} \begin{pmatrix} ad - bc & 0 \\ 0 & ad - bc \end{pmatrix} = E$$

より、主張中の P^{-1} はたしかに逆行列になっています。

次に、$\det P = 0$ の場合に逆行列 P^{-1} が存在すると仮定します。このとき、たとえば
$P^{-1}P = E$ が成り立ちます。両辺の行列式を考えて $(*)$ を用いると $\left(\det P^{-1} \right)\left(\det P \right) =$
1 が得られますが、これは $\det P = 0$ に矛盾します。■

定義：線型独立

n を正整数とする。ベクトル $\overrightarrow{v_1}, \overrightarrow{v_2}, \cdots, \overrightarrow{v_n}$ が実数係数上で線型独立であ
るとは、任意の実数の組 $\{\alpha_1, \alpha_2, \cdots, \alpha_n\}$ に対し次が成り立つことをいう。

$$\sum_{k=1}^{n} \alpha_k \overrightarrow{v_k} = \overrightarrow{0} \iff \forall k \in \{1, 2, \cdots, n\}, \alpha_k = 0$$

　以下、実数係数上で線型独立であることを単に "線型独立である" ということとします。二つの平面ベクトルに関しては、それらが線型独立であることは、いずれも $\vec{0}$ ではなく、かつ互いに平行でないことを意味します（あくまで二つの平面ベクトルに関することなので注意してください）。つまり、$\vec{0}$ でない二つの平面ベクトル $\vec{u}$, $\vec{v}$ が平行四辺形を張るための必要十分条件は、$\vec{u}$, $\vec{v}$ が線型独立であることです。

　線型独立という概念を突然導入したのは、次のことが成り立つためです。

性質：行列式とベクトルの線型独立性

　P を 2×2 の正方行列とし、$\vec{u}$, $\vec{v}$ を線型独立な 2 次元ベクトルとする。このとき、次が成り立つ。

$$P\vec{u},\ P\vec{v} \text{が線型独立でない。} \iff \det P = 0$$

（証明）

　（$\Longrightarrow$ の証明）：$P\vec{u}$, $P\vec{v}$ が線型独立でないとき、線型独立性の定義より、ある $(\alpha, \beta) \neq (0, 0)$ が存在して $\alpha(P\vec{u}) + \beta(P\vec{v}) = \vec{0}$ が成り立ちます。さらに、行列の演算の線型性より

$$P(\alpha\vec{u}) + P(\beta\vec{v}) = \vec{0} \qquad \therefore P(\alpha\vec{u} + \beta\vec{v}) = \vec{0} \quad \cdots ①$$

が得られます。いま $\det P \neq 0$ であるとしましょう。このとき、P には逆行列 P^{-1} が存在します。それを ① の両辺に左より乗算することで

$$\alpha\vec{u} + \beta\vec{v} = \vec{0}$$

がしたがいます。つまり、$(\alpha, \beta) \neq (0, 0)$ なる α, β に対し $\alpha\vec{u} + \beta\vec{v} = \vec{0}$ が成り立つことがしたがいますが、これは $\vec{u}$, $\vec{v}$ が線型独立であることに反します。よって $\det P = 0$ がしたがいます。

　（$\Longleftarrow$ の証明）：$\det P = 0$ であるとき、次の (a) または (b) が成り立ちます。

(a)　ある 2 次元ベクトル $\vec{w}$ と実数 k が存在し、$P = \begin{pmatrix} {}^t\vec{w} \\ k\,{}^t\vec{w} \end{pmatrix}$ が成り立つ。

(b)　ある 2 次元ベクトル $\vec{w}$ と実数 k が存在し、$P = \begin{pmatrix} k\,{}^t\vec{w} \\ {}^t\vec{w} \end{pmatrix}$ が成り立つ。

これの証明は省略させてください。

　(a) の場合

$$P\vec{u} = \begin{pmatrix} {}^t\vec{w} \\ k\,{}^t\vec{w} \end{pmatrix}\vec{u} = \begin{pmatrix} \vec{w}\cdot\vec{u} \\ k\vec{w}\cdot\vec{u} \end{pmatrix} = (\vec{w}\cdot\vec{u})\begin{pmatrix} 1 \\ k \end{pmatrix}, \quad P\vec{v} = (\vec{w}\cdot\vec{v})\begin{pmatrix} 1 \\ k \end{pmatrix}$$

となり、$P\vec{u}$, $P\vec{v}$ はいずれもベクトル $^t(1, k)$ の実数倍ですから、これらは線型独立ではありません。(b) の場合も同様です。■

ここまでの結果より、以下のことがいえます。

- $\det P = 0$ の場合、長方形は "潰れる"。すなわち、$P\vec{u}$, $P\vec{v}$ は線型独立ではなくなる。
- $\det P \neq 0$ の場合、長方形は "潰れない"。すなわち、$P\vec{u}$, $P\vec{v}$ は線型独立なままである。

では、$\det P \neq 0$ の場合、変換前後の図形の面積比はどうなるのかというと、実は次のことが成り立ちます。

性質：図形の面積

xy 平面において、一つの頂点を原点にもつ平行四辺形 A を考える。原点に隣接する A の頂点の、原点から見た位置ベクトルを各々 $\vec{u} = \begin{pmatrix} u_1 \\ u_2 \end{pmatrix}$, $\vec{v} = \begin{pmatrix} v_1 \\ v_2 \end{pmatrix}$ とする。また、A を 2×2 行列 $P = \begin{pmatrix} a & b \\ c & d \end{pmatrix}$ で変換したものを A' とする。このとき、変換前の図形の面積 $S(A)$ および変換後の図形の面積 $S(A')$ について次が成り立つ。

$$S(A) = |\vec{u} \times \vec{v}|, \qquad S(A') = |\det P|\, S(A)\ (= |\det P|\,|\vec{u} \times \vec{v}|)$$

ただし、$\vec{u} \times \vec{v} = u_1 v_2 - u_2 v_1$ であり、これは z 成分に 0 を補った場合の 3 次元ベクトルの外積 $\vec{u} \times \vec{v}$ の z 成分である。

（証明）

歪な組立て方かもしれませんが、高校数学におけるベクトルの内積の知識を仮定し、そこから $S(A)$ を求めます。$S(A)$ は平行四辺形 A の面積ですから、$\vec{u}$, $\vec{v}$ のなす角を φ とすると

$$S(A) = |\vec{u}|\,|\vec{v}| \sin \varphi$$

が成り立ちます。ここで、ベクトルの内積の性質より $\cos \varphi = \dfrac{\vec{u} \cdot \vec{v}}{|\vec{u}||\vec{v}|}$ ですから

$$S(A) = |\vec{u}|\,|\vec{v}| \sqrt{1 - \cos^2 \varphi} = |\vec{u}|\,|\vec{v}| \sqrt{1 - \left(\frac{\vec{u} \cdot \vec{v}}{|\vec{u}||\vec{v}|}\right)^2}$$
$$= \sqrt{|\vec{u}|^2 |\vec{v}|^2 - (\vec{u} \cdot \vec{v})^2}$$

$$= \sqrt{(u_1^2 + u_2^2)(v_1^2 + v_2^2) - (u_1 v_1 + u_2 v_2)^2} = \cdots$$
$$= \sqrt{u_1^2 v_2^2 - 2u_1 v_2 u_2 v_1 + u_2^2 v_1^2} = \sqrt{(u_1 v_2 - u_2 v_1)^2}$$
$$= |u_1 v_2 - u_2 v_1| = |\vec{u} \times \vec{v}|$$

となり、$S(A) = |\vec{u} \times \vec{v}|$ が示されました。

次に $S(A')$ について考えましょう。

$$P\vec{u} = \begin{pmatrix} au_1 + bu_2 \\ cu_1 + du_2 \end{pmatrix}, \quad P\vec{v} = \begin{pmatrix} av_1 + bv_2 \\ cv_1 + dv_2 \end{pmatrix}$$

ですから

$$S(A') = |(P\vec{u}) \times (P\vec{v})|$$
$$= |(au_1 + bu_2)(cv_1 + dv_2) - (cu_1 + du_2)(av_1 + bv_2)|$$
$$= |acu_1 v_1 + adu_1 v_2 + bcu_2 v_1 + bdu_2 v_2 - cau_1 v_1$$
$$- cbu_1 v_2 - dau_2 v_1 - dbu_2 v_2|$$
$$= |adu_1 v_2 + bcu_2 v_1 - cbu_1 v_2 - dau_2 v_1|$$
$$= |(ad - bc)(u_1 v_2 - u_2 v_1)| = |ad - bc||u_1 v_2 - u_2 v_1|$$
$$= |\det P||\vec{u} \times \vec{v}|$$

も成り立ちます。■

　2×2 行列による線型写像の性質について簡単に見てきました。理系で大学に進学すると、より一般的な線型写像やその性質について、線型代数の講義・演習で学べます。

§2 操作を繰り返すと何が起こる？

[1] テーマと問題の紹介

前節で、点の座標に行列を作用させる変換を扱いました。その結果、長方形は細長い平行四辺形になっていたものの、その面積は不変であるということがいえ、面積の変化の度合いが行列式というもので記述できることがわかりました。さきほどは主に "スケール" に着目しましたが、こんどは "向き" の要素も考えてみます。

題 材 　1980 年 理系数学 第 3 問

α を実数、$A = \begin{pmatrix} 1 & -1 \\ 1 & 1 \end{pmatrix}$ とし、正整数 n について

$$\begin{pmatrix} p_n \\ q_n \end{pmatrix} = A^n \begin{pmatrix} \alpha \\ 1 \end{pmatrix}$$

とおく。

(1) ある n について $q_n = 0$ となるような α の値をすべて求めよ。

(2) すべての n について $q_n \neq 0$ となるような α を考える。そのとき、$a_n = \dfrac{p_n}{q_n}$ を α を用いて表し、また、$a_1, a_2, \cdots, a_n, \cdots$ の値のうちで異なるものの個数を求めよ。

またしても 2×2 行列による点の変換ですが、こんどは行列 A の成分が妙にシンプルです。右上の成分だけ -1 になっているのが気持ち悪い、と思うかもしれませんが、それにはワケがあります。この先を読み進めると、きっとそれもわかるはずです。

[2] まずは実験してみよう

前節の問題では、点の移動が行列 $\begin{pmatrix} 2 & 1 \\ 3 & 2 \end{pmatrix}$ によって表されており、4 点 $(0, 0)$, $(a, 0)$, $(0, b)$, (a, b) を頂点とする長方形は 4 点 $(0, 0)$, $(2a, 3a)$, $(b, 2b)$, $(2a+b, 3a+2b)$ を頂点とする平行四辺形に変形されたのでした。本問の行列 A は、いったいどのような変換を表しているのでしょうか。

まずは実験をしてみましょう。実数 α の値をいろいろ変化させて、${}^t(p_n, q_n)$ の変化を追います。なお、以下便宜的に $p_0 := \alpha$, $q_0 := 1$ と定め、n の範囲を非負整数とします。

最初はシンプルに $\alpha = 0$ を試してみます。${}^t(p_n, q_n)$ を順次計算すると次のようにな

ります。

$$\begin{pmatrix} p_1 \\ q_1 \end{pmatrix} = \begin{pmatrix} 1 & -1 \\ 1 & 1 \end{pmatrix} \begin{pmatrix} p_0 \\ q_0 \end{pmatrix} = \begin{pmatrix} 1 & -1 \\ 1 & 1 \end{pmatrix} \begin{pmatrix} 0 \\ 1 \end{pmatrix} = \begin{pmatrix} -1 \\ 1 \end{pmatrix}$$

$$\begin{pmatrix} p_2 \\ q_2 \end{pmatrix} = \begin{pmatrix} 1 & -1 \\ 1 & 1 \end{pmatrix} \begin{pmatrix} p_1 \\ q_1 \end{pmatrix} = \begin{pmatrix} 1 & -1 \\ 1 & 1 \end{pmatrix} \begin{pmatrix} -1 \\ 1 \end{pmatrix} = \begin{pmatrix} -2 \\ 0 \end{pmatrix}$$

$$\begin{pmatrix} p_3 \\ q_3 \end{pmatrix} = \begin{pmatrix} 1 & -1 \\ 1 & 1 \end{pmatrix} \begin{pmatrix} p_2 \\ q_2 \end{pmatrix} = \begin{pmatrix} 1 & -1 \\ 1 & 1 \end{pmatrix} \begin{pmatrix} -2 \\ 0 \end{pmatrix} = \begin{pmatrix} -2 \\ -2 \end{pmatrix}$$

$$\begin{pmatrix} p_4 \\ q_4 \end{pmatrix} = \begin{pmatrix} 1 & -1 \\ 1 & 1 \end{pmatrix} \begin{pmatrix} p_3 \\ q_3 \end{pmatrix} = \begin{pmatrix} 1 & -1 \\ 1 & 1 \end{pmatrix} \begin{pmatrix} -2 \\ -2 \end{pmatrix} = \begin{pmatrix} 0 \\ -4 \end{pmatrix}$$

$$\begin{pmatrix} p_5 \\ q_5 \end{pmatrix} = \begin{pmatrix} 1 & -1 \\ 1 & 1 \end{pmatrix} \begin{pmatrix} p_4 \\ q_4 \end{pmatrix} = \begin{pmatrix} 1 & -1 \\ 1 & 1 \end{pmatrix} \begin{pmatrix} 0 \\ -4 \end{pmatrix} = \begin{pmatrix} 4 \\ -4 \end{pmatrix}$$

$$\begin{pmatrix} p_6 \\ q_6 \end{pmatrix} = \begin{pmatrix} 1 & -1 \\ 1 & 1 \end{pmatrix} \begin{pmatrix} p_5 \\ q_5 \end{pmatrix} = \begin{pmatrix} 1 & -1 \\ 1 & 1 \end{pmatrix} \begin{pmatrix} 4 \\ -4 \end{pmatrix} = \begin{pmatrix} 8 \\ 0 \end{pmatrix}$$

$$\begin{pmatrix} p_7 \\ q_7 \end{pmatrix} = \begin{pmatrix} 1 & -1 \\ 1 & 1 \end{pmatrix} \begin{pmatrix} p_6 \\ q_6 \end{pmatrix} = \begin{pmatrix} 1 & -1 \\ 1 & 1 \end{pmatrix} \begin{pmatrix} 8 \\ 0 \end{pmatrix} = \begin{pmatrix} 8 \\ 8 \end{pmatrix}$$

$$\begin{pmatrix} p_8 \\ q_8 \end{pmatrix} = \begin{pmatrix} 1 & -1 \\ 1 & 1 \end{pmatrix} \begin{pmatrix} p_7 \\ q_7 \end{pmatrix} = \begin{pmatrix} 1 & -1 \\ 1 & 1 \end{pmatrix} \begin{pmatrix} 8 \\ 8 \end{pmatrix} = \begin{pmatrix} 0 \\ 16 \end{pmatrix}$$

$$\begin{pmatrix} p_9 \\ q_9 \end{pmatrix} = \begin{pmatrix} 1 & -1 \\ 1 & 1 \end{pmatrix} \begin{pmatrix} p_8 \\ q_8 \end{pmatrix} = \begin{pmatrix} 1 & -1 \\ 1 & 1 \end{pmatrix} \begin{pmatrix} 0 \\ 16 \end{pmatrix} = \begin{pmatrix} -16 \\ 16 \end{pmatrix}$$

　点 $\mathrm{P}_n\,(p_n, q_n)\,(n \in \{0, 1, 2, 3, 4, 5, 6, 7, 8, 9\})$ を座標平面にプロットすると図 5.4 のようになります。

　点 P_n は原点から離れながら反時計回りに渦を巻いており、ちょうど添字 n が 8 増加すると 1 周します。だいぶ性質が明確ですね。

　とはいえ、これは $\alpha = 0$ というシンプルな値にしたがゆえのことかもしれません。そこで、ほかの値でも同様のことをしてみると、点 P_n たちの挙動は図 5.5, 5.6 のようになります。

　α を 0 以外の値にしても、やはり "原点から離れながら反時計回りに渦を巻く" という性質が現れました。どうやら、点 P_n のふるまいは α に依存して大きく変わるのではなく、行列 $A = \begin{pmatrix} 1 & -1 \\ 1 & 1 \end{pmatrix}$ によって定まるようです。

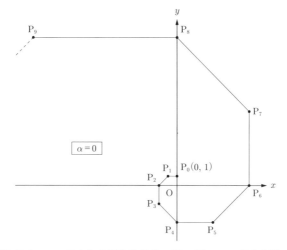

図 5.4: $\alpha = 0$ とした場合の点 P_1, P_2, P_3, $\cdots$ のようす。

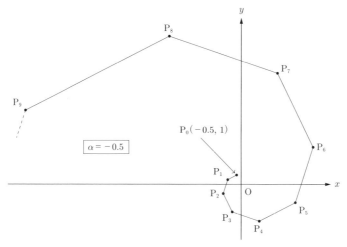

図 5.5: $\alpha = -0.5$ とした場合の点 P_1, P_2, P_3, $\cdots$ のようす。

[3] サイズ拡大と回転

行列 A による点の変換は、原点からの距離を大きくし、かつ反時計回りに回転させていると予想できました。それを確かめましょう。非負整数 n に対し

$$\begin{pmatrix} p_{n+1} \\ q_{n+1} \end{pmatrix} = A \begin{pmatrix} p_n \\ q_n \end{pmatrix} = \begin{pmatrix} 1 & -1 \\ 1 & 1 \end{pmatrix} \begin{pmatrix} p_n \\ q_n \end{pmatrix} = \begin{pmatrix} p_n - q_n \\ p_n + q_n \end{pmatrix}$$

127

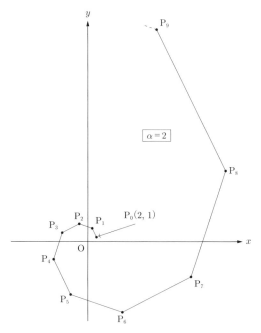

図 5.6: $\alpha = 2$ とした場合の点 P_1, P_2, P_3, $\cdots$ のようす。

が成り立っているのでした。

まずスケールの方を確認します。点 $\mathrm{P}_n\,(p_n,\,q_n)$ の原点からの距離を r_n とすると

$$
\begin{aligned}
r_n &= \sqrt{p_n^2 + q_n^2} \\
r_{n+1} &= \sqrt{(p_n - q_n)^2 + (p_n + q_n)^2} \\
&= \sqrt{(p_n^2 - 2p_n q_n + q_n^2) + (p_n^2 + 2p_n q_n + q_n^2)} \\
&= \sqrt{2p_n^2 + 2q_n^2} = \sqrt{2} \cdot \sqrt{p_n^2 + q_n^2}
\end{aligned}
$$

より $r_{n+1} = \sqrt{2}r_n$ を得ます。つまり、添字 n が 1 大きくなるごとに、点 $\mathrm{P}_n\,(p_n,\,q_n)$ の原点からの距離は $\sqrt{2}$ 倍されていくのです。

次に回転の方を確認します。点の座標を縦に並べたベクトルに行列を作用させる演算は線型ですから、A ではなく $A_{\mathrm{rot}} := \dfrac{1}{\sqrt{2}}A \left(= \dfrac{1}{\sqrt{2}} \begin{pmatrix} 1 & -1 \\ 1 & 1 \end{pmatrix} \right)$ を乗じることで、原点からの距離を変えない変換にできます。スケールの要素を除去したということです。この行列による点の変換は

$$\begin{pmatrix} \dfrac{p_{n+1}}{\sqrt{2}} \\[2mm] \dfrac{q_{n+1}}{\sqrt{2}} \end{pmatrix} = A_{\mathrm{rot}} \begin{pmatrix} p_n \\ q_n \end{pmatrix} = \frac{1}{\sqrt{2}} \begin{pmatrix} 1 & -1 \\ 1 & 1 \end{pmatrix} \begin{pmatrix} p_n \\ q_n \end{pmatrix} = \begin{pmatrix} \dfrac{1}{\sqrt{2}}p_n - \dfrac{1}{\sqrt{2}}q_n \\[2mm] \dfrac{1}{\sqrt{2}}p_n + \dfrac{1}{\sqrt{2}}q_n \end{pmatrix}$$

となります。

ここで、x 軸正方向から反時計回りに測る偏角を定め、点 P_n ($\neq \mathrm{O}$) の偏角を φ_n とします。このとき $p_n = r_n \cos \varphi_n$, $q_n = r_n \sin \varphi_n$ ですから

$$\begin{aligned} \frac{1}{\sqrt{2}}p_n - \frac{1}{\sqrt{2}}q_n &= \frac{1}{\sqrt{2}} \cdot r_n \cos \varphi_n - \frac{1}{\sqrt{2}} \cdot r_n \sin \varphi_n \\ &= r_n \left(\cos \varphi_n \cos \frac{\pi}{4} - \sin \varphi_n \sin \frac{\pi}{4} \right) = r_n \cos \left(\varphi_n + \frac{\pi}{4} \right) \\ \frac{1}{\sqrt{2}}p_n + \frac{1}{\sqrt{2}}q_n &= \frac{1}{\sqrt{2}} \cdot r_n \cos \varphi_n + \frac{1}{\sqrt{2}} \cdot r_n \sin \varphi_n \\ &= r_n \left(\cos \varphi_n \sin \frac{\pi}{4} + \sin \varphi_n \cos \frac{\pi}{4} \right) = r_n \sin \left(\varphi_n + \frac{\pi}{4} \right) \end{aligned}$$

つまり

$$\begin{pmatrix} \dfrac{p_{n+1}}{\sqrt{2}} \\[2mm] \dfrac{q_{n+1}}{\sqrt{2}} \end{pmatrix} = \begin{pmatrix} r_n \cos \left(\varphi_n + \dfrac{\pi}{4} \right) \\[2mm] r_n \sin \left(\varphi_n + \dfrac{\pi}{4} \right) \end{pmatrix} = r_n \begin{pmatrix} \cos \left(\varphi_n + \dfrac{\pi}{4} \right) \\[2mm] \sin \left(\varphi_n + \dfrac{\pi}{4} \right) \end{pmatrix}$$

が成り立ち、これより $\varphi_{n+1} = \varphi_n + \dfrac{\pi}{4}$ がしたがいます。ただし、途中で三角関数の加法定理

$$\cos (\theta_1 + \theta_2) = \cos \theta_1 \cos \theta_2 - \sin \theta_1 \sin \theta_2$$

$$\sin (\theta_1 + \theta_2) = \sin \theta_1 \cos \theta_2 + \sin \theta_2 \cos \theta_1$$

を用いました。

これで行列 $A = \begin{pmatrix} 1 & -1 \\ 1 & 1 \end{pmatrix}$ による変換の正体がわかりました。座標平面上の点 P_n に対して A を作用させる変換は、次の二つの効果をもたらします。

- 原点を中心に $\sqrt{2}$ 倍に拡大する。
- 原点を中心に $+\dfrac{\pi}{4}$ 回転する。

[4] (1) $\dfrac{\pi}{4}$ ずつ向きが変わる

ではいよいよ (1) に取りかかりましょう。まず点 P_0 の偏角を φ とします。点 P_n ($n \in \mathbb{Z}_{\geq 0}$) はこの点に行列 A を n 回作用させたものですから、その偏角は $\varphi_n = \varphi + \dfrac{n\pi}{4}$ で

129

あり、$q_n = r_n \sin \varphi_n = r_n \sin \left(\varphi + \dfrac{n\pi}{4} \right)$ とわかります。これと $r_n \neq 0$ より次が成り立ちます。

$$\exists n \in \mathbb{Z}_+,\, q_n = 0 \quad \Longleftrightarrow \quad \exists n \in \mathbb{Z}_+,\, \sin \left(\varphi + \dfrac{n\pi}{4} \right) = 0$$

ここで、点 P_0 の座標は $(\alpha,\, 1)$ $(\alpha \in \mathbb{R})$ ですから、$0 < \varphi < \pi$ とわかります。図 5.7 を見るとそれを理解しやすいです。

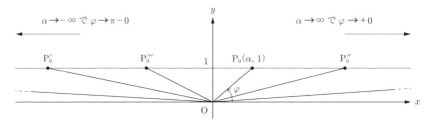

図 5.7: 点 P_0 は直線 $y = 1$ 上にあるため、$0 < \varphi < \pi$ とわかる。

正弦の値が 0 となる一般角は

$$\cdots ,\quad -2\pi ,\quad -\pi ,\quad 0,\quad \pi ,\quad 2\pi ,\quad \cdots$$

ですから、次が成り立ちます。

$$
\begin{aligned}
\exists n \in \mathbb{Z}_+,\, \sin \left(\varphi + \dfrac{n\pi}{4} \right) = 0 \quad &\Longleftrightarrow \quad \exists n \in \mathbb{Z}_+,\, \left[\exists l \in \mathbb{Z},\, \varphi + \dfrac{n\pi}{4} = l\pi \right] \\
&\Longleftrightarrow \quad \exists n \in \mathbb{Z}_+,\, \left[\exists l \in \mathbb{Z},\, \varphi = \dfrac{4l - n}{4}\pi \right] \\
&\Longleftrightarrow \quad \exists k \in \mathbb{Z},\, \varphi = \dfrac{k\pi}{4}
\end{aligned}
$$

束縛変数 l が消えたのは、k をうまいこと調節すれば l の値は何でもよいからです。

結局、問題文の条件をみたす φ の条件は、それが $\dfrac{\pi}{4}$ の整数倍であることとわかりました。φ のとりうる値の範囲は $0 < \varphi < \pi$ ですから $\varphi = \dfrac{\pi}{4},\, \dfrac{\pi}{2},\, \dfrac{3}{4}\pi$ が条件に該当しますね。あとは、座標平面上の点 $(\alpha,\, 1)$ の偏角がそれらの値となるような α の値を調べれば完了です。

図 5.8 より、$\underline{\alpha = 1,\, 0,\, -1}$ が本問の必要十分条件とわかります。

[5] (2) 大きさは変わっても……

次に (2) です。α が $1,\, 0,\, -1$ のいずれとも異なる場合、$q_n = 0$ となる $n \in \mathbb{Z}_+$ は存在しないため、任意の $n \in \mathbb{Z}_+$ に対し $a_n = \dfrac{p_n}{q_n}$ を定義できます。(1) の議論の結果を用いると

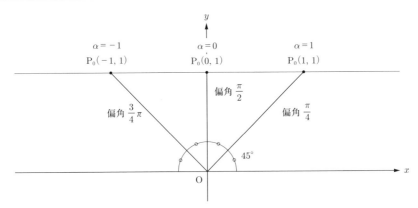

図 5.8: 問題文の条件をみたす φ の値と、対応する点 P_0 の位置および α の値。

$$a_n = \frac{p_n}{q_n} = \frac{r_n \cos\left(\varphi + \dfrac{n\pi}{4}\right)}{r_n \sin\left(\varphi + \dfrac{n\pi}{4}\right)} = \cot\left(\varphi + \frac{n\pi}{4}\right)$$

が得られます。また、点 P_0 の偏角を φ としていたわけですから $\cot\varphi = \alpha$ です。よって、a_n は次のように順次計算できます。

$$a_1 = \cot\varphi_1 = \cot\left(\varphi + \frac{\pi}{4}\right) = \frac{\cot\varphi \cot\dfrac{\pi}{4} - 1}{\cot\varphi + \cot\dfrac{\pi}{4}} = \frac{\alpha - 1}{\alpha + 1}$$

$$a_2 = \cot\varphi_2 = \cot\left(\varphi + \frac{\pi}{2}\right) = -\frac{1}{\cot\varphi} = -\frac{1}{\alpha}$$

$$a_3 = \cot\varphi_3 = \cot\left(\varphi_2 + \frac{\pi}{4}\right) = \frac{\cot\varphi_2 \cot\dfrac{\pi}{4} - 1}{\cot\varphi_2 + \cot\dfrac{\pi}{4}} = \frac{-\dfrac{1}{\alpha} - 1}{-\dfrac{1}{\alpha} + 1} = -\frac{\alpha + 1}{\alpha - 1}$$

$$a_4 = \cot\varphi_4 = \cot\left(\varphi_2 + \frac{\pi}{2}\right) = -\frac{1}{\cot\varphi_2} = -\frac{1}{-\dfrac{1}{\alpha}} = \alpha$$

$\cot$ は周期 π の周期関数ですから、n が 4 大きくなると元の値に戻ってくることもいえます。したがって、数列 $\{a_n\}_n$ は上の四つの値を周期的にとることがわかります。そして、$\alpha \neq 1, 0, -1$ にも注意すると、上の四つのうちある二つが等しくなることはありません。以上より、数列 $\{a_n\}$ の各項のとる値は 4 種類であり、具体的には次のようになります。

$$a_n = \begin{cases} \alpha & (n \equiv 0\,(\mathrm{mod}4)\,\text{のとき}) \\ \dfrac{\alpha - 1}{\alpha + 1} & (n \equiv 1\,(\mathrm{mod}4)\,\text{のとき}) \\ -\dfrac{1}{\alpha} & (n \equiv 2\,(\mathrm{mod}4)\,\text{のとき}) \\ -\dfrac{\alpha + 1}{\alpha - 1} & (n \equiv 3\,(\mathrm{mod}4)\,\text{のとき}) \end{cases}$$

a_n は、座標平面上で原点と点 P_n とを結ぶ直線の傾きの逆数です。それがとりうる値が 4 通りしかないということは、点 P_n たちは図 5.9 のように原点を通る 4 直線上にしか存在しないことを意味します。なお、この性質自体は $\alpha = 1,\,0,\,-1$ でも成り立ちます。

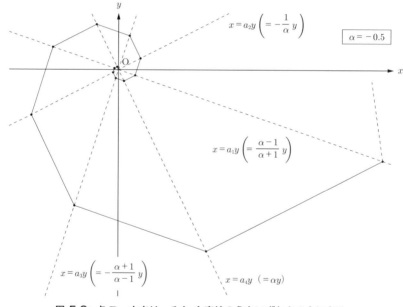

図 5.9: 点 P_n たちは、みな 4 直線のうちいずれかの上にある。

（行列式が 0 でない）2×2 行列による線型写像が "拡大" と "回転" をあわせたものとなっていることが実感できる問題でしたね。

132

§3 "終着点"は行列が教えてくれる

[1] テーマと問題の紹介

私が東大を受験した 2015 年くらいまで、東大の入試数学では確率漸化式が頻繁に出題されていました。コイントスをしたりサイコロを振ったりし、その結果に応じて状態が遷移していく系を設定し、n ステップ目にある事象の起こる確率を n の関数として具体的に求める。このプロセスは数列分野と場合の数・確率分野をうまく融合したものであり、確率漸化式は難関大学の入試数学に恰好のテーマだったのでしょう。

題材　1982 年 理系数学 第 6 問

　サイコロが 1 の目を上面にして置いてある。向かいあった 1 組の面の中心を通る直線のまわりに 90° 回転する操作を繰り返すことにより、サイコロの置きかたを変えていく。ただし、各回ごとに、回転軸および回転する向きの選びかたは、それぞれ同様に確からしいとする。第 n 回目の操作の後に 1 の目が上面にある確率を p_n、側面のどこかにある確率を q_n、底面にある確率を r_n とする。

(1) p_1, q_1, r_1 を求めよ。

(2) p_n, q_n, r_n を p_{n-1}, q_{n-1}, r_{n-1} で表せ。

(3) $p = \lim_{n \to \infty} p_n$, $q = \lim_{n \to \infty} q_n$, $r = \lim_{n \to \infty} r_n$ を求めよ。

高校数学の範囲では、(2) で漸化式を求めたらそれらをうまく組み合わせて、たとえば p_n と p_{n-1} のみが登場する漸化式を立てることを目標にします。それができたら数列 $\{p_n\}$ の一般項を求め、漸化式を再び利用してほかの数列の一般項を計算し、各々で $n \to \infty$ とすることで極限を求めるという流れが通常でしょう。しかし、行列の力を借りることで、より一般的な手続きにより見通しよく (3) の結論を出すことができます。

とはいえ、いきなり行列をたくさん見せられても困ってしまうことでしょう。そこで、本節ではまず高校数学の（大学受験で通常用いられる）手法により本問を解くとどうなるか述べ、次に行列を用いた解法を見ていきます。

[2] 高校数学範囲内での解法

次のようにサイコロの状態に命名します。本問に登場する p_n, q_n, r_n に合わせた大文字を使用しているだけです。

- 状態 P：サイコロの 1 の目が上面にある状態
- 状態 Q：サイコロの 1 の目が側面のどこかにある状態
- 状態 R：サイコロの 1 の目が底面にある状態

さて、n を正整数としたとき、第 n 回目の操作後のサイコロの状態が P, Q, R の各々の場合について、次にどの状態に遷移するかをまとめると図 5.10, 5.11, 5.12 のようになります。

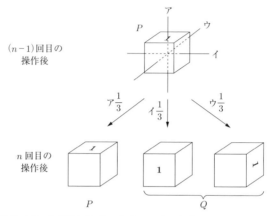

図 5.10: 1 が上面にあるときの、次の操作後の 1 の位置。

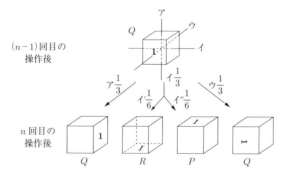

図 5.11: 1 が側面にあるときの、次の操作後の 1 の位置。

(1) はたった 1 ステップですし、図 5.10 より正解が直ちにわかりますね。

$$p_1 = \frac{2}{6} = \underline{\frac{1}{3}}, \quad q_1 = \frac{4}{6} = \underline{\frac{2}{3}}, \quad r_1 = \underline{0}$$

(2) についても、図を参照することで速やかに解決します。漸化式は以下のとおりです。

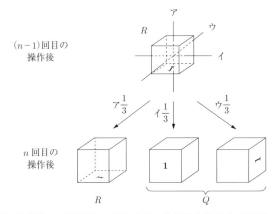

図 5.12: 1 が底面にあるときの、次の操作後の 1 の位置。

$$p_n = \frac{1}{3}p_{n-1} + \frac{1}{6}q_{n-1} \qquad \cdots ①$$

$$q_n = \frac{2}{3}p_{n-1} + \frac{2}{3}q_{n-1} + \frac{2}{3}r_{n-1} \qquad \cdots ②$$

$$r_n = \frac{1}{6}q_{n-1} + \frac{1}{3}r_{n-1} \qquad \cdots ③$$

では、以上の結果を用いて極限 p, q, r を求めましょう。現状、漸化式 ①, ②, ③ はいずれも数列 $\{p_n\}$, $\{q_n\}$, $\{r_n\}$ のうち複数種類の項が混ざった形をしており、すぐに漸化式を解くことができません。

ここで漸化式 ② に着目しましょう。② の右辺には p_{n-1}, q_{n-1}, r_{n-1} が等しい係数で含まれています。1 の面は上面にあるか側面にあるか底面にあるかのいずれかですから、$p_{n-1} + q_{n-1} + r_{n-1} = 1$ が成り立ちます。$q_1 = \frac{2}{3}$ にも注意すると、結局任意の正整数 n について $q_n = \frac{2}{3}$ $(= \mathrm{const.})$ であることがわかりますね。

残りの漸化式 ①, ③ に $\forall n \in \mathbb{Z}^+$, $q_n = \frac{2}{3}$ を反映させると次のようになります。

$$p_n = \frac{1}{3}p_{n-1} + \frac{1}{9} \quad \cdots ①', \qquad r_n = \frac{1}{3}r_{n-1} + \frac{1}{9} \quad \cdots ③'$$

ここでまず ①' − ③' を計算することで

$$p_n - r_n = \left(\frac{1}{3}p_{n-1} + \frac{1}{9}\right) - \left(\frac{1}{3}r_{n-1} + \frac{1}{9}\right) = \frac{1}{3}\left(p_{n-1} - r_{n-1}\right)$$

となり、これと $p_1 - r_1 = \frac{1}{3} - 0 = \frac{1}{3}$ より、任意の正整数 n に対し

$$p_n - r_n = \frac{1}{3^n} \quad \cdots ④$$

が成り立つことがわかります。次に ①′ + ③′ を計算してみると

$$p_n + r_n = \left(\frac{1}{3}p_{n-1} + \frac{1}{9}\right) + \left(\frac{1}{3}r_{n-1} + \frac{1}{9}\right) = \frac{1}{3}\left(p_{n-1} + r_{n-1}\right) + \frac{2}{9}$$

$$\therefore p_n + r_n - \frac{1}{3} = \frac{1}{3}\left(p_{n-1} + r_{n-1} - \frac{1}{3}\right)$$

となり、これと $p_1 + r_1 - \frac{1}{3} = \frac{1}{3} + 0 - \frac{1}{3} = 0$ より、任意の正整数 n に対し

$$p_n + r_n - \frac{1}{3} = 0 \quad \therefore p_n + r_n = \frac{1}{3} \quad \cdots ⑤$$

が成り立つことがわかります。あとは以下のように計算すれば p_n, r_n が求められます。

$$\begin{cases} ④ \\ ⑤ \end{cases} \iff \begin{cases} \dfrac{④ + ⑤}{2} \\ \dfrac{-④ + ⑤}{2} \end{cases} \iff \begin{cases} p_n = \dfrac{1}{2}\left(\dfrac{1}{3} + \dfrac{1}{3^n}\right) = \dfrac{1}{6} + \dfrac{1}{2 \cdot 3^n} \\ r_n = \dfrac{1}{2}\left(\dfrac{1}{3} - \dfrac{1}{3^n}\right) = \dfrac{1}{6} - \dfrac{1}{2 \cdot 3^n} \end{cases}$$

よって、各数列の極限は以下のようになります。

$$p_n = \frac{1}{6} + \frac{1}{2 \cdot 3^n} \xrightarrow{n \to \infty} \frac{1}{6} \quad \therefore p = \frac{1}{6}$$

$$q_n = \frac{2}{3} \xrightarrow{n \to \infty} \frac{2}{3} \quad \therefore q = \frac{2}{3}$$

$$r_n = \frac{1}{6} - \frac{1}{2 \cdot 3^n} \xrightarrow{n \to \infty} \frac{1}{6} \quad \therefore r = \frac{1}{6}$$

[3]　遷移を行列で表現する

以上の方法でも誤りではないのですが、本問の設定特有の性質（q_n が n によらず一定であること、①′ − ③′ や ①′ + ③′ を計算するとうまくいくこと）が目立ってしまい、ほかの問題では同様の策が通用するかよくわからないという欠点があります。

そこで、1 ステップごとの状態遷移を行列で表現してみます。まず、確率 p_n, q_n, r_n を縦に並べたベクトル $\overrightarrow{p_n} := {}^t(p_n, q_n, r_n)$ を定めます。また、$p_0 = 1, q_0 = 0 = r_0$ とし、n の範囲を非負整数に拡張しておきます。このとき、漸化式 ①, ②, ③ を用いて $\overrightarrow{p_{n-1}}$ から $\overrightarrow{p_n}$ を生成する規則は、次のような行列計算で表現できます。

$$\begin{pmatrix} p_n \\ q_n \\ r_n \end{pmatrix} = \begin{pmatrix} \dfrac{1}{3} & \dfrac{1}{6} & \\ \dfrac{2}{3} & \dfrac{2}{3} & \dfrac{2}{3} \\ & \dfrac{1}{6} & \dfrac{1}{3} \end{pmatrix} \begin{pmatrix} p_{n-1} \\ q_{n-1} \\ r_{n-1} \end{pmatrix} \quad (n \geq 1)$$

波下線部の行列を A とすると、状態遷移は $\overrightarrow{p_n} = A\overrightarrow{p_{n-1}}$ となるわけです。ここで、行列 A の固有値・固有ベクトルを求めてみましょう。

$$
\begin{aligned}
\det(A - \lambda E) &= \det \begin{pmatrix} \frac{1}{3} - \lambda & \frac{1}{6} & \\ \frac{2}{3} & \frac{2}{3} - \lambda & \frac{2}{3} \\ & \frac{1}{6} & \frac{1}{3} - \lambda \end{pmatrix} \\
&= \left(\frac{1}{3} - \lambda \right)\left(\frac{2}{3} - \lambda \right)\left(\frac{1}{3} - \lambda \right) - \frac{2}{3} \cdot \frac{1}{6} \left(\frac{1}{3} - \lambda \right) - \frac{2}{3} \cdot \frac{1}{6} \left(\frac{1}{3} - \lambda \right) \\
&= \lambda \left(\frac{1}{3} - \lambda \right)(\lambda - 1)
\end{aligned}
$$

より行列 A の固有値は $0, \dfrac{1}{3}, 1$ とわかります。各々に対応する固有ベクトル（の一つ）は次のようになります。

固有値 $\lambda_1 := 0$ $\quad \cdots \quad$ 固有ベクトル $\overrightarrow{v_1} := {}^t(1, -2, 1)$

固有値 $\lambda_2 := \dfrac{1}{3}$ $\quad \cdots \quad$ 固有ベクトル $\overrightarrow{v_2} := {}^t(1, 0, -1)$

固有値 $\lambda_3 := 1$ $\quad \cdots \quad$ 固有ベクトル $\overrightarrow{v_3} := {}^t(1, 4, 1)$

本問の場合、初期値は $\overrightarrow{p_0} = {}^t(1, 0, 0)$ だったわけですが、これは

$$
\begin{pmatrix} 1 \\ 0 \\ 0 \end{pmatrix} = \frac{1}{3} \begin{pmatrix} 1 \\ -2 \\ 1 \end{pmatrix} + \frac{1}{2} \begin{pmatrix} 1 \\ 0 \\ -1 \end{pmatrix} + \frac{1}{6} \begin{pmatrix} 1 \\ 4 \\ 1 \end{pmatrix} \quad \therefore \overrightarrow{p_1} = \frac{1}{3}\overrightarrow{v_1} + \frac{1}{2}\overrightarrow{v_2} + \frac{1}{6}\overrightarrow{v_3}
$$

という具合に $\overrightarrow{v_1}, \overrightarrow{v_2}, \overrightarrow{v_3}$ の実数係数での線型結合で表すことができます。

$i = 1, 2, 3$ について、$\overrightarrow{v_i}$ は行列 A を 1 回作用させるごとに係数が λ_i 倍されます。$\lambda_1 = 0$ ですから、A を 1 回作用させた時点で $\overrightarrow{v_1}$ の係数は 0 となり、以後変化しません。$|\lambda_2| = \dfrac{1}{3} < 1$ ですから、$\overrightarrow{v_2}$ の係数は、A を 1 回作用させるごとに指数関数的に減衰していきます。一方 $\lambda_3 = 1$ ですから、行列 A を何回作用させても $\overrightarrow{v_3}$ の係数は不変です。よって

$$
\overrightarrow{p_n} \xrightarrow{n \to \infty} \frac{1}{6}\overrightarrow{v_3} \quad \left(= {}^t\left(\frac{1}{6}, \frac{2}{3}, \frac{1}{6} \right) \right)
$$

がしたがい、具体的に漸化式を解くことなしに $\underline{p = \dfrac{1}{6}, q = \dfrac{2}{3}, r = \dfrac{1}{6}}$ とわかるのです。

大学受験の数学に慣れてしまっていると、こうした解法は奇異に思えるかもしれません。しかし、こうした固有値・固有ベクトルに着目した解法は、線型写像一般に対して適用できる大変強力なものなのです。

§4 一歩引くと構造が見えてくる

[1] テーマと問題の紹介

　入試問題を攻略するという観点では、問題の背景事情を知っていてもさほど得をしないことが多いです。大学数学を先取りで学んでいる人が極端に有利になるのは、入試として機能しているとはいえないからでしょうね（もちろん、意欲的に大学数学を学ぶのは素晴らしいことと思いますが）。また、そもそも入試本番で背景事情に想いを巡らせる余裕は、多くの場合ありません。だからこそ、こうして試験会場以外でゆっくり問題を眺めてみるのも一興です。

題 材　**2012 年 理系数学 第 5 問**

行列 $A = \begin{pmatrix} a & b \\ c & d \end{pmatrix}$ が次の条件 (D) を満たすとする。

(D)　A の成分 a, b, c, d は整数である。また、平面上の 4 点 $(0, 0)$, (a, b), $(a+c, b+d)$, (c, d) は、面積 1 の平行四辺形の四つの頂点をなす。

$B = \begin{pmatrix} 1 & 1 \\ 0 & 1 \end{pmatrix}$ とおく。次の問いに答えよ。

(1)　行列 BA と $B^{-1}A$ も条件 (D) を満たすことを示せ。

(2)　$c = 0$ ならば、A に B, B^{-1} のどちらかを左から次々にかけることにより、4 個の行列 $\begin{pmatrix} 1 & 0 \\ 0 & 1 \end{pmatrix}$, $\begin{pmatrix} -1 & 0 \\ 0 & 1 \end{pmatrix}$, $\begin{pmatrix} 1 & 0 \\ 0 & -1 \end{pmatrix}$, $\begin{pmatrix} -1 & 0 \\ 0 & -1 \end{pmatrix}$ のどれかにできることを示せ。

(3)　$|a| \geqq |c| > 0$ とする。BA, $B^{-1}A$ の少なくともどちらか一方は、それを $\begin{pmatrix} x & y \\ z & w \end{pmatrix}$ とすると

$$|x| + |z| < |a| + |c|$$

を満たすことを示せ。

　問題を眺めるだけでは、正直どういう背景があるのかわかりづらいですね。でも、問題を解く過程や結果を考察するつれ、徐々に明らかになります。いったん、問題を解いてみましょうか。

[2] 条件 (D) の言い換え

早速 (1) から考えます。まずは何より条件 D をシンプルに言い換えたいところ。(D) の文中にある 4 点 $(0, 0)$, (a, b), $(a + c, b + d)$, (c, d) がなす平行四辺形は、O を始点としたベクトル ${}^t(a, b)$, ${}^t(c, d)$ により作られる平行四辺形と捉えることができます。よって

$$((D) \text{ の平行四辺形の面積}) = \left| \begin{pmatrix} a \\ b \end{pmatrix} \times \begin{pmatrix} c \\ d \end{pmatrix} \right| = |ad - bc|$$

が成り立ちます。ここで、2×1 行列、つまり列ベクトルの外積は、z 成分を 0 としたときの 3 次元空間での外積 ${}^t(a, b, 0) \times {}^t(c, d, 0)$ の z 成分としています。

行列 $A = \begin{pmatrix} a & b \\ c & d \end{pmatrix}$ に関する条件 (D) は "$a, b, c, d \in \mathbb{Z}$ かつ $|ad - bc| = 1$" と言い換えられたわけですが、これはちょうど $|\det A| = 1$ と表すことができます。以下、条件 (D) を次のように読み替えることとします。

(D)′　(A の) 4 成分がみな整数であり、行列式の絶対値が 1 である。

[3] (1) 行列の積もまた (D) をみたす

以下、$|ad - bc| = 1$ のもとで議論することに注意しましょう。(D) を言い換えることができたら、(1) は目的の行列の行列式を計算するのみです。まず BA とその行列式の絶対値は以下のようになります。

$$BA = \begin{pmatrix} 1 & 1 \\ 0 & 1 \end{pmatrix} \begin{pmatrix} a & b \\ c & d \end{pmatrix} = \begin{pmatrix} a + c & b + d \\ c & d \end{pmatrix} \quad \cdots ①$$

$$\therefore |\det(BA)| = |(a + c) \cdot d - (b + d)c| = |ad + cd - bc - cd| = |ad - bc| = 1$$

したがって、行列 BA は条件 (D)′、すなわち (D) をみたします。

$B^{-1}A$ についてもおおよそ同様です。$\det B = 1 \cdot 1 - 1 \cdot 0 = 1$ ですから、B の逆行列は

$$B^{-1} - \frac{1}{\det B} \begin{pmatrix} 1 & -1 \\ 0 & 1 \end{pmatrix} = \begin{pmatrix} 1 & -1 \\ 0 & 1 \end{pmatrix}$$

となります。よって

$$B^{-1}A = \begin{pmatrix} 1 & -1 \\ 0 & 1 \end{pmatrix} \begin{pmatrix} a & b \\ c & d \end{pmatrix} = \begin{pmatrix} a - c & b - d \\ c & d \end{pmatrix} \quad \cdots ②$$

$$\therefore \left|\det\left(B^{-1}A\right)\right| = |(a - c) \cdot d - (b - d)c| = |ad - cd - bc + cd| = |ad - bc| = 1$$

したがって、行列 $B^{-1}A$ もまた条件 (D)′、すなわち (D) をみたします。■

[4]　(2) 四つの行列に行き着く

では次に (2) です。まず $c = 0$ を仮定しましょう。このとき $A = \begin{pmatrix} a & b \\ 0 & d \end{pmatrix}$ となります。また、条件 $|\det A| = 1$ は $|ad| = 1$ となり、$a, d \in \mathbb{Z}$ より $(a, d) = (\pm 1, \pm 1)$（複号の選び方は任意）に限られます。

このような行列 A に各成分が整数である行列 A に B, B^{-1} を適当な個数・順序で左から乗算することで、四つの行列

$$I_1 := \begin{pmatrix} 1 & 0 \\ 0 & 1 \end{pmatrix}, \quad I_2 := \begin{pmatrix} -1 & 0 \\ 0 & 1 \end{pmatrix}, \quad I_3 := \begin{pmatrix} 1 & 0 \\ 0 & -1 \end{pmatrix}, \quad I_4 := \begin{pmatrix} -1 & 0 \\ 0 & -1 \end{pmatrix}$$

のいずれかに必ず帰着できることを示しましょう。

……といっても、(1) で行った BA や $B^{-1}A$ の計算結果をよく観察していれば、I_i $(i = 1, 2, 3, 4)$ のいずれかに行き着く乗算のレシピを具体的に構成することができます。

たとえば、問題文の条件をみたす行列 A のうち $A = \begin{pmatrix} 1 & b \\ 0 & 1 \end{pmatrix}$ というもの、つまり $(1, 1)$ 成分の値が 1 で、$(2, 2)$ 成分の値が 1 のものを考えましょう。実は、この場合必ず I_1 に変形することができます。

まず $b = 0$ の場合、そもそも $A = I_1$ ですから何もする必要はありません。

$b > 0$ の場合、$(1, 2)$ 成分を b だけ小さくすれば I_1 と等しくなります。たとえば B^{-1} を左から 1 回乗算することで

$$B^{-1}A = \begin{pmatrix} 1 - 0 & b - 1 \\ 0 & 1 \end{pmatrix} = \begin{pmatrix} 1 & b - 1 \\ 0 & 1 \end{pmatrix} \quad (\because ②)$$

となります。$c = 0$ の場合を考えているため、$(1, 1)$ 成分は値が保たれ、$(1, 2)$ 成分のみ 1 小さくなるのがポイントです。

いまの操作後も、依然として $(2, 1)$ 成分は 0 のままでした。よって、この操作を b 回行うことで

$$\overbrace{B^{-1}B^{-1}\cdots B^{-1}}^{b\,個}A = \begin{pmatrix} 1 & b\overbrace{-1-1\cdots-1}^{b\,個} \\ 0 & 1 \end{pmatrix} = \begin{pmatrix} 1 & 0 \\ 0 & 1 \end{pmatrix} = I_1$$

と変形できます。b の値により操作回数は変わりますが、手順の構成はいたってシンプルですね。

$b < 0$ の場合、今度は $(1, 2)$ 成分を $|b|$ だけ大きくすれば I_1 と等しくなります。たとえば B を左から 1 回乗算することで

$$BA = \begin{pmatrix} 1+0 & b+1 \\ 0 & 1 \end{pmatrix} = \begin{pmatrix} 1 & b+1 \\ 0 & 1 \end{pmatrix} \quad (\because ①)$$

となります。やはり $c=0$ より $(1,1)$ 成分は値が保たれ、$(1,2)$ 成分のみ 1 大きくなるのです。よって、A に対しこの操作を $|b| \, (=-b)$ 回行うことで

$$\overbrace{BB\cdots B}^{|b| \text{個}} A = \begin{pmatrix} 1 & b\overbrace{+1+1\cdots+1}^{|b| \text{個}} \\ 0 & 1 \end{pmatrix} = \begin{pmatrix} 1 & b+|b| \\ 0 & 1 \end{pmatrix} = \begin{pmatrix} 1 & b+(-b) \\ 0 & 1 \end{pmatrix} = I_1$$

と変形できます。

以上より、$(a,d)=(1,1)$ の場合は、任意の整数 b に対し、適切な操作により A を I_1 に変形できることがわかりました。(a,d) はほかに 3 組考えられますが、同様に

$(a,d)=(-1,1)$ の場合：$\begin{cases} b=0 \text{のときは何もしない} \\ b>0 \text{のときは} B^{-1} \text{を} b \text{回乗算} \\ b<0 \text{のときは} B \text{を} |b| \text{回乗算} \end{cases}$ することで I_2 に行き着く

$(a,d)=(1,-1)$ の場合：$\begin{cases} b=0 \text{のときは何もしない} \\ b>0 \text{のときは} B \text{を} b \text{回乗算} \\ b<0 \text{のときは} B^{-1} \text{を} |b| \text{回乗算} \end{cases}$ することで I_3 に行き着く

$(a,d)=(-1,-1)$ の場合：$\begin{cases} b=0 \text{のときは何もしない} \\ b>0 \text{のときは} B \text{を} b \text{回乗算} \\ b<0 \text{のときは} B^{-1} \text{を} |b| \text{回乗算} \end{cases}$ することで I_4 に行き着く

ことがいえます。■

[5]　(3) 背景が見えづらいが地道に証明

では次に (3) です。さきほど計算したとおり、BA, $B^{-1}A$ は次のようになるのでした。

$$BA = \begin{pmatrix} a+c & b+d \\ c & d \end{pmatrix}, \quad B^{-1}A = \begin{pmatrix} a-c & b-d \\ c & d \end{pmatrix}$$

よって、問題文の条件は次のように言い換えられます。

$(BA \text{で問題文の条件が成り立つ}) \quad \lor \quad (B^{-1}A \text{で問題文の条件が成り立つ})$

$\iff \quad |a+c|+|c| < |a|+|c| \quad \lor \quad |a-c|+|c| < |a|+|c|$

$\iff \quad |a+c| < |a| \quad \lor \quad |a-c| < |a| \qquad \cdots (*)$

141

いま $|a| \geqq |c| > 0$ ですが、a, c が同符号の場合は $|a+c| = |a|+|c|$, $|a-c| = |a|-|c|$ ですから、上式の条件は次のように言い換えられます。

$$(*) \quad \Longleftrightarrow \quad (|a| + |c| < |a| \quad \lor \quad |a| - |c| < |a|)$$

右側の不等式は常に成り立ちますから、a, c が同符号の場合は $(*)$ が成り立ちますね。

a, c が逆符号の場合は $|a+c| = |a| - |c|$, $|a-c| = |a| + |c|$ ですから次のようになります。

$$(*) \quad \Longleftrightarrow \quad (|a| - |c| < |a| \quad \lor \quad |a| + |c| < |a|)$$

今度は左側の不等式が常に成り立つため、a, c が異符号の場合も $(*)$ は成り立ちます。以上より、$BA, B^{-1}A$ の少なくとも一方は (3) 文中の条件をみたします。■

[6]　結局どういう背景があるの？

問題自体はこれで解決なのですが、式変形や計算に終始したため、背景がよくわからなかったことと思います。冒頭の問題で示したことを整理し、背景を見出してみましょう。

冒頭の問題で示したこと（まとめ）

成分がみな整数であり、行列式の値の絶対値が 1 である 2×2 行列全体の集合を M とする。また、2×2 行列 $X := \begin{pmatrix} x & y \\ z & w \end{pmatrix}$ に対し $f(X) := |x| + |z|$ と定める。M に属する行列

$$A := \begin{pmatrix} a & b \\ c & d \end{pmatrix} \quad (a, b, c, d \in \mathbb{Z} \land |ad - bc| = 1)$$

$$B := \begin{pmatrix} 1 & 1 \\ 0 & 1 \end{pmatrix}$$

について、以下のことが成り立つ。

(i)　$BA \in M \land B^{-1}A \in M$

(ii)　$c = 0$ ならば、A に B, B^{-1} のどちらかを左から次々にかけることにより、次の行列のいずれかにできる。

$$I_1 := \begin{pmatrix} 1 & 0 \\ 0 & 1 \end{pmatrix}, \quad I_2 := \begin{pmatrix} -1 & 0 \\ 0 & 1 \end{pmatrix},$$

$$I_3 := \begin{pmatrix} 1 & 0 \\ 0 & -1 \end{pmatrix}, \quad I_4 := \begin{pmatrix} -1 & 0 \\ 0 & -1 \end{pmatrix}$$

(iii)　$|a| \geqq |c| > 0$ ならば、$f(BA) < f(A) \lor f(B^{-1}A) < f(A)$ である。

　問題形式ではない述べ方にするだけでもだいぶスッキリしました。ただ、(ii) と (iii) の主張はまだ複雑なままですし、(i), (ii), (iii) からどのような面白いことがいえるのか（そしてそもそも、そのような面白いことがあるのか）まだよくわからないかもしれません。しかし、実は次のことがいえるのです。

集合 M と行列の乗算に関する重要性質

(a) 集合 M と（通常の意味での）行列の乗算は群をなす。なお、これは一般線型群とよばれるものの一つであり、$\mathrm{GL}(2, \mathbb{Z})$ と表記される。

(b) M の元のうち行列式の値が（-1 ではなく）$+1$ のものの集合を M_+ とする。このとき、M_+ と（通常の意味での）行列の乗算は、前項の群の部分群である。また、次の二つの行列はその部分群の生成元となっている。すなわち、これら二つの行列を適当な順序で次々と乗算することにより、任意の M_+ の元をつくることができる。

$$B = \begin{pmatrix} 1 & 1 \\ 0 & 1 \end{pmatrix}, \quad J = \begin{pmatrix} 0 & -1 \\ 1 & 0 \end{pmatrix}$$

なお、この部分群は特殊線型群とよばれるものの一つであり、$\mathrm{SL}(2, \mathbb{Z})$ と表記され、特にモジュラー群という名称がついている。

(c) M についても、B, J に

$$C = \begin{pmatrix} 1 & 0 \\ 0 & -1 \end{pmatrix}$$

を加えることによりあらゆる元をつくることができる。

以下これらを確認します。まずは性質 (a) からです。

(a) の確認その 1：演算が閉じていることの確認

これは、冒頭の問題の (1) や前述の (i) を含む主張です。

まず、任意の 2×2 行列 $X = \begin{pmatrix} x_{11} & x_{12} \\ x_{21} & x_{22} \end{pmatrix}, \quad Y = \begin{pmatrix} y_{11} & y_{12} \\ y_{21} & y_{22} \end{pmatrix}$ について

$$\det(XY) = (\det X)(\det Y) \cdots (*)$$

が成り立つのでした。X, Y を M の要素とするとき、$|\det X| = |\det Y| = 1$ ですから、$(*)$ も用いると次式がしたがいます。

$$|\det XY| = |(\det X)(\det Y)| = |\det X|\,|\det Y| = 1 \cdot 1 = 1$$

143

また、X, Y が整数成分であるため XY も整数成分です。よって任意の $X, Y \in M$ に対し $XY \in M$ がいえます。よって、M の要素どうしの積はやはり M の要素です。

(a) の確認その 2：単位元の存在の確認

I_1 が 2×2 の単位行列です。

(a) の確認その 3：結合法則の確認

そして、これも一般的に知られた事実であり 2×2 行列に限った話ではありませんが、2×2 行列の乗算では結合法則が成り立ちます。すなわち、任意の 2×2 行列 X, Y, Z について $(XY)Z = X(YZ)$ が成り立ちます。これくらいのサイズであれば、各行列の成分を

$$X = \begin{pmatrix} x_{11} & x_{12} \\ x_{21} & x_{22} \end{pmatrix}, \quad Y = \begin{pmatrix} y_{11} & y_{12} \\ y_{21} & y_{22} \end{pmatrix}, \quad Z = \begin{pmatrix} z_{11} & z_{12} \\ z_{21} & z_{22} \end{pmatrix}$$

とし、実際に次のように計算することで容易に確認できます。

$$\left(\begin{pmatrix} x_{11} & x_{12} \\ x_{21} & x_{22} \end{pmatrix} \begin{pmatrix} y_{11} & y_{12} \\ y_{21} & y_{22} \end{pmatrix} \right) \begin{pmatrix} z_{11} & z_{12} \\ z_{21} & z_{22} \end{pmatrix}$$

$$= \begin{pmatrix} x_{11}y_{11} + x_{12}y_{21} & x_{11}y_{12} + x_{12}y_{22} \\ x_{21}y_{11} + x_{22}y_{21} & x_{21}y_{12} + x_{22}y_{22} \end{pmatrix} \begin{pmatrix} z_{11} & z_{12} \\ z_{21} & z_{22} \end{pmatrix}$$

$$= \begin{pmatrix} (x_{11}y_{11} + x_{12}y_{21})z_{11} & (x_{11}y_{11} + x_{12}y_{21})z_{12} \\ +(x_{11}y_{12} + x_{12}y_{22})z_{21} & +(x_{11}y_{12} + x_{12}y_{22})z_{22} \\ (x_{21}y_{11} + x_{22}y_{21})z_{11} & (x_{21}y_{11} + x_{22}y_{21})z_{12} \\ +(x_{21}y_{12} + x_{22}y_{22})z_{21} & +(x_{21}y_{12} + x_{22}y_{22})z_{22} \end{pmatrix}$$

$$= \begin{pmatrix} x_{11}y_{11}z_{11} + x_{12}y_{21}z_{11} & x_{11}y_{11}z_{12} + x_{12}y_{21}z_{12} \\ +x_{11}y_{12}z_{21} + x_{12}y_{22}z_{21} & +x_{11}y_{12}z_{22} + x_{12}y_{22}z_{22} \\ x_{21}y_{11}z_{11} + x_{22}y_{21}z_{11} & x_{21}y_{11}z_{12} + x_{22}y_{21}z_{12} \\ +x_{21}y_{12}z_{21} + x_{22}y_{22}z_{21} & +x_{21}y_{12}z_{22} + x_{22}y_{22}z_{22} \end{pmatrix}$$

$$\begin{pmatrix} x_{11} & x_{12} \\ x_{21} & x_{22} \end{pmatrix} \left(\begin{pmatrix} y_{11} & y_{12} \\ y_{21} & y_{22} \end{pmatrix} \begin{pmatrix} z_{11} & z_{12} \\ z_{21} & z_{22} \end{pmatrix} \right)$$

$$= \begin{pmatrix} x_{11} & x_{12} \\ x_{21} & x_{22} \end{pmatrix} \begin{pmatrix} y_{11}z_{11} + y_{12}z_{21} & y_{11}z_{12} + y_{12}z_{22} \\ y_{21}z_{11} + y_{22}z_{21} & y_{21}z_{12} + y_{22}z_{22} \end{pmatrix}$$

$$
= \begin{pmatrix}
\begin{aligned} &x_{11}(y_{11}z_{11} + y_{12}z_{21}) \\ &+x_{12}(y_{21}z_{11} + y_{22}z_{21}) \end{aligned} & \begin{aligned} &x_{11}(y_{11}z_{12} + y_{12}z_{22}) \\ &+x_{12}(y_{21}z_{12} + y_{22}z_{22}) \end{aligned} \\
\begin{aligned} &x_{21}(y_{11}z_{11} + y_{12}z_{21}) \\ &+x_{22}(y_{21}z_{11} + y_{22}z_{21}) \end{aligned} & \begin{aligned} &x_{21}(y_{11}z_{12} + y_{12}z_{22}) \\ &+x_{22}(y_{21}z_{12} + y_{22}z_{22}) \end{aligned}
\end{pmatrix}
$$

$$
= \begin{pmatrix}
\begin{aligned} &x_{11}y_{11}z_{11} + x_{11}y_{12}z_{21} \\ &+x_{12}y_{21}z_{11} + x_{12}y_{22}z_{21} \end{aligned} & \begin{aligned} &x_{11}y_{11}z_{12} + x_{11}y_{12}z_{22} \\ &+x_{12}y_{21}z_{12} + x_{12}y_{22}z_{22} \end{aligned} \\
\begin{aligned} &x_{21}y_{11}z_{11} + x_{21}y_{12}z_{21} \\ &+x_{22}y_{21}z_{11} + x_{22}y_{22}z_{21} \end{aligned} & \begin{aligned} &x_{21}y_{11}z_{12} + x_{21}y_{12}z_{22} \\ &+x_{22}y_{21}z_{12} + x_{22}y_{22}z_{22} \end{aligned}
\end{pmatrix}
$$

(a) の確認その 4：逆元の存在の確認

次に逆元（いまの場合、逆行列）の存在について考えましょう。M の要素

$$
A = \begin{pmatrix} a & b \\ c & d \end{pmatrix} \quad (a,\, b,\, c,\, d \in \mathbb{Z} \land |ad - bc| = 1)
$$

には（$\det A \neq 0$ なので）逆行列 A^{-1} が存在しますが、さきほど示した性質 $(*)$ より

$$
\det A^{-1} = \frac{\det\left(AA^{-1}\right)}{\det A} = \frac{\det I_1}{\pm 1} = \pm 1
$$

が成り立ちます。また、A^{-1} の成分がみな整数であることも逆行列の公式よりわかります。したがって、任意の $A \in M$ に対し逆元 $A^{-1} \in M$ が存在します。

以上より、M とその要素たちの（通常の意味での）乗算は群をなします。これで性質 (a) がわかりました。

(b) の確認

次に性質 (b) を確認します。ただし、M_+ と乗算が群をなすことについては、ほとんど上の証明と同じであるため省略し、B, J という二つの行列がこの群の生成元となっていることの証明に注力します。なお

$$
B = \begin{pmatrix} 1 & 1 \\ 0 & 1 \end{pmatrix}, \quad B^{-1} = \begin{pmatrix} 1 & -1 \\ 0 & 1 \end{pmatrix}, \quad J = \begin{pmatrix} 0 & -1 \\ 1 & 0 \end{pmatrix}, \quad J^{-1} = \begin{pmatrix} 0 & 1 \\ -1 & 0 \end{pmatrix}
$$

であり $J^{-1} = J^3$, $B^{-1} = J^3 BJBJ$ と表せることに注意してください。

まず I_1, I_4 に着目します。これらは成分がすべて整数であり、行列式の値が 1 であるため M_+ の元です。また、$I_1^2 = I_4^2 = I_1 (= 2 \times 2$ の単位行列$)$ が成り立つことから、$I_1^{-1} = I_1$, $I_4^{-1} = I_4$ がいえます。そして、たとえば $BJ = \begin{pmatrix} 1 & -1 \\ 1 & 0 \end{pmatrix}$, $BJ^{-1} =$

$$\begin{pmatrix} -1 & 1 \\ -1 & 0 \end{pmatrix} \text{より}$$

$$BJBJ^{-1}BJ = (BJ)(BJ^{-1})(BJ) = \cdots = \begin{pmatrix} 1 & 0 \\ 0 & 1 \end{pmatrix} \quad (= I_1)$$

$$BJBJ^{-1}BJ^{-1} = (BJ)(BJ^{-1})(BJ^{-1}) = \cdots = \begin{pmatrix} -1 & 0 \\ 0 & -1 \end{pmatrix} \quad (= I_4)$$

が成り立ちます。ここまでで次の二つのことがいえました。

- I_1, $I_4 \in M_+$ である。
- I_1, I_4 は B, J と乗算により生成される。

では次に、I_1, I_4 以外の M_+ の元が B, J により生成されることを示しましょう。そのためには、M_+ の要素である任意の行列

$$A = \begin{pmatrix} a & b \\ c & d \end{pmatrix} \quad (a,\, b,\, c,\, d \in \mathbb{Z} \wedge ad - bc = 1)$$

に対し、それを B, J で生成するレシピを構成すれば十分です。

M の元 $A = \begin{pmatrix} a & b \\ c & d \end{pmatrix}$ において $c = 0$ が成り立っているとき、(ii) より $B = \begin{pmatrix} 1 & 1 \\ 0 & 1 \end{pmatrix}$ または $B^{-1} = \begin{pmatrix} 1 & -1 \\ 0 & 1 \end{pmatrix}$ のどちらかを適当な個数左から乗算することで、A を I_1, I_2, I_3, I_4 のいずれかに変えられるのでした。たとえば $A = \begin{pmatrix} -1 & 4 \\ 0 & -1 \end{pmatrix}$ の場合、A に B を左から 1 回乗算すれば $(1, 2)$ 成分に -1 を加えられますから

$$BBBBA = \begin{pmatrix} -1 & 4 + 4 \cdot (-1) \\ 0 & -1 \end{pmatrix} = \begin{pmatrix} -1 & 0 \\ 0 & -1 \end{pmatrix} \quad (= I_4)$$

とできます。いま $BBBBA = I_4$ となったわけですが、I_4 は自身が逆元となるため

$$(I_4BBBB)A = I_4(BBBBA) = I_4I_4 = I_1$$

が成り立ちます。つまり $A = \begin{pmatrix} -1 & 4 \\ 0 & -1 \end{pmatrix}$ の逆元は I_4BBBB になるということです。ここで $B^{-1}B^{-1}B^{-1}B^{-1}I_4$ を $I_4BBBBA = I_1$ の両辺に左よりかけると

$$\left(B^{-1}B^{-1}B^{-1}B^{-1}I_4 \right)\left(I_4BBBBA \right) = \left(B^{-1}B^{-1}B^{-1}B^{-1}I_4 \right) I_1$$

$$\therefore A = B^{-1}B^{-1}B^{-1}B^{-1}I_4$$

が得られます。よって行列 $A = \begin{pmatrix} -1 & 4 \\ 0 & -1 \end{pmatrix}$ は $A = B^{-1}B^{-1}B^{-1}B^{-1}I_4$ と生成できることがわかります。

　一般的に述べると次のようになります。(ii) より、$A\ (\in M_+)$ に B または B^{-1} をいくつか乗算することで I_1, I_4 のいずれかになるのでした。その二つのうち I_k (k は 1,4 のいずれか）になるとし、そこに至るまでに A に乗算した B, B^{-1} たちの集まりを P とすると、行列 I_kP（これも M の要素です）は A の逆行列となっています。つまり $I_kPA = I_1$ が成り立つのです。いま、I_kP の逆行列 $(I_kP)^{-1}$ は P を B, B^{-1} で書き下して B と B^{-1} をすべて逆にし、I_k も含めてすべて逆順にすることで得られます。その $(I_kP)^{-1}$ を $I_kPA = I_1$ の両辺に左から乗算することで

$$(I_kP)^{-1}(I_kPA) = (I_kP)^{-1}I_1 \quad \therefore A = (I_kP)^{-1}$$

がしたがい、$A = (I_kP)^{-1}$ と構成できることがわかります。

　では次に、$c \neq 0$ の場合でも A を B, J により構成できることを示しましょう。

　すでに結構証明が長くなっているので、ここでの小目標を改めて述べておきます。整数成分で行列式の値が $+1$ であるような行列 $A = \begin{pmatrix} a & b \\ c & d \end{pmatrix}$（ただし $c \neq 0$）は M_+ の要素ですが、その逆元で M_+ に属するものが存在する、というのがいま示したいことです。

　$(2,1)$ 成分が 0 である行列に変形できさえすれば、先ほどの議論を適用できます。具体的には、以下のレシピで 2×2 行列

$$A_n = \begin{pmatrix} a_n & b_n \\ c_n & d_n \end{pmatrix}$$

を次々と作っていき、$(2,1)$ 成分を 0 にします。ここでようやく冒頭の問題の (3) も用います。

(I)　2×2 行列 A_0 を $A_0 = A$ により定める。すなわち、$a_0 = a, b_0 = b, c_0 = c, d_0 = d$ とする。

(II)　非負整数 n に対し、$c_n \neq 0$ ならば、次のように A_n から A_{n+1} を生成する。

$$\begin{cases} |a_n| \geqq |c_n| \wedge (a_n \text{と} c_n \text{が同符号}) & \text{ならば} \quad A_{n+1} = B^{-1}A_n \\ |a_n| \geqq |c_n| \wedge (a_n \text{と} c_n \text{が逆符号}) & \text{ならば} \quad A_{n+1} = BA_n \\ |c_n| > |a_n| & \text{ならば} \quad A_{n+1} = JA_n \end{cases}$$

147

　ここは具体例を挙げた方が明快でしょう。たとえば $A = \begin{pmatrix} 89 & 51 \\ 82 & 47 \end{pmatrix}$ とします（これ
は $\det A = 1$ をみたします）。まず $A_0 = A$ となりますが、$89 > 82$ であり両者は同符
号ですから、A_1 は次のようになります。

$$A_1 = B^{-1}A_0 = \begin{pmatrix} 1 & -1 \\ 0 & 1 \end{pmatrix} \begin{pmatrix} 89 & 51 \\ 82 & 47 \end{pmatrix} = \begin{pmatrix} 7 & 4 \\ 82 & 47 \end{pmatrix}$$

となります。A_1 の成分をみると $7 < 82$ ですから、A_2 は次のようになります。

$$A_2 = JA = \begin{pmatrix} 0 & -1 \\ 1 & 0 \end{pmatrix} \begin{pmatrix} 7 & 4 \\ 82 & 47 \end{pmatrix} = \begin{pmatrix} -82 & -47 \\ 7 & 4 \end{pmatrix}$$

$|-82| > |7|$ であり $82 = 7 \cdot 11 + 5$ ですから、この先 B を 11 回乗算します。

$$A_{13} = B^{11}A_2 = \begin{pmatrix} -82 + 7 \cdot 11 & -47 + 4 \cdot 11 \\ 7 & 4 \end{pmatrix} = \begin{pmatrix} -5 & -3 \\ 7 & 4 \end{pmatrix}$$

　このように規則に従い行列を生成していくと、続きは以下のようになります。

$$A_{14} = JA_{13} = \begin{pmatrix} 0 & -1 \\ 1 & 0 \end{pmatrix} \begin{pmatrix} -5 & -3 \\ 7 & 4 \end{pmatrix} = \begin{pmatrix} -7 & -4 \\ -5 & -3 \end{pmatrix}$$

$$A_{15} = B^{-1}A_{14} = \begin{pmatrix} -7 - (-5) & -4 - (-3) \\ -5 & -3 \end{pmatrix} = \begin{pmatrix} -2 & -1 \\ -5 & -3 \end{pmatrix}$$

$$A_{16} = JA_{15} = \begin{pmatrix} 0 & -1 \\ 1 & 0 \end{pmatrix} \begin{pmatrix} -2 & -1 \\ -5 & -3 \end{pmatrix} = \begin{pmatrix} 5 & 3 \\ -2 & -1 \end{pmatrix}$$

$$A_{18} = B^2A_{16} = \begin{pmatrix} 5 + 2 \cdot (-2) & 3 + 2 \cdot (-1) \\ -2 & -1 \end{pmatrix} = \begin{pmatrix} 1 & 1 \\ -2 & -1 \end{pmatrix}$$

$$A_{19} = JA_{18} = \begin{pmatrix} 0 & -1 \\ 1 & 0 \end{pmatrix} \begin{pmatrix} 1 & 1 \\ -2 & -1 \end{pmatrix} = \begin{pmatrix} 2 & 1 \\ 1 & 1 \end{pmatrix}$$

$$A_{21} = (B^{-1})^2A_{19} = \begin{pmatrix} 2 - 2 \cdot 1 & 1 - 2 \cdot 1 \\ 1 & 1 \end{pmatrix} = \begin{pmatrix} 0 & -1 \\ 1 & 1 \end{pmatrix}$$

$$A_{22} = JA_{21} = \begin{pmatrix} 0 & -1 \\ 1 & 0 \end{pmatrix} \begin{pmatrix} 0 & -1 \\ 1 & 1 \end{pmatrix} = \begin{pmatrix} -1 & -1 \\ 0 & -1 \end{pmatrix}$$

　A_{22} の $(2, 1)$ 成分は 0 になっているため、あとは先ほどの議論に持ち込めば、元の行
列 A が B, J で生成できることがわかります。具体的には、まず

$$A_{22} = J(B^{-1})^2 JB^2 JB^{-1} JB^{11} JB^{-1} A$$

であり、A_{22} は

$$J^2(B^{-1}A_{22}) = \begin{pmatrix} -1 & 0 \\ 0 & -1 \end{pmatrix} \begin{pmatrix} -1 & -1-(-1) \\ 0 & -1 \end{pmatrix}$$

$$= \begin{pmatrix} -1 & 0 \\ 0 & -1 \end{pmatrix} \begin{pmatrix} -1 & 0 \\ 0 & -1 \end{pmatrix} = \begin{pmatrix} 1 & 0 \\ 0 & 1 \end{pmatrix} (= I_1)$$

をみたします。よって

$$J^2 B^{-1} J(B^{-1})^2 JB^2 JB^{-1} JB^{11} JB^{-1} A = I_1$$

が成り立ちますが、A の左に連なっている行列たちの積の逆行列を両辺に左より乗算することで

$$A = \begin{pmatrix} 89 & 51 \\ 82 & 47 \end{pmatrix} = BJ^{-1}(B^{-1})^{11} J^{-1} BJ^{-1}(B^{-1})^2 J^{-1} B^2 J^{-1} B(J^{-1})^2$$

となります。あとは $J^{-1} = J^3, B^{-1} = J^3 BJBJ$ と変形することで、B, J のみで A を生成できるのです。ぜひこの行列の積を計算し、A と一致することを確認してみてください。

こうして、B, J のみで A を構成することができました。これと同様の手順で M_+ の各元も構成できます。本来一般的な場合を述べなければならないのですが、抽象化するのが正直面倒なので、以上で説明できたことにさせてください（もちろん、一般の場合の証明にはなっていませんが）。

(c) の確認

行列 $C = \begin{pmatrix} 1 & 0 \\ 0 & -1 \end{pmatrix}$ は、簡単にいうと "行列式の符号を反転させる" 役割をもっています。実際、任意の 2×2 行列 $A = \begin{pmatrix} a & b \\ c & d \end{pmatrix}$ に対し

$$\det(CA) = \det\left(\begin{pmatrix} 1 & 0 \\ 0 & -1 \end{pmatrix} \begin{pmatrix} a & b \\ c & d \end{pmatrix} \right)$$

$$= \det \begin{pmatrix} a & b \\ -c & -d \end{pmatrix} = -ad + bc = -(ad - bc) = -\det A$$

$$\det(AC) = \det\left(\begin{pmatrix} a & b \\ c & d \end{pmatrix}\begin{pmatrix} 1 & 0 \\ 0 & -1 \end{pmatrix}\right)$$

$$= \det\begin{pmatrix} a & -b \\ c & -d \end{pmatrix} = -ad + bc = -(ad - bc) = -\det A$$

が成り立ちます。

　したがって、M の要素 A であって $\det A = -1$ となるものについては、たとえば以下のように生成できます。まず $\det(CA) = 1$ であり、(b) の成立を確認したのでこれは B, J により生成できます。生成のために B, J たちを乗算したものを Q としましょう。すなわち、$Q = CA$ です。このとき、両辺に左より C を乗算することで $CQ = C^2A$ となりますが

$$C^2 = \begin{pmatrix} 1 & 0 \\ 0 & -1 \end{pmatrix}\begin{pmatrix} 1 & 0 \\ 0 & -1 \end{pmatrix} = \begin{pmatrix} 1 & 0 \\ 0 & 1 \end{pmatrix} = E$$

より $CQ = C^2A = A$ が成り立ちます。すなわち、C, B, J は A を生成しています。∎

　こうした群に関する話題は、高校数学ではほとんど触れられません。しかし、大学で数学を専攻する場合はもちろんのこと、それ以外においても（たとえば物理ではリー群や結晶群などに）出会うこととなります。

第6章

変化の様子を分析する

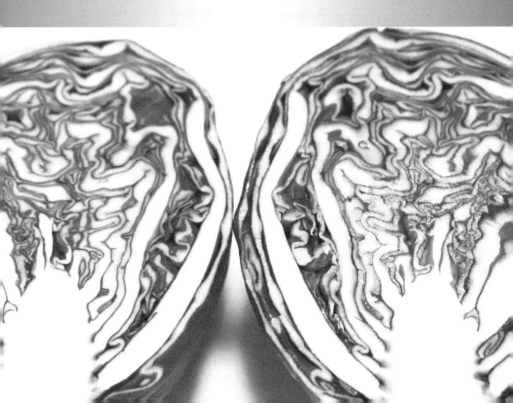

§1 やっぱり侮れない "複利" のパワー

[1]　テーマと問題の紹介

日常生活での数学の応用例としてよく登場するのが "数列" です。その中でも金利は定番テーマといえるでしょう。ここ最近のわが国の銀行預金の利息は微々たるものですが、戦後すぐの頃はそうでもなかったようで、夢のような利率設定の問題が出題されていました。

題 材　　1955 年 一般数学 第 1 問

　　ある人が A 円を預金しその後 1 年目ごとに $\dfrac{A}{10}$ 円ずつ引き出すとする。利息は年 8% の利率で、1 年ごとの複利で計算するとすれば、何回引き出したときにはじめて残りが $\dfrac{A}{10}$ 未満になるか。ただし、$\log_{10} 2 = 0.3010,\ \log_{10} 3 = 0.4771$ とする。

年 8% の利息がつくなんて、今では信じられませんね。羨ましい限りですが、その気持ちはいったん抑えて、問題に取り組むこととしましょう。

[2]　毎年、預金残高はどのように変化するか

n を非負整数とし、n 年経過し、その年の引き出しを終えた時点での残高を a_n 円とします。$n = 0$ からスタートしますが、問題文によると最初は引き出さないので、$a_0 = A \cdots ⓪$ としておきましょう。ここで A は正実数です。なお、本節では利息や引き出し額は 1 円や 1 銭に満たない額であってもよいものとしましょう。毎回切り上げ・切り捨ての処理をするのはとても煩雑ですからね。

さて、前の年の引き出しから 1 年経過するごとに 8% の利息がつき、そのタイミングで $\dfrac{A}{10}$ 円ずつ引き出されます。よって非負整数 n に対し次式が成り立ちます。

$$a_{n+1} = a_n + a_n \cdot \frac{8}{100} - \frac{A}{10} \qquad \therefore a_{n+1} = \frac{108}{100} a_n - \frac{A}{10} \quad \cdots ①$$

初項を ⓪ として漸化式 ① を解くことで、n 年経過後の残高 a_n がわかります。

大学受験に向けて勉強している方であれば、一般項 a_n を求めるのに苦労することはないでしょう。ただ、受験勉強から離れて久しい方は、"アレ、これどうすればいいんだっけ？" と思うかもしれません。そこで、高校生の頃の気持ちを思い出しつつ、この数列の一般項を求める方法を考えましょう。

[3] 実験してみると……

まずはいったん、漸化式をもとに手を動かして実験してみましょう。それで一般項を予想できれば、あとは数学的帰納法で正当化するという手段もアリだからです。⓪, ① から、数列 $\{a_n\}$ の項を計算していきます。まず a_1 は

$$a_1 = \frac{108}{100}a_0 - \frac{A}{10} = \left(\frac{108}{100} - \frac{1}{10}\right)A = \frac{98}{100}A$$

と計算できます。a_2 は

$$a_2 = \frac{108}{100}a_1 - \frac{A}{10} = \left(\frac{98}{100} \cdot \frac{108}{100} - \frac{1}{10}\right)A = \frac{10\,584 - 1\,000}{10\,000}A = \frac{9\,584}{10\,000}A$$

となります。同様にして a_4 まで計算すると表 6.1 のようになります。

表 6.1: 預金残高 a_n の変化（$n = 4$ まで）。

n	0	1	2	3	4
a_n	A	$\frac{98}{100}A$	$\frac{9\,584}{10\,000}A$	$\frac{935\,072}{1\,000\,000}A$	$\frac{90\,987\,776}{100\,000\,000}A$
$\dfrac{a_n}{A}$	1	$\frac{98}{100}$	$\frac{9\,584}{10\,000}$	$\frac{935\,072}{1\,000\,000}$	$\frac{90\,987\,776}{100\,000\,000}$

表 6.1 を見て、何か気づくことはありますか？数的感覚が優れている方でれば何か発見できるかもしれませんが、正直なところ私も特に規則を見出せません。ここまで係数が複雑だと、正直何がなんだかわからないですよね。

"とりあえず実験をする → 予想する → 数学的帰納法などで証明する" という手段は（不可能ではないと思いますが）容易ではないことがわかりました。別の手段をとることとしましょう。

[4] 等比数列の形に持ち込む

表 6.1 の最下段は、各 a_n を A で除算したものです。最初に A 預金しており、引き出し額も A の定数倍なので、$a_n = (A$ を含まない n の式$) \times A$ の形になると思えます。つまり、A は預金残高全体のスケールを担っているだけで、変化の具合には影響しないため、A を取り除いたというわけです。この方が数式の見た目がシンプルで議論もしやすいので、以下新たに $b_n := \dfrac{a_n}{A}$ と定め、数列 $\{b_n\}$ について調べることとしましょう。この数列の初項と漸化式は次のとおりです。

$$b_0 = 1 \quad \cdots ⓪' \qquad b_{n+1} = \frac{108}{100}b_n - \frac{1}{10} \quad (n \text{ は非負整数}) \quad \cdots ①'$$

そもそも、私たちが一般項を計算できる数列はどのようなものでしょうか。たとえば

正の奇数を並べた

$$1,\ 3,\ 5,\ 7,\ 9,\ 11,\ 13,\ 15,\ \cdots$$

という数列であれば、左から n 番目の項が $2n-1$ であると容易にわかります。

また、初項を 1 とし、どんどん 2 倍していく数列

$$1,\ 2,\ 4,\ 8,\ 16,\ 32,\ 64,\ 128,\ \cdots$$

についても、左から n 番目の項は 2^{n-1} とわかりますね。

このように、等差数列や等比数列であれば、私たちは一般項を計算できます。であれば、今回の数列もそれらのいずれかに引きずり込んでしまえばよいでしょう。

漸化式 ①′ : $b_{n+1} = \dfrac{108}{100}b_n - \dfrac{1}{10}$ は、b_n に係数 $\dfrac{108}{100}$ がついているため、等差数列の形にはしづらそうです。そこで等比数列になっているかを考えるのですが、$-\dfrac{1}{10}$ という定数が足されているのが厄介で、これにより数列 $\{b_n\}$ 自体は等比数列にはなりません。しかし、何かうまい定数 β を用いて

$$①′ \iff b_{n+1} - \beta = \frac{108}{100}\left(b_n - \beta\right) \quad \cdots ②′$$

という形に変形できれば、数列 $\{b_n - \beta\}$ は公比 $\dfrac{108}{100}$ の等比数列になります。②′ を整理して得られる

$$b_{n+1} = \frac{108}{100}b_n - \frac{8}{100}\beta$$

は当然 ①′ と一致していなければいけませんから、$-\dfrac{8}{100}\beta = -\dfrac{1}{10}$ より $\beta = \dfrac{5}{4}$ がしたがいます。つまり

$$①′ \iff b_{n+1} - \frac{5}{4} = \frac{108}{100}\left(b_n - \frac{5}{4}\right)$$

が成り立つのです。$b_0 - \dfrac{5}{4} = 1 - \dfrac{5}{4} = -\dfrac{1}{4}$ であることに注意すると、数列 $\left\{b_n - \dfrac{5}{4}\right\}$ は初項 $-\dfrac{1}{4}$、公比 $\dfrac{108}{100}$ の等比数列です。したがって、非負整数 n に対し

$$b_n - \frac{5}{4} = -\frac{1}{4}\cdot\left(\frac{108}{100}\right)^n \qquad \therefore b_n = -\frac{1}{4}\cdot\left(\frac{108}{100}\right)^n + \frac{5}{4} \quad \cdots(*)$$

となることがわかりました。これで一般項の計算は終了です。

[5]　残高が $\dfrac{A}{10}$ 未満になるのは何年後？

ではいよいよ仕上げです。残高が $\dfrac{A}{10}$ 未満であることは $b_n < \dfrac{1}{10}$ と同じです。$(*)$ より数列 $\{b_n\}$ は狭義単調減少ですから、たしかに $b_n < \dfrac{1}{10}$ となるタイミングはありそうですね。実際に n の条件を計算してみると

$$b_n < \frac{1}{10} \iff -\frac{1}{4}\cdot\left(\frac{108}{100}\right)^n + \frac{5}{4} < \frac{1}{10} \iff \left(\frac{108}{100}\right)^n > 4.6 \quad \cdots ③$$

となります。これをみたす最小の正整数 n を求めるのが最後のミッションです。

指数に関する不等式ですし、$\log_{10} 2 = 0.3010, \log_{10} 3 = 0.4771$ と与えられていますから、常用対数を考えて

$$③ \iff n\log_{10}\frac{108}{100} > \log_{10} 4.6$$

と変形するのがよさそうです。

不等式を解くにあたり、まず ③′ の左辺にある $\log_{10}\frac{108}{100}$ を簡単にする必要があります。$\log_{10} 2, \log_{10} 3$ の値を用いることを視野に入れつつ変形すると

$$\log_{10}\frac{108}{100} = \log_{10}\frac{2^2\cdot 3^3}{10^2} = 2\log_{10} 2 + 3\log_{10} 3 - 2$$
$$= 2\cdot 0.3010 + 3\cdot 0.4771 - 2 = 0.6020 + 1.4313 - 2 = 0.0333$$

となります。また、式 ③′ の右辺についても

$$\log_{10} 4.6 = \log_{10}\frac{23\cdot 2}{10} = \log_{10} 23 + \log_{10} 2 - 1$$
$$= \log_{10} 23 + 0.3010 - 1 = \log_{10} 23 - 0.6990$$

と変形できます。よって

$$③ \iff 0.0333n > \log_{10} 23 - 0.6990 \iff n > \frac{\log_{10} 23 - 0.6990}{0.0333} \quad \cdots ④$$

であることがわかりました。

しかし、ここで手が止まってしまうのではないでしょうか。というのも、$\log_{10} 23$ の値が与えられていないからです。

正確な値がわからない以上、上下から評価するしかありませんが、以下のように工夫するのが一案です。まず、$46 > 45$ より

$$\log_{10} 46 > \log_{10} 45$$
$$\log_{10}(23\cdot 2) > \log_{10}\frac{10\cdot 3^2}{2} = 1 + 2\log_{10} 3 - \log_{10} 2$$
$$\therefore \log_{10} 23 > 1 + 2\log_{10} 3 - 2\log_{10} 2 = 1 + 2\cdot 0.4771 - 2\cdot 0.3010 = 1.3522$$

が成り立ちます。また、$2300 < 2304$ より

$$\log_{10}(23\cdot 10^2) < \log_{10} 24 = \log_{10}\left(2^8\cdot 3^2\right)$$
$$\therefore \log_{10} 23 < 8\log_{10} 2 + 2\log_{10} 3 - 2 = 8\cdot 0.3010 + 2\cdot 0.4771 - 2 = 1.3622$$

155

もいえます。

以上より $1.3522 < \log_{10} 23 < 1.3622$ ですから

$$\frac{1.3522 - 0.6990}{0.0333} < \frac{\log_{10} 23 - 0.6990}{0.0333} < \frac{1.3622 - 0.6990}{0.0333}$$

と評価できます。ここで $\dfrac{1.3522 - 0.6990}{0.0333} = 19.6\ldots$, $\dfrac{1.3622 - 0.6990}{0.0333} = 19.9\ldots$ ですから、厄介だった分数 $\dfrac{\log_{10} 23 - 0.6990}{0.0333}$ は "19.6 より大きく 20.0 より小さいなんらかの値" とわかります。よって不等式 ④ をみたす最小の正整数 n は $n = 20$ です。つまり、残高が初めて $\dfrac{A}{10}$ 未満となるのは、預金した 20 年後とわかりました。

[6]　2 倍の金額に化けた！

本問の結果から、8% という利率のもとでは、毎年 $\dfrac{A}{10}$ 円ずつ引き出すとしても約 20 年間はそれを続けられることがわかります。ちょうど 20 回引き出す場合、その金額の合計は $\dfrac{A}{10} \cdot 20 = 2A$ 円となり、銀行に預けているだけで 2 倍の金額に化けるのです。

なぜこのようなことが起こったのでしょうか。それを知るべく、残高の変化を視覚化してみます。預金開始から 20 年後までの残高の変化は表 6.2・図 6.1 のとおりです。

表 6.2: 預金残高の経年変化（開始時を 100.00 としたもの）。

経過年数（年）	1	2	3	4	5	6	7	8	9	10
残高	98.00	95.84	93.51	90.99	88.27	85.33	82.15	78.73	75.02	71.03

経過年数（年）	11	12	13	14	15	16	17	18	19	20
残高	66.71	62.05	57.01	51.57	45.70	39.35	32.50	25.10	17.11	8.48

これらを見ると、最初の数年間の残高の減り具合が緩く、そこで年数を稼げていることがわかります。本問の設定の場合、8% の複利で利息が得られ、最初の預金残高の 10% が毎年減額される仕組みになっていますが、これら二つの割合が近いことが、最初の金額の減りが緩やかである理由です。

ちなみに、毎年の引き出し額を $\dfrac{8}{100} A$ にすれば、残高はずっとキープされて、ずっと利息を得られることになります。考えてもみれば当然のことですね。また、8% より少ない割合の金額を引き出すようにすれば、むしろ残高は増加していくのです[1]。

[7]　"一定利率 & 定額引き出し" の一般論

銀行預金での年間利息 8% を現在の日本で実現するのは絶望的ですが、投資信託などを利用すれば、8% という数字を実現することは可能です。さらにリスクをとることによ

---

[1]　といっても、現在のわが国の預金利息を考えると、利率がこれだけ高いまま一定であるというのはだいぶ無理のある仮定ですが。

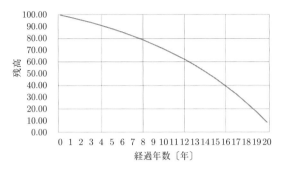

図 6.1: 預金残高の経年変化（開始時を 100.00 としたもの）。

り大きなリターンを得ることも可能でしょう。本問の結果を応用することは私たちにもできるというわけです。

そこで、最も一般的なケースを考えてみます。最初に一定額 C を投下し、そこから

- 1 年で残高が $(1 + r)$ 倍に増加する（複利）
- 1 年経過するごとに、最初の額 C の w 倍を引き出す

という仮定のもと、n 年後（n は非負整数）の残高が C の何倍になっているかを調べるということです。定数 C は全体のスケールに影響するのみなので、さきほど同様 $c_0 = 1$ と規格化して考えることとします。また、r, w はいずれも正の実数とします。

数列 $\{c_n\}$ の初項と漸化式は次のようになります。

$$c_0 = 1, \qquad c_{n+1} = (1 + r)c_n - w$$

このように定義される数列 $\{c_n\}$ の一般項を求めるには先ほどの問題よりやや複雑な計算を要するため、途中過程は省略し、結果を見てしまいましょう。一般項は次のようになります（残高の符号などは無視しています）。

$$c_n = \left(1 - \frac{w}{r}\right)(1 + r)^n + \frac{w}{r} \quad (n : 非負整数)$$

冒頭の問題は $r = 0.08, w - 0.1$ の場合に相当します。

複利のパワーを実感できる問題でした。私も、今のうちから老後の資金を積み立て始めようかな、と原稿を執筆していて思いました。

§2 物体の運動を数学で解き明かす

[1] テーマと問題の紹介

理系の大学生であれば、多くの場合初年度に力学を学習します。高校の物理でも力学は扱うのですが、それとは内容に大きな違いがあります。顕著なのは、やはり微分・積分を扱うことでしょう。物体の運動を数学的に取り扱う場合、微分・積分は不可欠です。

題 材	1993 年 理系数学 第 6 問

時刻 t における座標が

$$x = 2\cos t + \cos 2t, \quad y = \sin 2t$$

で表される xy 平面上の点 P の運動を考える。

(1) P の速さ、すなわち速度ベクトル $\left(\dfrac{dx}{dt}, \dfrac{dy}{dt}\right)$ の大きさ、の最大値と最小値を求めよ。

(2) t が $0 \leqq t < 2\pi$ の範囲を動く間に P が 2 回以上通過する点が唯一つ存在することを示し、その点を通過する各々の時刻での速度ベクトルを求め図示せよ。

数学の問題で "運動" "速度ベクトル" といった語が登場していることに驚くかもしれませんが、実は数学 III の教科書にも速度・加速度についての説明が載っています。

物体の位置（座標、変異）と速度・加速度にどういう関係があるのかを意識しつつ、問題 (1)、(2) に取り組みながら軌跡の全貌を明らかにしていきましょう。

[2] 変位・速度・加速度の関係

x 軸上を運動している点 P があったとします。この点の変位は時刻 t の関数 $x(t)$ だと思うことができますね。この $x(t)$ は任意の回数微分可能である好都合な関数とします。

時刻 $t \sim t + \Delta t$ の間の点 P の動きに着目します。ここで Δt は時間幅であり、$\Delta t \neq 0$ とします。点 P の変位の変化量を Δx とすると

$$\Delta x = x(t + \Delta t) - x(t)$$

が成り立ちます。Δt 経過する間にこれだけ位置が変化したわけですから、この間の平均の速度は

$$\frac{\Delta x}{\Delta t} = \frac{x(t + \Delta t) - x(t)}{\Delta t}$$

と書くことができます。ここで Δt を 0 に限りなく近づけることにより、時刻 t における点 P の瞬間の速度 $v(t)$ は次のように求められます。

$$\frac{x\left(t+\Delta t\right)-x(t)}{\Delta t} \xrightarrow{\Delta t \to 0} \frac{dx}{dt} \qquad \therefore v(t)=\frac{dx}{dt}$$

変位を時間の関数とみると、その導関数が物体の（瞬間の）速度になっている、ということです。なお、速度の絶対値 $|v(t)|$ のことを速さとよび、少なくとも高校物理では速度と区別して用います[2]。

さて、次に加速度について考えましょう。やはり時刻 $t \sim t+\Delta t$ での変化を考えるのですが、変位ではなく速度の変化量に着目することに注意しましょう。点 P の速度の変化量を Δv とすると

$$\Delta v = v\left(t+\Delta t\right)-v(t)$$

が成り立ちます。Δt 経過する間にこれだけ速度が変化したわけですから、この間の平均の加速度は

$$\frac{\Delta v}{\Delta t}=\frac{v\left(t+\Delta t\right)-v(t)}{\Delta t}$$

と書くことができます。ここで Δt を 0 に限りなく近づけることにより、時刻 t における点 P の瞬間の加速度 $a(t)$ は次のように求められます。

$$\frac{v\left(t+\Delta t\right)-v(t)}{\Delta t} \xrightarrow{\Delta t \to 0} \frac{dv}{dt} \qquad \therefore a(t)=\frac{dv}{dt}$$

速度を時間の関数とみると、その導関数が物体の（瞬間の）加速度になっている、ということです。

ここまでの結果をまとめると次のようになります。

$$\frac{d}{dt}x(t)=v(t), \qquad \frac{d}{dt}v(t)=a(t)$$

逆に、積分を用いて

$$x(t)=\int_{t_0}^{t} v(t)\,dt + x\left(t_0\right), \quad v(t)=\int_{t_0}^{t} a(t)\,dt + v\left(t_0\right)$$

と記述することもできます。ここで t_0 はある時刻であり、その時刻における初期条件 $x\left(t_0\right)$, $v\left(t_0\right)$ が必要なのは、積分定数が発生することと対応しています。

これまでは 1 次元的な運動の話でしたが、2 次元・3 次元になっても話はおおよそ同

---

2 英語でも速度のことを velocity、速さのことを speed とよび、これらを区別しているのを見たことがあります。

じです。変位ベクトルを $\vec{x}(t)$ とし、任意の回数微分できるものとします。そして速度ベクトルを $\vec{v}(t)$、加速度ベクトルを $\vec{a}(t)$ とすると次が成り立ちます。

$$\frac{d}{dt}\vec{x}(t) = \vec{v}(t), \quad \frac{d}{dt}\vec{v}(t) = \vec{a}(t)$$

$$\vec{x}(t) = \int_{t_0}^{t} \vec{v}(t)\,dt + \vec{x}(t_0), \quad \vec{v}(t) = \int_{t_0}^{t} \vec{a}(t)\,dt + \vec{v}(t_0)$$

　変位・速度・加速度が、微分・積分によって結びつけられることがわかりました。早速これを用いて冒頭の問題を解き明かしてみましょう。

[3]　速度ベクトルの大きさ

　本問は xy 平面での運動を考えています。つまり $\vec{x}(t), \vec{v}(t), \vec{a}(t)$ はいずれも 2 次元のベクトルです。

　(1) で速度ベクトルの大きさ $|\vec{v}(t)|$ の最大値・最小値が問われています。以下では $v(t) := |\vec{v}(t)|$ と表すこととしましょう。これまでの結果を用いると

$$v(t) = \sqrt{v_x(t)^2 + v_y(t)^2} = \sqrt{\left(\frac{dx}{dt}\right)^2 + \left(\frac{dy}{dt}\right)^2}$$

と書くことができます。ここで $v_x(t), v_y(t)$ は $\vec{v}(t)$ の x 成分、y 成分です。いま問題文より $x = 2\cos t + \cos 2t,\ y = \sin 2t$ ですから

$$v_x(t) = \frac{dx}{dt} = -2\sin t - 2\sin 2t = -2(\sin t + \sin 2t)$$

$$v_y(t) = \frac{dy}{dt} = 2\cos 2t$$

です。つまり $\vec{v}(t) = (-2(\sin t + \sin 2t),\, 2\cos 2t)$ ということですね。したがって

$$\begin{aligned}
v(t) &= \sqrt{v_x(t)^2 + v_y(t)^2} = \sqrt{\left(\frac{dx}{dt}\right)^2 + \left(\frac{dy}{dt}\right)^2} \\
&= \sqrt{\{-2(\sin t + \sin 2t)\}^2 + (2\cos 2t)^2} = 2\sqrt{(\sin t + \sin 2t)^2 + (\cos 2t)^2} \\
&= 2\sqrt{\sin^2 t + 2\sin t \sin 2t + \sin^2 2t + \cos^2 2t} \\
&= 2\sqrt{\sin^2 t + 2\sin t \sin 2t + 1} \quad (\because \sin^2 2t + \cos^2 2t = 1)
\end{aligned}$$

と計算できます。これで、点 P の速さ $v(t)$ が計算できました。

　あとは $v(t)$ の最大値・最小値を求めるだけですが、この後の具体的な計算（問題を解くプロセス）は本節の末尾に載せておきます。$\varphi = \arccos\left(-\dfrac{2}{3}\right)$ $(\varphi \in [0, \pi])$ と定めると、結果は表 6.3 のようになります。速さの最大値は $\sqrt{13}$、最小値は $\dfrac{2\sqrt{6}}{9}$ です。

表 6.3: 関数 $v(t)$ の増減。

t	0	$\cdots$	$\dfrac{\pi}{3}$	$\cdots$	φ	$\cdots$	π	$\cdots$	$2\pi - \varphi$	$\cdots$	$\dfrac{5}{3}\pi$	$\cdots$	(2π)
$v(t)$	2	$\nearrow$	$\sqrt{13}$	$\searrow$	$\dfrac{2\sqrt{6}}{9}$	$\nearrow$	2	$\searrow$	$\dfrac{2\sqrt{6}}{9}$	$\nearrow$	$\sqrt{13}$	$\searrow$	(2)
			max		min				min		max		

[4] 2回以上通過する点を探す

次は (2) について考えましょう。$t \in [0,\, 2\pi)$ で P が 2 回以上通過する点が存在する条件は次のように記述できます。

$$\exists t_1,\, t_2 \in [0,\, 2\pi),\, \begin{cases} t_1 \neq t_2 \\ 2\cos t_1 + \cos 2t_1 = 2\cos t_2 + \cos 2t_2 & \cdots \text{①} \\ \sin 2t_1 = \sin 2t_2 & \cdots \text{②} \end{cases}$$

以下、$t_1,\, t_2 \in [0,\, 2\pi) \wedge t_1 \neq t_2 \cdots$ ⓪ のもとで束縛変数 $t_1,\, t_2$ をそのまま用いて考えます。⓪ のもとで ② $\Longleftrightarrow 2t_1 + 2t_2 = \pi,\, 3\pi,\, 5\pi,\, 7\pi$ が成り立ちます。このあとは、$2t_1 + 2t_2$ の値で場合分けし、各々で ① を解くこととなります。その過程はやはり末尾で補足することとしますが、複数回通過する点は $(-1,\, 0)$ の一つのみであり、対応する t の値は $t = \dfrac{\pi}{2},\, \pi,\, \dfrac{3}{2}\pi$ であることがわかります。$\vec{v}(t) = (-2\,(\sin t + \sin 2t),\, 2\cos 2t)$ でしたから、通過する各瞬間の速度ベクトルは

$$t = \frac{\pi}{2} \text{のとき} \quad : \quad \vec{v}(t) = (-2,\, -2)$$

$$t = \pi \text{のとき} \quad : \quad \vec{v}(t) = (0,\, 2)$$

$$t = \frac{3}{2}\pi \text{のとき} \quad : \quad \vec{v}(t) = (2,\, -2)$$

と計算でき、これを図示すると図 6.2 のようになります。

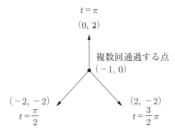

図 6.2: 点 $(-1,\, 0)$ を通過するときの 3 種類の速度ベクトル。

[5]　速度ベクトルの時間変化を探る

複数回通る箇所が点 $(-1, 0)$ のみとわかりました。あとは速度の方向変化を調べて、概形を図示することとしましょう。

$\vec{v}(t) = (-2(\sin t + \sin 2t), 2\cos 2t)$ であり、$v_x = -2(\sin t + 2\sin t \cos t) = -2\sin t(1 + 2\cos t)$ と変形できることに注意すると、$t \in [0, 2\pi)$ での速度の方向変化は表 6.4 のようになります。

表 6.4: 速度ベクトルの方向変化。

t	0	$\cdots$	$\dfrac{\pi}{4}$	$\cdots$	$\dfrac{2}{3}\pi$	$\cdots$	$\dfrac{3}{4}\pi$	$\cdots$	π	$\cdots$	$\dfrac{5}{4}\pi$	$\cdots$	$\dfrac{4}{3}\pi$	$\cdots$	$\dfrac{7}{4}\pi$	$\cdots$	(2π)
$v_x(t)$	0	$-$	$-$	$-$	0	$+$	$+$	$+$	0	$-$	$-$	$-$	0	$+$	$+$	$+$	(0)
$v_y(t)$	$+$	$+$	0	$-$	$-$	$-$	0	$+$	$+$	$+$	0	$-$	$-$	$-$	0	$+$	$+$
$\vec{v}(t)$	$\uparrow$	$\nwarrow$	$\leftarrow$	$\swarrow$	$\downarrow$	$\searrow$	$\rightarrow$	$\nearrow$	$\uparrow$	$\nwarrow$	$\leftarrow$	$\swarrow$	$\downarrow$	$\searrow$	$\rightarrow$	$\nearrow$	$\uparrow$

(2) の結果も踏まえると、点 P の軌跡は図 6.3 のようになるとわかります。

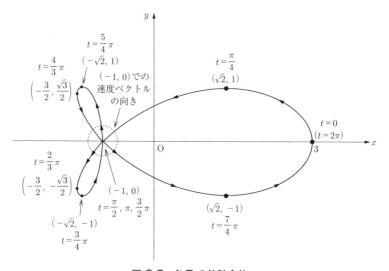

図 6.3: 点 P の軌跡全体。

変位の時間微分が速度となる。これは、力学の重要事項の一つです。もう 1 回微分して得られる "加速度" も含め、大学以降の物理では微分による運動の記述をたくさん行います。

[6] 冒頭の問題 (1) の計算過程 ($v(t)$ を求めた後)

点 P の速さは $v(t) = 2\sqrt{\sin^2 t + 2\sin t \sin 2t + 1}$ であると [3] でわかりました。これの区間 $[0, 2\pi)$ における最大値・最小値を計算します。$f(t) := \sin^2 t + 2\sin t \sin 2t$ としましょう。いま $v(t)$ の式の根号の中身 $f(t) + 1$ は（そもそも二つの実数の 2 乗和ですから）0 以上です。よって $f(t)$ の大小関係と $v(t)$ の大小関係は一致します。つまり、$f(t)$ の増減を調べれば話が済むということですね。

では、$f(t)$ の増減を調べましょう。まず、$\tau \in [0, \pi]$ なる任意の τ に対し

$$
\begin{aligned}
f(2\pi - \tau) &= \sin^2 (2\pi - \tau) + 2\sin(2\pi - \tau)\sin 2(2\pi - \tau) \\
&= (-\sin\tau)^2 + 2(-\sin\tau)\sin(4\pi - 2\tau) \\
&= \sin^2\tau + 2\sin\tau\sin 2\tau \\
&= f(\tau)
\end{aligned}
$$

が成り立つことから、調べる範囲は区間 $[0, \pi]$ のみで十分です。

$f(t)$ の導関数を計算することで

$$
\begin{aligned}
\frac{d}{dt}f(t) &= 2\sin t \cdot \cos t + 2\cos t \sin 2t + 2\sin t \cdot 2\cos 2t \\
&= 2\sin t \cdot \cos t + 2\cos t \cdot 2\sin t \cos t + 2\sin t \cdot 2(2\cos^2 t - 1) \\
&= 2\sin t (\cos t + 2\cos^2 t + 4\cos^2 t - 2) \\
&= 2\sin t (6\cos^2 t + \cos t - 2) \\
&= 2\sin t (3\cos t + 2)(2\cos t - 1)
\end{aligned}
$$

$$
\therefore \frac{d}{dt}f(t) = 0 \iff \sin t = 0 \lor \cos t = -\frac{2}{3} \lor \cos t = \frac{1}{2}
$$

とわかります。$\varphi := \arccos\left(-\dfrac{2}{3}\right)$ $(\varphi \in [0, \pi])$ と定めておくと、$[0, \pi]$ における $f(t)$ の増減は表 6.5 のようになります。

表 6.5: 関数 $f(t)$ の増減。

t	0	$\cdots$	$\dfrac{\pi}{3}$	$\cdots$	φ	$\cdots$	π
$\dfrac{d}{dt}f(t)$	(0)	$+$	0	$-$	0	$+$	(0)
$f(t)$		$\nearrow$		$\searrow$		$\nearrow$	

ここで

$$
f\left(\frac{\pi}{3}\right) = \sin^2\frac{\pi}{3} + 2\sin\frac{\pi}{3}\sin\frac{2}{3}\pi = \frac{3}{4} + 2 \cdot \frac{\sqrt{3}}{2} \cdot \frac{\sqrt{3}}{2} = \frac{9}{4}
$$

163

$$f(\pi) = \sin^2 \pi + 2 \sin \pi \sin 2\pi = 0$$

より $f_{\max} = \dfrac{9}{4}$ です。また

$$f(0) = \sin^2 0 + 2 \sin 0 \sin 0 = 0$$

$$f(\varphi) = \sin^2 \varphi + 2 \sin \varphi \sin 2\varphi = \sin^2 \varphi + 2 \sin \varphi \cdot 2 \sin \varphi \cos \varphi$$

$$= \sin^2 \varphi \left(1 + 4 \cos \varphi\right) = \left(1 - \cos^2 \varphi\right)\left(1 + 4 \cos \varphi\right)$$

$$= \left\{1 - \left(-\frac{2}{3}\right)^2\right\}\left\{1 + 4 \cdot \left(-\frac{2}{3}\right)\right\} = -\frac{25}{27}$$

なので $f_{\min} = -\dfrac{25}{27}$ とわかります。

したがって、速度ベクトルの大きさ $v(t)$ の最大値・最小値は次のとおりです。

$$v_{\max} = 2\sqrt{\frac{9}{4} + 1} = \sqrt{13}, \quad v_{\min} = 2\sqrt{-\frac{25}{27} + 1} = \frac{2\sqrt{6}}{9}$$

[7]　冒頭の問題 (2) の計算過程（$2t_1 + 2t_2$ の値で場合分け）

[4] で考えた条件式

$$\begin{cases} t_1 \neq t_2 & \text{①} \\ & \text{②} \end{cases}$$

をみたす t_1, t_2 の値を求めます。t_1, $t_2 \in [0, 2\pi)$ にも注意しましょう。

$2t_1 + 2t_2 = \pi$ の場合、$t_2 = \dfrac{\pi}{2} - t_1 \left(t_1 \in \left[0, \dfrac{\pi}{2}\right], t_1 \neq \dfrac{\pi}{4}\right)$ であり、これと ① より

$$2 \cos t_1 + \cos 2t_1 = 2 \cos \left(\frac{\pi}{2} - t_1\right) + \cos 2 \left(\frac{\pi}{2} - t_1\right)$$

$$= 2 \sin t_1 - \cos 2t_1$$

$$\therefore \cos t_1 - \sin t_1 + \cos 2t_1 = 0$$

となり、これを整理することで $\cos t_1 = \sin t_1 \lor \cos t_1 + \sin t_1 = -1$ が得られます。しかし $t_1 \in \left[0, \dfrac{\pi}{2}\right]$, $t_1 \neq \dfrac{\pi}{4}$ のもとでこれをみたす t_1 は存在しません。

$2t_1 + 2t_2 = 3\pi$ の場合、$t_2 = \dfrac{3}{2}\pi - t_1 \left(t_1 \in \left[0, \dfrac{3}{2}\pi\right], t_1 \neq \dfrac{3}{4}\pi\right)$ であり、これと ① より

$$2 \cos t_1 + \cos 2t_1 = 2 \cos \left(\frac{3}{2}\pi - t_1\right) + \cos 2 \left(\frac{3}{2}\pi - t_1\right)$$

$$= -2 \sin t_1 - \cos 2t_1$$

$$\therefore \cos t_1 + \sin t_1 + \cos 2t_1 = 0$$

となり、これを整理することで $\cos t_1 + \sin t_1 = 0 \lor \cos t_1 - \sin t_1 = -1$ が得られます。よって $t_1 = \dfrac{\pi}{2}, \pi$ とわかりますね。これらはいずれも点 $(-1, 0)$ に対応しており、この点を 2 回以上通過することがわかりました。

$2t_1 + 2t_2 = 5\pi$ の場合、$t_2 = \dfrac{5}{2}\pi - t_1 \left(t_1 \in \left(\dfrac{\pi}{2}, 2\pi \right), t_1 \neq \dfrac{5}{4}\pi \right)$ であり、これと ① より

$$2\cos t_1 + \cos 2t_1 = 2\cos \left(\frac{5}{2}\pi - t_1 \right) + \cos 2 \left(\frac{5}{2}\pi - t_1 \right)$$
$$= 2\sin t_1 - \cos 2t_1$$
$$\therefore \cos t_1 - \sin t_1 + \cos 2t_1 = 0$$

となり、これを整理することで $\cos t_1 = \sin t_1 \lor \cos t_1 + \sin t_1 = -1$ が得られます。よって $t_1 = \pi, \dfrac{3}{2}\pi$ とわかりますね。これらはいずれも先ほどと同じ点 $(-1, 0)$ に対応しています。

$2t_1 + 2t_2 = 7\pi$ の場合、$t_2 = \dfrac{7}{2}\pi - t_1 \left(t_1 \in \left(\dfrac{3}{2}\pi, 2\pi \right), t_1 \neq \dfrac{7}{4}\pi \right)$ であり、これと ① より

$$2\cos t_1 + \cos 2t_1 = 2\cos \left(\frac{7}{2}\pi - t_1 \right) + \cos 2 \left(\frac{7}{2}\pi - t_1 \right)$$
$$= -2\sin t_1 - \cos 2t_1$$
$$\therefore \cos t_1 + \sin t_1 + \cos 2t_1 = 0$$

となり、これを整理することで $\cos t_1 + \sin t_1 = 0 \lor \cos t_1 + \sin t_1 = -1$ が得られます。しかし $t_1 \in \left(\dfrac{3}{2}\pi, 2\pi \right), t_1 \neq \dfrac{7}{4}\pi$ のもとでこれをみたす t_1 は存在しません。

以上より、複数回通過する点は $(-1, 0)$ の一つのみであり、対応する t の値は $t = \dfrac{\pi}{2}, \pi, \dfrac{3}{2}\pi$ とわかりました。各々での速度ベクトルの計算結果やその図示は、[4] で述べたとおりです。

165

§3 石油が全部流出するまであと何分？

[1]　テーマと問題の紹介

　現在の状態と自然法則から未来を予想するというのは、社会的に大きな価値のある取組みです。たとえば古典的な運動方程式が時刻に関する微分方程式であるように、ある量を時刻の関数とみてその変化を微分方程式で記述できたとしましょう。その解を解析的にまたは数値的に求めることができれば、考えている量の時間発展を予測できたことになります。ちょうど私が生まれた 1996 年の入試で、このテーマの問題が出題されていました。

題 材	1996 年 後期 理科一類 第 3 問

　　直円柱形の石油タンクが、図のように側面の一母線で水平な地面と接する形に横倒しになり、地面と接する一点に穴が開いて石油が流出し始めた。倒壊前の石油タンクは一杯で、1 時間後の現在までに半分の石油が流出した。単位時間あたりの流出量は穴から測った油面の高さの平方根に比例するという。微分方程式を立てて、この後何時間何分で全部の石油が流出するか予測せよ。ただし、分未満は切り捨てよ。

　以前、東大には後期入試がありました。後期入試では典型的な問題の出題はあまりなく、独創的なものが多く出題されていました。過去問題集などには通常前期入試の問題ばかり載っており、後期の問題はあまり注目を浴びないのがちょっともったいないです。

　本問も後期入試らしい自由な問題です。直円柱の形をしたタンクから石油が流出しきるまでの時間を計算するのですが、数式が問題文に書かれているわけでもなく、どこから手をつければよいかよくわからないですね。

[2]　まずは状況を整理し、方針を決めよう

　問題文の状況を整理すると、図 6.4 のようになります。

　ただ図にしただけですが、これでもだいぶわかりやすくなりましたね。このように、与

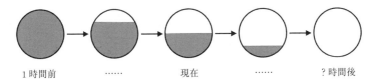

1時間前 ⋯⋯ 現在 ⋯⋯ ?時間後

図 6.4: 横（タンクの底面）から油面を観察したようす。

えられている情報を図表に表すだけでも、状況を理解しやすくなったり、問題解決のアプローチが見えてきたりします。

さて、時間とともに液面の高さ（以下単に "高さ" とよびます）は小さくなっていくわけですが、その速さは一定ではありません。"単位時間あたりの流出量（以下 "流出速度" とよびます）は穴から測った油面の高さの平方根に比例する" という仮定がなされています。つまり、高さが $\frac{1}{4}$ 倍になると石油の流出速度は $\sqrt{\frac{1}{4}} = \frac{1}{2}$ 倍となるのです。このタンクはちょうど半分の高さの面に関して上下対称になっていますが、だからといって残りの所要時間が同じく 60 分になるわけではありません。流出が進むほど流出速度が遅くなるわけですから、（実際に何分かはさておき）残り半分が流出するのに要する時間は、少なくとも 60 分よりは長いということがいえますね。あいにく、対称性を利用してぱっと攻略するわけにはいかなさそうです。

さらに、高さによって油面の面積（以下単に "面積" とよびます）が変わります。ちょうど半分の高さのときに面積は最大となり、流出が始まるときと流出しきるときの面積は小さいことがわかります。当然ですが、流出速度が同じ場合、面積と液面が下がる速さは反比例します。

以上を踏まえ、必要な定数・変数の設定を行います。図 6.5 にまとめてありますが、以下がその詳しい説明です。まず、タンクは直円柱の形だったわけですが、この半径を R とします。そしてタンクの長さを L としましょう。

次に、時刻 t を導入します。なお、時刻の単位は時間 (hour) とし、流出が始まった時刻を $t = 0$ とします。このとき、"現在" の時刻は $t = 1$ となりますね[3]。そして、時刻 t における高さ h を時刻の関数とみて $h(t)$ とします。

前述のとおり、油面の高さによって石油の流出速度は変わりますが、この比例定数を k とします。すなわち、高さが $h(t)$ である瞬間の単位時間あたりの石油の流出量 $v(t)$ は $v(t) = k\sqrt{h(t)}$ とする、ということです。ここで $v(t)$ は （長さ）^{3}（時間）$^{-1}$ の次元であり、k は （長さ）$^{\frac{5}{2}}$（時間）$^{-1}$ です。また、時刻 t での面積を $S(t)$ と定めます。

これでセットアップは終了です。次に、ここまでで定義した量を用いて、$h(t)$ がみた

---

[3] たとえば単位を分 (min) にしてもよいのですが、係数が面倒にならないように、このような時刻としました。

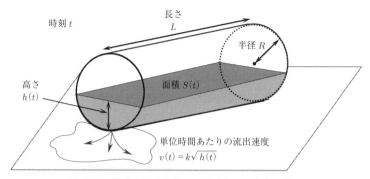

図 6.5: 微分方程式を立て、解くための文字設定。

すべき方程式を立式します。

[3]　微小時間での変化を考察する

さて、石油が流出している途中の、時刻 $t = t_0$ の瞬間を考えます。ここから微小時間 Δt_0 が経過したとして、高さ $h(t)$ がどれほど変化するかを考察してみましょう。

前後の変化を図にすると、図 6.6 のようになります。

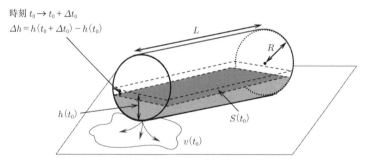

図 6.6: 時刻 t_0 から $t_0 + \Delta t_0$ の間の変化。

時間が Δt_0 経過する間に流出した石油量は、上図の点線で囲まれた面と色の濃い面との間にある領域の体積と等しいです。この体積を正確に計算するのは大変なので、面積 $S(t_0)$、高さ Δh の直方体の体積で近似できるものとしましょう（これは認めてしまいます）。このとき、時間 Δt_0 の間の石油流出量 $(=: \Delta V)$ はおよそ $\Delta V \simeq -S(t_0) \cdot \Delta h$ です。ここで、$\Delta h < 0$ であることに注意しましょう。

$\Delta h(t)$ は高さの変化量ですが、$h(t)$ が微分可能であることを認めれば、微小時間 Δt_0 を用いて

$$\Delta h = h(t_0 + \Delta t_0) - h(t_0) \simeq h'(t_0) \cdot \Delta t_0$$

と近似することができます。

ここで、高さ $h(t_0)$ の油面は長方形をなしていることに着目すると、タンクの底面と平行である方の辺の長さは三平方の定理より

$$2\sqrt{R^2 - (h(t_0) - R)^2} = 2\sqrt{2Rh(t_0) - h(t_0)^2}$$

と計算できます。したがって

$$S(t_0) = L \cdot 2\sqrt{2Rh(t_0) - h(t_0)^2} = 2L\sqrt{2Rh(t_0) - h(t_0)^2}$$

が成り立ちますね。

以上を踏まえると、Δt_0 の間の石油流出量はおおよそ

$$\Delta V \simeq -S(t_0) \cdot h'(t_0) \cdot \Delta t_0 = -2L\sqrt{2Rh(t_0) - h(t_0)^2} \cdot h'(t_0) \cdot \Delta t_0$$

であることがわかりました。

一方、Δt_0 は微小時間ですから、この時間が経過する間の流出速度 $v(t)$ は $v(t_0)$ でおおよそ一定とみなせるでしょう。したがって、石油流出量は次のように表すこともできます。

$$\Delta V \simeq v(t_0) \cdot \Delta t = k\sqrt{h(t_0)} \cdot \Delta t_0$$

このように 2 通りの表し方をした石油流出量は等しい値であるべきですから、設定した微小量の間には

$$-2L\sqrt{2Rh(t_0) - h(t_0)^2} \cdot h'(t_0) \cdot \Delta t_0 \simeq k\sqrt{h(t_0)} \cdot \Delta t_0$$

$$\therefore -2L\sqrt{2R - h(t_0)} \cdot h'(t_0) \simeq k$$

という関係が成り立ちます。したがって、高さ $h(t)$ は微分方程式

$$-2L\sqrt{2R - h(t)} \cdot \frac{dh(t)}{dt} = k \quad (= \text{const.})$$

をみたすと考えられます。近似ではなく等号でよいものとしました。

この微分方程式を条件 $h(0) = 2R$, $h(1) = R$ のもとで解くことにより、時刻 t における油面の高さ $h(t)$ は

$$\frac{h(t)}{R} = 2 - t^{\frac{2}{3}}$$

であることがわかります。

微分方程式を解く過程は節末に載せておきます。自然現象のモデリングは、いわば"どのような微分方程式を立てるか"を考えることであって、ひとたび微分方程式を立ててしまえば典型手法や計算機の利用により解を調べられるからです。

169

[4]　油面の高さの時間変化をグラフにし、妥当性を検証する

さきほど得られた油面の高さの式 $\frac{h(t)}{R} = 2 - t^{\frac{2}{3}}$ をグラフにすると、図 6.7 のようになります。

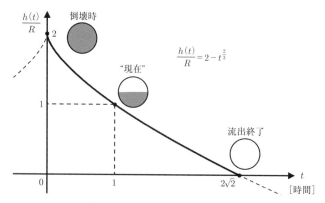

図 6.7: 油面の高さ $h(t)$ の時間変化。

　大学受験生や大学生であれば、実際に 1 階・2 階の導関数を計算することで概形を求められるはずです。もちろん、グラフ描画のアプリケーションを用いても OK です。

　最初の一瞬、グラフの勾配がかなり急になっているのが見てとれます。不思議に思うかもしれませんが、高さ $2R$ 付近だと油面の面積 $S(t)$ が 0 に近いことを考えると、自然なことといえるでしょう。

　解説の最後に計算したとおり、時刻 $t = 1$ で油面の高さが R となってから流出が終了するまでの時間は、1 時間より長くなっています（およそ 1.8 倍）。タンクの形は高さ R の面を基準として上下対称になっていますが、$h(t)$ が小さくなると流出速度が低下するため、所要時間は $t = 1$ からの方が長くなるのです。これもやはり、自然な結果です。

　水位が下がるにつれ流出速度 $v(t)$ は小さくなりますが、一方で面積 $S(t)$ も小さくなっていきます。この綱引きの結果が上のグラフである、というわけです。

　このように、微分方程式の解を求めたらいったんそれをグラフにし、いくつかの観点で妥当性を検証してみるとよいでしょう。途中の計算に誤りがあったり現実とかけ離れた仮定をしたりしていた場合、おかしなグラフになることが多く、前述のような考察でミスを発見できることがあります。

[5]　自然現象をモデリングし、微分方程式で解き明かすまでの流れ

　本節では、（いくらかの仮定のもとで）水の流出を微分方程式によって記述し、手計算により水深の時間変化を求めることができました。これに限らず、時刻を変数とする微分方程式はモノが運動するさまを記述することができます。

　自然現象を微分方程式でモデル化して解やその性質を調べるときは、たとえば以下のような手順を踏むことになるでしょう。

[6]　その1: どのような現象を扱うかを明確にする

　そもそも微分方程式を立てる対象はどのような現象なのかを明らかにします。これは、モデリングから有意義な結果を得るために重要な準備です。

　たとえば、"鉄球の落下運動を考える" というだけでは状況設定が不十分です。空気中で落とすのと、プールの水の中で落とすのとでは、運動のようすは変わりそうですね。具体的には、前者では空気抵抗が大きく影響することはなさそうですが、後者では水の抵抗がかなり大きく影響するように思えます。

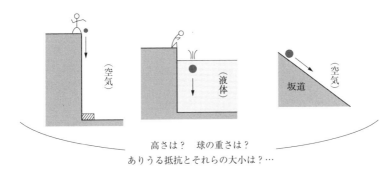

高さは？　球の重さは？
ありうる抵抗とそれらの大小は？…

図 6.8: たとえば "鉄球を落とす" といっても、球自体の性質や周囲の環境、与える初期条件によって鉄球の運動は大きく変わりうる。

　では "空気中での鉄球の落下運動を考える" とすればよいかというと、それでも不十分な場合があります。たとえば 1 m の高さから落とすときはさほど空気抵抗の影響がなくても、10 m くらいの高さになると影響してくるかもしれませんね。また、鉄球の半径（大きさ）も、空気抵抗の影響の大きさと関係する可能性があります。

[7]　その2: 本質と思われる要素を損なわない形でモデリングする

　ここでは一例として、空から雨滴が落下してくる現象を対象とし、どのような落下運動をするのか分析することを考えましょう。

　鉛直上向きに z 軸をとります。雨滴には、速度 $\dfrac{dz}{dt}$ に比例する空気抵抗 $-k\dfrac{dz}{dt}$ がかかるものとします。このとき、運動方程式（時間に関する 2 階の微分方程式）は

$$m\frac{d^2 z}{dt^2} = -mg - k\frac{dz}{dt}$$

となりますが、これは空気抵抗がない場合の運動方程式よりも解くのが難しいです。しかし、だからといって空気抵抗の項を除いて $m\dfrac{d^2 z}{dt^2} = -mg$ とすると、$z = -\dfrac{1}{2}gt^2 + v_0 t + z_0$（$v_0$, z_0 は積分定数）というただの自由落下の運動が解となってしまいます。雨滴は高い

ところから降り注ぐわけですが、もしこの解が妥当だとすると、雨滴は私たちの頭上にとんでもない速さで落下することになり、頭や建物の屋根が大きな損傷を受けることとなります。これはなんだかおかしいですね。

　実際の雨滴は空気抵抗を受けるため、とんでもない速さで落下することはありませんし、したがって雨滴が頭に当たるくらいでは痛みを感じません。つまり、雨滴の運動において、速度に比例する空気抵抗の項 $-k\dfrac{dz}{dt}$ は運動の大まかなようすを決める大事な要素なのです。

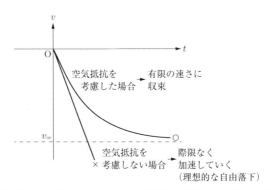

図 6.9: 空気抵抗を考慮する場合としない場合の運動方程式の解。前者の場合 $t \to \infty$ で速度は有限の値に収束するが、後者の場合 v は発散してしまう。現実の雨粒が超高速で我々の頭に衝突してくるわけではないことを踏まえると、前者の方が現実的な仮定と思える。

　このように、モデリングをするにあたり、簡単に解けるような微分方程式を立てることが目的化してしまうと、自然現象の大事な部分を見落とし、現実的でない解を得てしまうことにつながります。現実世界をいつも 100% 再現する必要はないでしょうが、現象を記述するにあたり重要である要素はなるべく取り入れてモデリングするのが大切です。

　とはいえ、どのような微分方程式を立てるのが妥当か最初からわかったら苦労しないのも事実です。まず簡単な微分方程式を立てて解を求め、それが実際の現象からズレている場合に、何が考慮できていなかったのか考察してモデルを改良する、というのが現実的な気もします。

[8]　その 3: 微分方程式の解を求める

　微分方程式を立てることができたら、それを解きます。シンプルな線型の常微分方程式であれば解を手計算で求められることもあります。上述の自由落下運動や、速度に比例する空気抵抗を考慮した物体の運動がその例です。

　一方、偏微分方程式になったり線型でなくなったりすると途端に話は複雑になります。自然現象を記述する微分方程式の多くは人間が紙とペンで解き明かせないものであって、

なんとか手計算できる例が高校・大学の教科書や参考書にたくさん登場しているというだけなのでしょう。特に、流体の運動が絡むと解析的に取り扱えないケースばかりになります。

このような場合は、たとえば以下のような手法がとられます。

- 現実的ではなくなるが涙を呑んで面倒な項を取り除き、解析的に解を導く。
- 時間発展のない状態（定常状態）を考え、解析的に解を導く。
- 計算機を利用し、数値的に解を求める。　　　　　など

こうした微分方程式のうち特にシンプルなものについては、昔から分類や解き方などが体系的にまとめられています。自分で考えて解を求めるのも楽しいですが、そうした知識にアクセスしてみることで、たとえば以下のような恩恵が受けられます。

- （そもそも自力で解けなかった場合は）解き方や解がわかる。
- （解けていたつもりでも、）見落としていた解を発見できる。
- 似た形の微分方程式とその解を知ることで、どの項が解にどう影響しているか考察したり、いま考えている現象により合った微分方程式を見つけたりできる。　　　　など

[9]　その4: 適切な解を選択する

解を求めることができたら、その解のうちで実際の物理現象と対応しているものを選択します。

"選択" という単語が気になったかもしれませんが、微分方程式を解くと、余分な解が付随することがあります。定数関数のような自明な解が含まれることもあれば、（解となる曲線たちに包絡線がある場合などは）非自明な解が含まれることもあり、誤った解を選択しないよう留意します。

ただし、不適切である（と思っている）解が全く意味をもたないとは限りません。たとえば格子振動の運動方程式を解いた際に現れる "光学モード" と "音響モード" は、いずれも物理的な意義のある振動モードです。一方の解にしか目がいかず他方の解を無視してしまうと、考えている対象と関係する別の現象を見失うことがあります。

[10]　その5: 選択した解を分析する

ここから先は、当初の目的に応じて行うべきことが多様化します。

実際の現象に合ったモデルを考えたい場合は、測定データと微分方程式の解を比較することにより、モデルの妥当性をチェックしたり、足りていない補正項を考えたりすることでしょう。

逆に、モデルが信頼できるもので、測定データをもとに物理定数を求めたいこともあります。この場合は、データをプロットし、なんらかの手段で微分方程式の解をフィッティングすることにより、解に登場する物理量を求めるのが一案です。

微分方程式を用いた自然現象の考察はとても楽しく、たとえば高校で学ぶ物理でもこ

れを活用できる場面は多数あります。以上のことを意識することで、ただの数式遊びにとどまらず、微分方程式を有効活用して新しい知見を得ることができるでしょう。

[11]　どうして流出速度は水深の平方根に比例するの？（おまけ）

本問では、流体の流出速度が水深の平方根に比例するという仮定がなされていました。同じく東大で出題された同テーマの類題でも、実は同様の仮定がなされています。

類題：1957 年 解析 II 第 2 問

水を満たした半径 r の球状の容器の最下端に小さな穴をあける。水が流れ始めた時刻を 0 として時刻 0 から時刻 t までに、この穴を通って流出した水の量を $f(t)$、時刻 t における穴から水面までの高さを y としたとき、$f(t)$ の導関数 $f'(t)$ と y との間に

$$f'(t) = \alpha \sqrt{y} \quad (\alpha \text{ は正の定数})$$

という関係があると仮定する（ただし、水面はつねに水平に保たれているものとする）。水面の降下する速さが最小となるのは、y がどのような値をとるときであるか、また水が流れ始めてからこのときまでに要する時間を求めよ。

もちろん、テキトーな仮定というわけではなく、ある理由があります。

定常状態にある流体を考えます。この流体のある一部分を考え、その箇所の密度を ρ、速度を v、重力加速度を g、高さを h、圧力を p と定めます。このとき、場所によらず

$$\frac{1}{2}\rho v^2 + \rho gh + p = \text{const.}$$

が成り立ちます。これはベルヌーイの法則とよばれるものです。

式から連想できるかもしれませんが、これは高校物理でも登場する力学的エネルギーの保存に対応します。$\frac{1}{2}\rho v^2$ が流体の単位体積あたりの運動エネルギーで、ρgh が単位体積あたりの位置エネルギー（重力によるもの）です。p は流体の圧力ですが、この項は質点や剛体関連のエネルギー保存では通常登場しなかったものですね。

ここまでにご紹介した 2 問のような容器から液体が流出する現象は、当然ですが定常流ではありません。容器の中の液量が減っていることからも明らかですね。しかし、たとえば容器（に入っている水量）に対して穴が小さい場合、容器の中や穴から出た直後の箇所はおおよそ定常流だと思えます。たとえばお風呂の水を抜くときをイメージするとよいでしょう。ぱっと見では水位が変化していないように見えますが、穴からはしっかり水が流出しており、急激にそれが衰えることはありません。そのようなケースを考えているということです。

　また、石油や水は非圧縮性流体とみなします。たとえばシリンダにそれらを入れて圧し潰そうとしても、体積はほとんど変化しませんからね。したがって、どの位置にある液体も等しい密度であると考えられます。

　さらに、容器の液面付近と底付近では、液体自体の重力に由来する圧力差がありますが、それは大気圧と比べると十分小さく、圧力についても一様であるとします。深さのオーダはせいぜい数十 cm 程度だということです。一方、重力による位置エネルギーは考慮するものとし、穴のある高さを位置エネルギーの基準とします。

　以上の仮定のもとでの各物理量は、表 6.6 のようになります。ただし、容器内の水深を H、水の流出速度（こんどは通常の意味での速度です）を V、大気圧を p_0 と定めています。

表 6.6: 液面付近・底付近の流体のエネルギー。

水のある場所	運動エネルギー	位置エネルギー	圧力
液面付近	0	$\rho g H$	p_0
底付近	$\dfrac{1}{2}\rho V^2$	0	p_0

　これら 2 か所の液体についてベルヌーイの法則が成り立つとすると

$$0 + \rho g H + p_0 = \frac{1}{2}\rho V^2 + 0 + p_0$$

より $V = \sqrt{2gH}$ がしたがいます。たしかに速度 V は水深 H の平方根に比例していますね。本節でご紹介した 2 題いずれにおいても、流出速度が水深の平方根に比例するとしていたのは、こうした事情があったのです。

[12]　微分方程式の解と積分定数の決定

　[3] まででは微分方程式を立てるまでを詳しく解説しましたが、そこから微分方程式を解き $h(t)$ を決定するまでの過程もまとめておきます。高校数学を一通り学習していれば、きっと理解できるはずです。

解答例

　こうして導かれた微分方程式を、いわゆる変数分離法により解いてみましょう。すると

$$-\int \sqrt{2R - h(t)}\, dh = \int \frac{k}{2L}\, dt \qquad \therefore \frac{2}{3}\left(2R - h(t)\right)^{\frac{3}{2}} = \frac{k}{2L}\left(t + T\right)$$

を得ます。1 階の微分方程式なので、積分を実行すると積分定数が一つ生じます。上の計算では、その積分定数は時刻に押し付けて T としてあります。T は

初期条件を与えると決定され、いまの場合タンクが満杯の状態で流出が始まったことより $h(0) = 2R$ がいえるため、$T = 0$ となります。つまり

$$\frac{2}{3}(2R - h(t))^{\frac{3}{2}} = \frac{k}{2L}t$$

ということです。さらに、倒壊から 1 時間後の高さがちょうど半径 R と等しかったことより $h(1) = R$ がいえるため

$$\frac{2}{3}(2R - R)^{\frac{3}{2}} = \frac{k}{2L} \qquad \therefore \frac{k}{2L} = \frac{2}{3}R^{\frac{3}{2}}$$

が得られ、$h(t)$ は次のような関数形であるとわかります。

$$\frac{2}{3}(2R - h(t))^{\frac{3}{2}} = \frac{2}{3}R^{\frac{3}{2}}t \qquad \therefore \frac{h(t)}{R} = 2 - t^{\frac{2}{3}}$$

したがって、石油が完全に流出する時刻を τ〔時間〕とすると

$$2 = \tau^{\frac{2}{3}} \qquad \therefore \tau = 2^{\frac{3}{2}} = 2\sqrt{2}$$

より $\tau = 2\sqrt{2}$ 時間とわかるのです。$\sqrt{2}$ をどう評価するかが悩ましいところですが、$\sqrt{2} = 1.414\cdots$ であることを頭の中に思い描いて計算をすると

$$1.414 < \sqrt{2} < 1.415$$
$$2 \cdot 1.414 \cdot 60 < 60\tau < 2 \cdot 1.415 \cdot 60$$
$$\therefore 169.68 < 60\tau < 169.8$$

より $60\tau = 60 + 109.\cdots$〔分〕となるため、あと 109 分、つまり <u>1 時間 49 分後</u>に石油がすべて流出しきることがわかります。なお、$v(t), S(t)$ は各々

$$v(t) = \sqrt{2 - t^{\frac{2}{3}}} \cdot k\sqrt{R}, \qquad S(t) = 2\sqrt{2t^{\frac{2}{3}} - t^{\frac{4}{3}}} \cdot LR$$

であることがわかります。

　前節に続き、微分による現象の記述を扱いました。質点の運動のみならず、本問でいう "水量" のようなさまざまな量について、その時間発展を微分方程式により記述できるのです。

第 7 章

確率を見積もる・最適化する

§1 ミスはつきもの。でもどれくらい起こるの？

[1]　テーマと問題の紹介

　人間誰しもミスはするもの。何に取り組むにしても、ミスを100%防ぐというのは不可能であることがほとんどです。とはいえ、仕事の場ではミスが大きな損失につながることもあるでしょうし、定量的にリスクを評価しなければならないことがあります。

題材　1994 年 後期 理科一類 第 3 問

　ある会社である工事を受注した。その工事はまず第 1 工程、第 2 工程、検査の順に行い、それぞれ 1 日を必要とする。検査では第 1 工程、第 2 工程に欠陥があるかないかがわかる。検査の結果第 1 工程に欠陥があれば、工事は第 1 工程、第 2 工程ともやり直し、改めて検査をする。第 1 工程に欠陥がなく第 2 工程のみに欠陥があれば、第 2 工程のみやり直して検査する。これらの作業は日曜日を除いて引き続いて行い、検査の結果第 1、第 2 工程ともに欠陥がなければ工事は終了する。各工程ではそれまでの経過とは独立に確率 p で欠陥が発生するものとする。月曜日から工事を始めた場合 n 週間以内に工事が終了する確率を $P(n)$ とする。

　(1)　$P(1)$ を求めよ。

　(2)　$P(n)$ を求めよ。

　(3)　$p = \dfrac{1}{2}$ のとき $1 - P(n) < \dfrac{1}{1\,000}$ をみたす最小の正整数 n を求めよ。

　本問は、工事をテーマにしたリスク管理の問題です。欠陥工事のリスクを限りなくゼロに近づけようとすると莫大な日数を費やすこととなり、とても商売になりません。一方、拙速でミスばかりだとこれも当然商売になりません。確率の閾値を設け、欠陥のある確率をその値未満に抑えられるような日数を工期とするのは、現実的な解決策といえるでしょう。

[2]　ありうる状態・展開を書き出してみよう

　上の問題文を読んで、あなたはどう思いましたか？　現実的な面白い設定であることは読めばすぐ感じられると思うのですが、そうはいってもルールの読解に苦労したのではないでしょうか。東大入試の場合における数・確率の問題は、このように問題文の正確な読解でいきなり苦労することが多いです。本問は工事をテーマとしたものなので、無機質なゲームと違いイメージしやすいですが、後述する注意点もあるので侮れません。

こういうときは、ありうる状態・展開を具体的に書き出すのが大切です。

以下、第 1 工程、第 2 工程、検査のステップを各々 A, B, C とします。また、$q := 1 - p$ とします。この会社の出来事（結果に着目せず、何をしたかのみ考える）は次の 3 種類です。

- A（第 1 工程）の工事を実施する。
- B（第 2 工程）の工事を実施する。
- C（検査）をする。

しかし、A, B, C の 3 分類だけでは問題を解明しづらいです。というのも、たとえば B を実施した先のルート分岐を考えると、以下のように A での欠陥の有無で結果が変わるからです。

- A での欠陥がない状態で B に進む場合、
    - 確率 q で B でも欠陥なしで済み、翌日の C で工事が終了する
    - 確率 p で B において欠陥が発生し、翌日の C を経てそのさらに翌日に B に戻る
- A で欠陥が発生した状態で B に進む場合、B の結果の有無によらず翌日の C で A での欠陥が発生し、そのさらに翌日に A に戻る

同様に、C の日に工事が終了するか否かは、それまでの過程における欠陥の有無で決まるのであって、（たとえば C の日にサイコロを振って決める、というような）その場での確率による分岐ではないのです。つまるところ、過去の情報を参照する必要があるということですね。

そこで、いったん解像度を高めてみましょう。この会社のある 1 日の出来事を次のように分類・命名します。

- A：第 1 工程の工事を実施し、欠陥なく終えられた。
- A′：第 1 工程の工事を実施し、欠陥が発生した。
- B：第 2 工程の工事を実施し、欠陥なく終えられた。
- B′：第 2 工程の工事を実施し、欠陥が発生した。
- C：検査をし、工事を終えられた。
- C_A：検査をし、第 1 工程に欠陥があったので第 1 工程に戻ることとなった。
- C_B：検査をし、第 2 工程に欠陥があったので第 2 工程に戻ることとなった。

また、B および B′ は、第 1 工程での欠陥の有無に応じて AB, A′B, AB′, A′B′ という表記にしてみます。すると、これらの状態間の遷移は図 7.1 のようになります。矢印が次の日の出来事に進むことを表しており、矢印の途中の数が遷移確率です。左向きの矢印は、検査で欠陥が発見された場合の遷移です。

こうして図にしてみると、だいぶ状態遷移がわかりやすくなりましたね！……といいたいのですが、正直これでもまだ複雑です。さて、どうしましょうか。

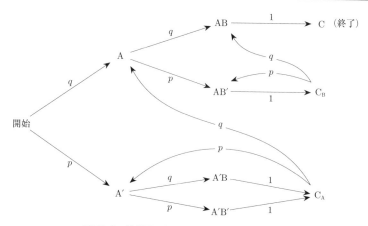

図 7.1: 状態間の遷移を細かく描いたもの。

[3] 不要な情報を整理してみよう

問題設定や遷移図をよく見てみると、あまり重要でないのに詳しく描かれているものがあります。それを簡略化してみましょう。

たとえば、ある日に第 1 工程の工事を行い、欠陥が生じて状態 A′ に進んだとします。このとき、第 2 工程で欠陥が発生する・しないに関係なく、検査では第 1 工程の欠陥が発覚し、翌日に第 1 工程を行う（やり直す）こととなりますね。であれば、A′ の次にある A′B, A′B′ への分岐は正直あまり意味をなさず、A′ に進んだ 2 日後には検査があり、そのさらに翌日には第 1 工程がやり直しになるのです。つまり、A′ に至った 3 日後は

- 第 1 工程の工事をやり直し、A に進める
- 第 1 工程の工事をやり直し、また A′ に戻ってしまう

のいずれかなのです。

また、ある日に第 1 工程の工事を行い、欠陥がなく状態 A に進めたとします。このとき、第 2 工程の欠陥の有無によらず、とりあえず検査の日に進むことはできるのです。もちろん、第 2 工程に欠陥があるか否かで検査結果は変わりますが、要は A から 2 日後は

- 確率 q で工事が終了する
- 確率 p で第 2 工程が（翌日）やり直しになる

のいずれかに至るとわかります。

なお、前述の注意点は、状態 C_B からの遷移に関するものです。第 1 工程で欠陥がなかった場合、第 2 工程で欠陥があった際にやり直すのは第 2 工程のみであり、図の下側の分岐に入ることはありません。ひとたび第 1 工程がうまくいけば、あとは第 2 工程がうまくいくか否かだけの勝負になるということです。

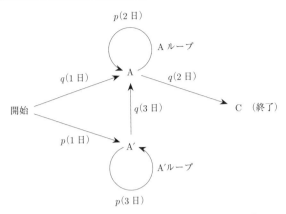

図 7.2: 開始状態、A, A′, C の状態たちの間の遷移。

以上をもとに、遷移図をシンプルに描きかえると図 7.2 のようになります。

なお、初日の第 1 工程で A に進めるルートを "A ルート"、A′ に進んでしまうルートを "A′ ルート" とよぶことにします。また、A′ に進んでしまった 3 日後にまた第 1 工程で欠陥が発生して A′ に至ってしまうことを "A′ ループ"、A に進んだ後に第 2 工程での欠陥が発生して A に戻ってしまうことを "A′ ループ" としています。

こんどこそ、だいぶスッキリしましたね！……そういえば、まだ問題を解き始めていませんでした。でも、ここまで情報を整理すれば、あとは簡単です。

[4] (1) 1 週間以内に工事が終了する確率

日曜日以外に工事や検査を実施しますから、1 週間以内に終了するとは、6 日以下で検査まで終了することを意味します。

A ルートの場合、最短で $1 + 2 = 3$ 日で工事が終了します。つまり猶予は 3 日であり、A ループに一度入ってしまっても間に合います。一方 A′ ルートの場合、A から A′ への遷移に 3 日要しますから、最短で $1 + 3 + 2 = 6$ 日かかり、もうループする猶予はありません。以上より、考えられるコースは以下の三つです。

- 開始 → A ルート → ループなしで工事終了（最短コース）
- 開始 → A ルート → A ループを一度経て工事終了
- 開始 → A′ ルート → ループなしで工事終了

確率は各々 q^2, pq^2, pq^2 ですから

$$P(1) = q^2 + pq^2 + pq^2 = q^2(1 + 2p) = \underline{(1 - p)^2(1 + 2p)}$$

と計算できます。

[5] (2) n 週間以内に工事が終了する確率

(1) 同様、n 週間以内に終了するとは、$6n$ 日以下で検査まで終了することを意味します。

A ルートの場合、最短で $1 + 2 = 3$ 日で工事が終了します。つまり猶予は $6n - 3 = 2(3n - 2) + 1$ 日であり、A ループに $(3n - 2)$ 回以下入ってしまっても間に合います。

一方 A′ ルートの場合、最短で合計 $1 + 3 + 2 = 6$ 日かかるのでした。つまり猶予は $6n - 6 = 3(2n - 2)$ 日であり、たとえば A′ ループに $(2n - 2)$ 回以下入ってしまっても間に合います。ただし、A′ ループを数回繰り返した後に A に移り、そこで A ループを数回繰り返しても構わないことに注意しましょう。よって、考えられるルートは以下の 2 種に大別できます。

(a) 開始 → A ルート → A ループ k 回 $(k \in \mathbb{Z}, \, 0 \leq k \leq 3n - 2)$ で工事終了

(b) 開始 → A′ ルート → A′ ループ l 回、A ループ m 回 $(l, \, m \in \mathbb{Z}_{\geq 0}, \, 3l + 2m \leq 6n - 6)$ で工事終了

(a) の場合、A ループ k 回となる確率は $q \cdot p^k \cdot q \left(= q^2 \cdot p^k \right)$ です。したがって、(a) に分類されるルートで工事が n 週間以内に終了する確率は

$$\sum_{k=0}^{3n-2} \left(q^2 \cdot p^k \right) = q^2 \sum_{k=0}^{3n-2} p^k = q^2 \cdot \frac{1 - p^{3n-1}}{1 - p} = (1 - p)\left(1 - p^{3n-1}\right) \quad (\because 1 - p = q)$$

となります。

次に (b) の方を考えましょう。A′ ループを l 回 $(l \in \mathbb{Z}, \, 0 \leq l \leq 2n - 2)$ 繰り返す場合、そこでの消費日数は $3l$ 日であり、残りの猶予は $(6n - 6) - 3l = 6n - 3l - 6$ 日です。

l が偶数の場合、$l = 2l' \left(l \in \mathbb{Z}, \, 0 \leq l' \leq n - 1 \right)$ と表せます。このとき、m として許される値は $m = 0, 1, 2, \cdots, 3n - 3l' - 3$ です。一方 l が奇数の場合は $l = 2l' + 1$ $\left(l \in \mathbb{Z}, \, 0 \leq l' \leq n - 2 \right)$, $m = 0, 1, 2, \cdots, 3n - 3l' - 5$ です。よって、(b) に分類されるルートで工事が n 週間以内に終了する確率は

$$\sum_{l'=0}^{n-1} \left(\sum_{m=0}^{3n-3l'-3} p \cdot p^{2l'} \cdot q \cdot p^m \cdot q \right) + \sum_{l'=0}^{n-2} \left(\sum_{m=0}^{3n-3l'-5} p \cdot p^{2l'+1} \cdot q \cdot p^m \cdot q \right)$$

$$= pq^2 \left\{ \sum_{l'=0}^{n-1} p^{2l'} \left(\sum_{m=0}^{3n-3l'-3} p^m \right) + \sum_{l'=0}^{n-2} p^{2l'+1} \left(\sum_{m=0}^{3n-3l'-5} p^m \right) \right\}$$

$$= pq^2 \left\{ \sum_{l'=0}^{n-1} p^{2l'} \cdot \frac{1 - p^{3n-3l'-2}}{1 - p} + \sum_{l'=0}^{n-2} p^{2l'+1} \cdot \frac{1 - p^{3n-3l'-4}}{1 - p} \right\}$$

$$= pq \left\{ \sum_{l'=0}^{n-1} \left(p^{2l'} - p^{3n-l'-2} \right) + \sum_{l'=0}^{n-2} \left(p^{2l'+1} - p^{3n-l'-3} \right) \right\} \quad (\because 1 - p = q)$$

$$= pq \left\{ \frac{1-p^{2n}}{1-p^2} - p^{3n-2} \cdot \frac{1-\left(\frac{1}{p}\right)^n}{1-\frac{1}{p}} + p \cdot \frac{1-p^{2(n-1)}}{1-p^2} - p^{3n-3} \cdot \frac{1-\left(\frac{1}{p}\right)^{n-1}}{1-\frac{1}{p}} \right\}$$

$$= pq \left\{ \frac{(1-p^{2n}) + p\left(1-p^{2(n-1)}\right)}{1-p^2} - \frac{p^{3n-2}\left\{1-\left(\frac{1}{p}\right)^n\right\} + p^{3n-3}\left\{1-\left(\frac{1}{p}\right)^{n-1}\right\}}{1-\frac{1}{p}} \right\}$$

$$= pq \left\{ \frac{(1+p)\left(1-p^{2n-1}\right)}{(1+p)(1-p)} + p \cdot \frac{p^{3n-2} - p^{2n-2} + p^{3n-3} - p^{2n-2}}{1-p} \right\} \quad \left(\because \frac{1}{1-\frac{1}{p}} = -\frac{p}{1-p} \right)$$

$$= pq \cdot \frac{1 - p^{2n-1} + p^{3n-1} - p^{2n-1} + p^{3n-2} - p^{2n-1}}{1-p}$$

$$= p\left(1 + p^{3n-1} + p^{3n-2} - 3p^{2n-1}\right)$$

と計算できます。

以上より $P(n)$ は次のように計算できます。

$$P(n) = (1-p)\left(1 - p^{3n-1}\right) + p\left(1 + p^{3n-1} + p^{3n-2} - 3p^{2n-1}\right)$$
$$= 1 - p^{3n-1} - p + p^{3n} + p + p^{3n} + p^{3n-1} - 3p^{2n}$$
$$= \underline{1 + 2p^{3n} - 3p^{2n}}$$

[6] (3) 失敗率が $\dfrac{1}{1000}$ 未満となる施工期間は？

本小問では $p = \dfrac{1}{2}$ としていますから

$$1 - P(n) = -2 \cdot \left(\frac{1}{2}\right)^{3n} + 3 \cdot \left(\frac{1}{2}\right)^{2n} = \frac{3}{4^n} - \frac{2}{8^n}$$

とわかります。よって、いま考えるべき n の条件は次のようになります。

$$\left(1 - P(n) < \frac{1}{1000} \iff\right) \quad \frac{3}{4^n} - \frac{2}{8^n} < \frac{1}{1000} \quad \cdots (*)$$

$(*)$ をみたす正整数 n のうち最小のものを求めましょう。まず、$(*)$ の左辺は n に関して狭義単調減少です。これは別個に示すこともできますが、工期が長いほど工事を終了できない確率が減少するのは明らかですから、認めてしまいます。

$$(*) \quad \Longleftarrow \quad \frac{3}{4^n} < \frac{1}{1000} \quad \iff \quad 3\,000 < 4^n$$

であり、$4^6 = 4\,096 > 3\,000$ ですから $n \geq 6$ は $(*)$ であるための十分条件です。一方

$$\frac{3}{4^5} - \frac{2}{8^5} = \frac{3 \cdot 2^5 - 2}{8^5} = \frac{94}{16\,384} > \frac{16.384}{16\,384} = \frac{1}{1\,000}$$

ですから $n = 5$ は $(*)$ をみたしません。よって $(*)$ をみたす最小の n の値は 6 とわかります。つまり、6 週間設けておけば、工事および検査が完了しない確率を $\frac{1}{1\,000}$ 未満に抑えることができるわけです。なお、各 n の値に対する

- $1 - P(n)$、つまり n 週間以内に工事が終了しない確率
- $\dfrac{1}{1 - P(n)}$、つまり n 週間以内に工事が終了しないことが何回に 1 回あるか

は各々表 7.1 のようになります。

表 7.1: いくつかの n に対する $1 - P(n)$ の％表示と $\dfrac{1}{1 - P(n)}$ の値。前者は正確な値を四捨五入し、上から 2 桁を採用したもの。後者は正確な値の整数部分。

n	1	2	3	4	5	6	7	8
$1 - P(n)$〔％〕	50	16	4.3	1.1	0.29	0.072	0.018	0.0046
$\left\lfloor \dfrac{1}{1 - P(n)} \right\rfloor$	2	6	23	89	348	1\,379	5\,489	21\,902

　たとえば、5 週間以内に工事が終了しない確率はおよそ 0.29％であり、だいたい 350 回に 1 回くらいそういうことが起こってしまうということです。本問の (3) は、$1 - P(n) < 0.1\%$、または $\dfrac{1}{1 - P(n)} > 1\,000$ となるような最小の n が問われており、したがって $n = 6$ が正解だったわけです。

　本問の工期のように "納期" の見積りをしなければならない場面は、仕事においてたくさん存在します。たとえばクライアントへの納期の見立てを上司に伝える際、「なんとなく○○週間かかると思います」と気持ちで推測したものを伝えても信頼されず、実際リスクを見誤っている可能性があります。一方、過去の実績をふまえ、本節の議論のような根拠とともに計画を伝えれば、きっと上司も納得してくれることでしょう。

§2 明日は、今日の延長線上にある

[1] テーマと問題の紹介

"確率の問題" と聞いて、あなたは何を思い浮かべますか？ コインを投げたり、サイコロを投げたりというものを想像するかもしれません。人やモノをランダムに並べるというのもよくテーマとして採用されますね。中学・高校数学における確率の問題のうち、特に平易なものの多くは、このように 1 ステップの操作を考えるものになっています。複数ステップであっても、たとえば袋から玉を取り出し、色を調べてから再度袋に戻すといった具合に、結局同じことの繰返しであることが多いです。

しかし、前の操作の結果が次の操作に影響を与えるようなセッティングも当然考えられ、そのような問題の方が複雑で奥が深くなりやすい印象です。たとえば、こんなふうに。

題材 **2006 年 理系数学 第 2 問**

コンピュータの画面に、記号 ◯ と × のいずれかを表示させる操作を繰り返し行う。このとき、各操作で、直前の記号と同じ記号を続けて表示する確率は、それまでの経過に関係なく、p であるとする。

最初に、コンピュータの画面に記号 × が表示された。操作を繰り返し行い、記号 × が最初のものも含めて 3 個出るよりも前に、記号 ◯ が n 個出る確率を P_n とする。ただし、記号 ◯ が n 個出た段階で操作は終了する。

(1) P_2 を p で表せ。

(2) $n \geqq 3$ のとき、P_n を p と n で表せ。

前の結果が次に影響するという性質上、場合分けや確率計算の際に混乱しやすいのが本問の特徴です。入試本番でこの問題に遭遇したら、焦ってミスをする受験生が多いことでしょう。しかし、あくまで "焦りやすい" というだけであって、本問は極端に難しいわけではありません。本来の原稿の期限を過ぎているのにコーヒーとクッキーを楽しみながらこれを書いている私のように、ぜひ気楽に考えてみてください。

[2] (1) まずは地道に調べてみよう

本問の目的は、× が 3 個出る前に ◯ が 2 個出る確率を求めることです。P_n の一般項を問われる前に実験の機会を与えてくれているわけですから、ありうるパターンを書き出して攻略します。樹形図を描いてみると図 7.3 のようになります。

× が 3 個出る前に ◯ が 2 個出たパターンは、その右に 終 と記しました。条件をみ

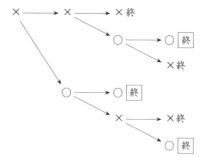

図 7.3: ありうる ×, ◯ の出方。× が 3 回出るか、◯ が 2 回出るかしたら終了としている。

たすパターンは三つあることがわかりますね。$q := 1 - p$ と定義しておくと、各々の確率は次のように計算できます。

$\times \to \times \to \bigcirc \to \bigcirc$ ：　確率 $p \cdot q \cdot p = p^2 q$

$\times \to \bigcirc \to \bigcirc$ ：　確率 $q \cdot p = pq$

$\times \to \bigcirc \to \times \to \bigcirc$ ：　確率 $q \cdot q \cdot q = q^3$

よって、$P(2)$ は次のように計算できます。

$$P(2) = p^2 q + pq + q^3 = (p^2 + p + q^2)q = \left\{ p^2 + p + (1-p)^2 \right\} (1-p)$$
$$= \left(1 - p + 2p^2 \right) (1-p)$$

[3]　小さすぎると、逆にわかりづらい？

次は (2) です。P_n を p, n で表すということは、P_n の一般項を求めることと同義です。

(1) で樹形図を描くことにより、ありうるパターンとそうなる確率の計算方法に慣れてきましたが、P_n を求めるのに十分な規則はまだ見出せていません。(1) は $n = 2$ のケースに相当したわけですが、n の値が小さすぎて逆にルールを推測しづらかったのかもしれませんね。

ところで、この年度の文系入試の数学でも、本問と同じ設定の問題が出題されています。ただし問題文は少し異なっていて……

題 材　**2006 年 文系数学 第 2 問**

（問題文は冒頭と同じ）

文系 (1)　P_2 を p で表せ。

文系 (2)　P_3 を p で表せ。

文系 (3)　$n \geqq 4$ のとき、P_n を p と n で表せ。

　上のようになっていました。そう、文系では P_3 を問う小問があるのです。ここから
も推測できるように、$n = 3$ のケースも調べておいた方が規則を見つけやすいのでしょ
うね。こういうときは横着せずに実験するのが吉。早速、ありうるパターンを書き出し
てみましょう。すると図 7.4 のようになります。

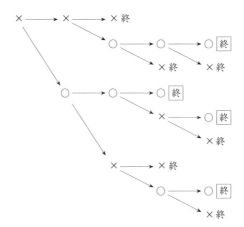

図 7.4: ありうる ×, ○ の出方。× が 3 回出るか、○ が 3 回出るかしたら終了としている。

　このようになります。× が 3 個出る前に ○ が 3 個出たパターンは、その右に 終 と
記しました。条件をみたすパターンは以下の四つです。

- × → × → ○ → ○ → ○
- × → ○ → ○ → ○
- × → ○ → ○ → × → ○
- × → ○ → × → ○ → ○

さて、この後の問題解決の方針は複数あるのですが、代表的と思えるものを二つご紹
介します。方向性は大きく異なりますが、いずれも重要です。

[4]　前のパターンに ×, ○ を付加していく

$n = 2, 3$ の場合、問題文の条件をみたす ○, × の出方を表 7.2 のように並べてみます。

表 7.2: $n = 2, 3$ の場合における、条件をみたす ○, × の出方。

$n = 2$ の場合	$n = 3$ の場合
(2a) × → × → ○ → ○	× → × → ○ → ○ → ○
(2b) × → ○ → × → ○	× → ○ → × → ○ → ○
(2c) × → ○ → ○	× → ○ → ○ → ○
	× → ○ → ○ → × → ○

　(2x) は $n = 2$ のパターンに与えた名称です。意図的にパターンを並び替えてみましたが、理由はおそらくすぐ察していただけるでしょう。そう、$n = 3$ のパターンは、$n = 2$ のパターンの後ろに新しい ◯, × を付け加えたものとなっているのです。後ろには → ◯ を付加したものと → × → ◯ を付加したものの 2 種がありますね。→ ◯ はどのパターンにも付加できるようですが、→ × → ◯ が付加されているのは (2c) のみです。

　こうした実験から、以下のことがわかります。まず、正整数 n に対し、問題文の条件をみたすパターンの集合を S_n と定めます。このとき、任意の S_n の要素に対し、その末尾に → ◯ を付加したものは S_{n+1} の要素です。なぜなら、S_n の要素は × が 3 個出る前に ◯ が n 個出たパターンであり、その直後に ◯ が出れば（× は増えていないので）× が 3 個出る前に ◯ が $(n + 1)$ 個出たことになるからです。

　ここで、S_n の要素を以下の 2 種に（漏れなく・重複なく）分類します。

- "余裕のあるパターン"：最初以外に × が出ていないパターン
- "余裕のないパターン"：最初以外に 1 つ × が出ているパターン

　次に、S_n の要素であって、その末尾に → × → ◯ を付加したものが S_{n+1} の要素となるようなものを考えます。新たに × が 1 個加わるわけですから、（最初が × であることに留意すると）それ以外に × が含まれていてはなりません。逆に、× が最初の 1 個だけであれば、あと 1 個加わるのは許容できます。よって、S_n の要素のうち余裕のあるパターンであるものは

$$\times \to \overbrace{\bigcirc \to \bigcirc \to \cdots \to \bigcirc}^{n\text{ 個}}$$

の 1 種のみです。

　つまり、n の値が 1 増加するごとに、文字列は図 7.5 のように伸ばしていけることとなります。

　ここで重要なのは次の 2 点です。

- S_n の全要素数と S_{n+1} の余裕のないパターンの数が同数となっている。
- S_n の余裕のあるパターン（一つ）からのみ、S_{n+1} の余裕のあるパターンが（一つ）生成される。

　よって、正整数 n に対し次式が成り立ちます。

$$P_{n+1} = (S_n \text{ の全パターンに ◯ が付加されたものの生成確率})$$
$$\qquad + (S_n\text{の余裕のあるパターンに× ◯ が付加されたもの(図 7.5下線)の生成確率})$$
$$\qquad = p \cdot P_n + q \cdot p^{n-1} \cdot q \cdot q = pP_n + p^{n-1}q^3$$

　これを用いて、$n = 3, 4, 5, \cdots$ に対し順次 P_n を具体的に計算していくと次のようになります。

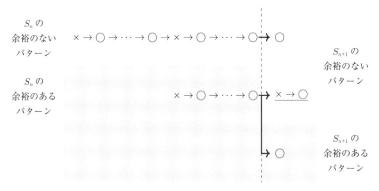

図 7.5: 文字列を一つ長くするときのパターン分岐。

$$P_3 = pP_2 + p^{2-1}q^3 = pP_2 + pq^3$$
$$P_4 = pP_3 + p^{3-1}q^3 = p\left(pP_2 + pq^3\right) + p^2q^3 = p^2P_2 + 2p^2q^3$$
$$P_5 = pP_4 + p^{4-1}q^3 = p\left(p^2P_2 + 2p^2q^3\right) + p^3q^3 = p^3P_2 + 3p^3q^3$$
$$P_6 = \cdots$$

よって $P_n = p^{n-2}P_2 + (n-2)p^{n-2}q^3$ と予想でき、数学的帰納法で証明できます（これはただの地道な作業であるため後述します）。これと $P_2 = p^2q + pq + q^3$ より、P_n は次のように計算できます。

$$P_n = p^{n-2}\left(p^2q + pq + q^3\right) + (n-2)p^{n-2}q^3 = p^nq + p^{n-1}q + (n-1)p^{n-2}q^3$$
$$= \underline{p^n(1-p) + p^{n-1}(1-p) + (n-1)p^{n-2}(1-p)^3}$$

最後の形は、$(1-p)$ で因数分解してもよいでしょう。

[5]　場合分けをして直接調べ上げる

上のようにありうるパターンを書き出して帰納的に P_n を求めることもできるのですが、数え上げや場合分けが得意であれば、もうありうるパターンを調べ上げて確率を計算することもできます。

$n = 2, 3$ の場合、条件をみたすパターンは以下のようなものでした。

- $n = 2$ の場合
  - $\times \rightarrow \bigcirc \rightarrow \bigcirc$
  - $\times \rightarrow \times \rightarrow \bigcirc \rightarrow \bigcirc$
  - $\times \rightarrow \bigcirc \rightarrow \times \rightarrow \bigcirc$
- $n = 3$ の場合
  - $\times \rightarrow \bigcirc \rightarrow \bigcirc \rightarrow \bigcirc$

189

- × → × → ○ → ○ → ○
- × → ○ → ○ → × → ○
- × → ○ → × → ○ → ○

こうしたパターンたちの生成確率を計算するとき、パターンの何が異なれば確率が変わるでしょうか。まず、記号を新たに一つ表示するたびに p, q の指数の合計が一つ増えるのですから、記号が表示された回数（パターンの長さ）は当然確率に関係します。

しかし、確率変化の要因はそれだけではありません。コンピュータにある記号が表示されたとき、次に ×, ○ 記号が出る確率は、直前の記号に影響を受けるのでした。よって、たとえ ×, ○ の回数がそれぞれ等しいパターンであっても、× → ○ や ○ → × のように直前とは異なる記号が表示されるイベント（これを "チェンジ" とよぶこととします）の回数により生成確率は変わるのです。

以上の考察に基づき、問題文の条件をみたすパターンを以下のように漏れなく・重複なく分類し、各々の生成確率を計算して和をとります。

(A) 最初だけ × で、その後 ○ が n 個連続したもの

(B) 最初に × が 2 連続し、その後 ○ が n 個連続したもの

(C) 最初は ×、その次は ○ であり、その後 × が 1 個と ○ が $(n-2)$ 個表示され、最後に ○ が表示されるもの

(A) パターンの場合、2 個目の記号表示時に × → ○ となる確率は q であり、その後 ○ が $(n-1)$ 個付加される確率は p^{n-1} ですから、このパターンの生成確率は $p^{n-1}q$ と計算できます。

(B) パターンの場合、2 個目の記号表示時に × → × となる確率は p であり、3 個目の記号表示時に × → ○ となる確率は q であり、その後 ○ が $(n-1)$ 個付加される確率は p^{n-1} ですから、このパターンの生成確率は $p^n q$ と計算できます。

(C) パターンの場合、2 個目の記号表示時に × → ○ となる確率は q です。そこから先のどこで × が表示されたとしても、○ → × は 1 回（確率 q）、× → ○ は 1 回（確率 q）、○ → ○ は $(n-2)$ 回（確率 p）と回数がいずれも定まります。また、2 個目の × が表示されるタイミングは $(n-1)$ 通りあります。よって、このパターンの生成確率は $q \cdot q \cdot q \cdot p^{n-2} \cdot (n-1) = (n-1)p^{n-2}q^3$ です。

以上を合計することで、P_n は次のように求められます。

$$P_n = p^{n-1}q + p^n q + (n-1)p^{n-2}q^3$$
$$= p^{n-1}(1-p) + p^n(1-p) + (n-1)p^{n-2}(1-p)^3$$

[6]　補足：P_2 の一般形の証明

2 以上の正整数 n に対し $P_{n+1} = pP_n + p^{n-1}q^3$ がいえるとき、たとえば数学的帰納法により $P_n = p^{n-2}P_2 + (n-2)p^{n-2}q^3$ を証明できます。その手順を述べておきます。

2 以上の整数 n についての命題 "$P_n = p^{n-2}P_2 + (n-2)p^{n-2}q^3$ が成り立つ" を $(*)_n$ と定めます。まず

$$p^{2-2}P_2 + (2-2)p^{2-2}q^3 = 1 \cdot P_2 + 0 \cdot p^0 q^3 = P_2$$

より $(*)_2$ がいえます。次に、2 以上の正整数 n に対し $(*)_n$ を仮定します。すると

$$P_{n+1} = pP_n + p^{n-1}q^3 = p\left(p^{n-2}P_2 + (n-2)p^{n-2}q^3\right) + p^{n-1}q^3 \quad (\because (*)_n)$$
$$= p^{n-1}P_2 + (n-2)p^{n-1}q^3 + p^{n-1}q^3 = p^{n-1}P_2 + (n-1)p^{n-1}q^3$$
$$= p^{(n+1)-2}P_2 + ((n+1)-2)p^{(n+1)-2}q^3$$

より $(*)_{n+1}$ がしたがいます。以上より $(*)_2$ および $(*)_n \implies (*)_{n+1}$ がいえたため、2 以上の任意の正整数 n に対する $(*)_n$ がいえました。■

[7]　補足：マルコフ過程

冒頭の問題文の一部を再掲します。

問題の再掲（2006 年 理系数学 第 2 問）

> コンピュータの画面に、記号 ○ と × のいずれかを表示させる操作を繰り返し行う。このとき、各操作で、直前の記号と同じ記号を続けて表示する確率は、それまでの経過に関係なく、p であるとする。（以下略）

　下線部からわかるように、いま画面に表示されている記号が何であれ、次に同じ記号が表示される確率は p なのでした。つまり、毎回独立な試行というわけではありませんが、参照されるのは現在の状態のみとなっています。言い換えると、それまでに生成された文字列における ○, × の配分や文字列自体の長さは無関係なのです。このような性質をマルコフ性といい、またこの性質をもつ確率過程を（単純）マルコフ過程とよびます。

　たとえば、あるスポーツチームが日々他のチームと試合を行っているとしましょう。このチームは精神にパフォーマンスが左右されやすく、ある日の試合に勝利したら翌日も勝利しやすく、逆にある日の試合に敗北したら翌日も敗北しやすいとし、その確率をいずれも p とします。すると、このチームの勝敗パターンはまさに本問の文字列と同じように生成されるのです。

　ほかにも、たとえば天気の移り変わりをマルコフ過程と捉えられる可能性があります。ただし、たとえばわが国においては、雨天や晴天が続きやすい季節も確かにある一方で天気が不安定な季節もあるので、季節を限定したり性質のよい気候をもつ地域を探したりする必要はありそうです。

§3 リターンを計算すれば、最適な行動ができる

[1]　テーマと問題の紹介

　私は以前、ポーカー (Texas hold'em) のルールを友人に大まかに教えてもらい、手取り足取りガイドしてもらいつつゲームを試してみたことがあります。ルール自体はさほど複雑ではないのですが、手札 2 枚やコミュニティカード（場に開示されているカード）をもとにした勝率計算や、ベットの量を中心とする駆け引きなどの奥深さに驚きました。といっても、奥が深いことを察して驚いただけで、駆け引きの妙を心得たわけではないのですが。

題 材　**1995 年 後期 理科一類 第 3 問**

　1 から 13 まで、それぞれ違った数字が書かれたカードが 1 枚ずつ 13 枚ある。このカードを使って、A と B の 2 人が次のルールでゲームをする。

- A と B は最初に 2 枚ずつカードをもつ。相手のカードの数字は見えない。
- まず、A が 1 枚のカードを数字が見えるようにして出し、B はそれを見て 1 枚のカードを出す。数字の大きいカードを出した者が 1 点を得る。
- 次に、残りのカードを出しあって、数字が大きいカードを出した者が 1 点を得る。
- この際、A と B はおのおのの得点が最大となるようにカードを出すものとする。

　(1)　カードを配られた後、A は手持ちのカードのうち、数字の大きいものを最初に出した方が有利か、不利か、あるいはどちらを出しても同じか。

　(2)　A、B に無作為に 2 枚ずつカードを配った場合、A の得点の期待値を求めよ。

　(3)　A はカードの数字の合計が 14 となるような 2 枚のカードを最初に選んで持っているものとする。B は残りのカードから無作為に選んでゲームを行なう。この場合、A ははじめにどのようなカードを選べば A の得る点数の期待値が最大となるか、また最小となるか。それぞれの場合の得点の期待値を求めよ。

　これは、ポーカーよりもさらに圧倒的にシンプルな設定のゲームです。入試問題の大問一つとして出題されているわけですからね。とはいえ、これだけシンプルな設定でも

思いのほか考慮すべきことがあり、ゲーム（特にターン制で相手の出方に応じて自身の行動を最適化するもの）を数学的に取り扱うことの面白さを感じられます。

本問は、解説を読む前にぜひご自身で考えていただきたいです。ゲーム理論的な思考に慣れていないと相当混乱するはずです。……なんて言いつつ、私もこの手のものは苦手で原稿執筆時にだいぶ頭を抱えたのですが。

[2] 情報の整理と語の定義

まず、ゲーム全体を通じていえることを列挙しておきます。

- カードは $1, 2, 3, \cdots, 13$ の 13 枚であり、同じ数字のカードは存在しない。
- A, B は各々の得点が最大となるカードの出し方をする。

次に、A, B の手札について、ゲーム開始時に A がもっている情報を列挙します。

- A 自身の手札は（当然）わかっている。
- B（相手）は、自身の手札以外の残り 11 枚のうちいずれか 2 枚をもっている。

当然のことばかりではありますが、以上のことを意識せずして問題解決はできません。この先を読み進める際、混乱したらいったんここに戻ってくることを推奨します。

以下の解説で用いる語の定義をしておきます。

- A が最初に持っているカードの数字のうち大きい方を M_A、小さい方を m_A とします。
- 数字 X の書かれたカードを $\boxed{X}$ のように表します。
- B についても同様に M_B, m_B、および $\boxed{M_B}$, $\boxed{m_B}$ を定めます。
- 相手に見えるようにカードを出す場所を "場"、カードを出すことを "場に出す" とよびます。
- A, B がカードを出す行為を順に "初手" "2 手目" "3 手目" "4 手目" とよびます。
- 初手と 2 手目のカードの大小比べを "1 回戦"、3 手目と 4 手目のカードの大小比べを "2 回戦" と命名します。また、各回戦で 1 点をもらうことを "勝利する" とし、1 点もらえないことを "敗北する" とよぶこととします。また、それに応じて "勝者" "敗者" という表現を用います。

たとえば、場に次のような順でカードが出されたとします。

$$A が \boxed{8} を出す \rightarrow B が \boxed{10} を出す \rightarrow A が \boxed{13} を出す \rightarrow B が \boxed{2} を出す$$

この場合、$8 < 10$ より 1 回戦の勝者は B であり、$13 > 2$ より 2 回戦の勝者は A です。したがって、ゲーム終了時、両者はいずれも 1 点を獲得していることとなります。

[3] (1) その 1：B はどういう対応をしてくるか

まずは初手について考えます。小問が三つのうちの 1 番目だから簡単なのでは？と思ったとしたら、それはおそらく誤解です。このゲームでは A, B が手にした計 4 枚のカー

ドを 1 枚ずつ放出するわけですが、必要な先読みの量が最多なのは初手であり、この意味では初手が最も悩ましいと思えるのです。

初手で出すカードを $\boxed{x_A}$ とします。初手でどちらを出すか判断する際に不可欠なのが、初手に対する B の 2 目目の選択です。

ここから少しの間、B の視点に立って考えてみてください。初手で A が $\boxed{x_A}$ を出しました。現状、相手 (A) はまだ手札を 1 枚所持していますが、その数字が何かはわかりません。また、x_A, x'_A は当然異なる値ですが、これらの大小関係もわかりません。知っているのは x_A, M_B, m_B の値です。図 7.6 を参照すると明快でしょう。

図 7.6: 現在のゲームの状況。あなたはいま B であることを忘れないのがポイントです。

ここで B は $\boxed{M_B}$ と $\boxed{m_B}$ のいずれを出すべきか考えます。まず、x_A, M_B, m_B の値の大小関係は次の 3 通りです。

(i)　$x_A > M_B > m_B$,　　　(ii)　$M_B > x_A > m_B$,　　　(iii)　$M_B > m_B > x_A$

(i) の場合、B は $\boxed{M_B}$、$\boxed{m_B}$ のいずれを出しても 1 回目は敗北確定です。とすると、2 回戦の勝率が B の得点の期待値そのものなのですから、2 回戦に全力投球するほかありません。"1 回戦はどうせ負けるのだから、そこで切り札を使っても仕方がない"とカジュアルに捉えると明快ですね。よって 1 回戦では $\boxed{m_B}$ を出し、2 回戦では $\boxed{M_B}$ を出すべきです。

(ii) の場合、B は $\boxed{M_B}$ を出すことで 1 回戦で勝てます。その場合の 2 回戦の勝敗は定かではありませんが、1 回戦での勝利が約束されている以上、得点の期待値は 1 点以上です。一方、1 回戦で $\boxed{m_B}$ を出した場合、1 回戦の敗北が確定します。その場合の 2 回戦の勝率は、1 回戦で $\boxed{M_B}$ を出した場合よりは高くなるでしょうが、たとえ 2 回戦で勝利できたとしても得点は高々 1 点です。よってこの場合、B は 1 回戦で $\boxed{M_B}$ を出すべきです。

(iii) の場合、B は $\boxed{M_B}$、$\boxed{m_B}$ のいずれを出しても 1 回目は勝利確定です。とすると、あとは 2 回戦での勝利に注力することとなります。"1 回戦はどうせ勝てるのだから、そこで切り札を使っても仕方がない"ということです。よって 1 回戦では $\boxed{m_B}$ を出し、2 回戦では $\boxed{M_B}$ を出すべきです。

[4] (1)その2：ありうるルート

ここで A の立場に戻って考えましょう。B がどのようなカードを持っているかは不明ですが、上述のマニュアルに基づいて行動してくることはわかります。とはいえ、$\boxed{x_A}$ に対し B が何を出してくるのか、そしてその結果勝率がどうなるかはわかりません。

さて、M_A, m_A, M_B, m_B の大小関係としてありうるのは以下の 6 通りです。括弧内は、各ケースに与える名称です。

$$(\mathrm{I})\ M_A > m_A > M_B > m_B \quad (\mathrm{II})\ M_A > M_B > m_A > m_B$$
$$(\mathrm{III})\ M_A > M_B > m_B > m_A \quad (\mathrm{IV})\ M_B > M_A > m_A > m_B$$
$$(\mathrm{V})\ M_B > M_A > m_B > m_A \quad (\mathrm{VI})\ M_B > m_B > M_A > m_A$$

これら 6 通りの各々について、最初に M_A を出した場合と m_A を出した場合の勝敗をまとめると表 7.3 のようになります。この表より、M_A, m_A, M_B, m_B の大小関係が (I)〜(VI) のいずれであっても、初手による得点の違いは発生しません。よって、A は初手でどちらを出しても同じであることがわかります。私がこの問題に初めて取り組んだときは、初手で m_A を出した方が有利なのではないかと勝手に思い込んでいたのですが、初手による差はないと知り驚いたものです。

表 7.3: 6 ルート各々における、初手による結果の違い。

大小関係	初手	1 回戦	2 回戦	A の得点	B の得点
(I) $M_A > m_A > M_B > m_B$	M_A	$M_A > m_B$	$m_A > M_B$	2	0
	m_A	$m_A > m_B$	$M_A > M_B$	2	0
(II) $M_A > M_B > m_A > m_B$	M_A	$M_A > m_B$	$m_A < M_B$	1	1
	m_A	$m_A < M_B$	$M_A > m_B$	1	1
(III) $M_A > M_B > m_B > m_A$	M_A	$M_A > m_B$	$m_A < M_B$	1	1
	m_A	$m_A < m_B$	$M_A > M_B$	1	1
(IV) $M_B > M_A > m_A > m_B$	M_A	$M_A < M_B$	$m_A > m_B$	1	1
	m_A	$m_A < M_B$	$M_A > m_B$	1	1
(V) $M_B > M_A > m_B > m_A$	M_A	$M_A < M_B$	$m_A < m_B$	0	2
	m_A	$m_A < m_B$	$M_A < M_B$	0	2
(VI) $M_B > m_B > M_A > m_A$	M_A	$M_A < m_B$	$m_A < M_B$	0	2
	m_A	$m_A < m_B$	$M_A < M_B$	0	2

[5]　(2) 無作為に手札が決まる場合の期待値は？

(1) の成果は大きいです。なぜなら、A, B の得点は (I)〜(VI) の大小関係のみにより決まり、初手は自由に決めてよいとわかったからです。頑張った甲斐がありました。

数字の大小関係が (I)〜(VI) の各々になる確率がわかれば、期待値を計算できます。実は、(I)〜(VI) の実現確率はどれも等しく $\frac{1}{6}$ です。これは、次のように考えると納得しやすいでしょう。まず $\boxed{1}$ 〜 $\boxed{13}$ までの 13 枚のうちから A, B に配られる 4 枚を選抜し、数字の大きい順に並べます。そのうちから無作為に 2 枚を選んで A に、残りを B に渡すという手続きによりカードを配るさまを想像しましょう。これは両者に無作為にカードを配れています。大きい順に並んだ 4 枚のカードからどの 2 枚を選ぶかで (I)〜(IV) のいずれになるかが決まりますが、無作為に 4 枚から 2 枚を選んでいますから、これら 6 ルートは等確率のはずですね。

各ルートにおける A の得点は表 7.3 のとおりですから、A の得点の期待値（E_A とする）は次のように計算できます。

$$E_A = \frac{1}{6} \cdot 2 + \frac{1}{6} \cdot 1 + \frac{1}{6} \cdot 1 + \frac{1}{6} \cdot 1 + \frac{1}{6} \cdot 0 + \frac{1}{6} \cdot 0 = \frac{5}{6}$$

[6]　(3) どの組にすると最も有利？

最後に (3) を攻略しましょう。もちろん、(1) の結果は適用できますが、A がいくつかの組のうちより自由に手札を選択してよいという意味において、(2) とは設定が明確に異なることに注意してください。

まず、合計が 14 となる 2 枚のカードの組合せは以下のとおりです。

$$\left(\boxed{13}, \boxed{1} \right), \quad \left(\boxed{12}, \boxed{2} \right), \quad \left(\boxed{11}, \boxed{3} \right), \quad \left(\boxed{10}, \boxed{4} \right), \quad \left(\boxed{9}, \boxed{5} \right),$$
$$\left(\boxed{8}, \boxed{6} \right)$$

これら各々について、得点の期待値を計算します。なお、A が 2 枚の組を選ぶと残りは 11 枚ですから、B の手札の組としてありうるのは $_{11}C_2 = 55$ 通りです。これは A がどの組を選択するかによらず同じです。

以上を踏まえ、6 組各々における各ルートの実現する場合の数をまとめると表 7.4 のようになります。

ルート (V), (VI) に入ってしまった場合の得点は 0 点ですから、期待値計算の際は無視してよいのですが、場合の数の合計が 55 通りであることを意識するためにも 6 ルートすべての場合の数を計算しています。

これをもとに、6 組各々での得点の期待値を計算すると次のようになります。

表 7.4: A の各手札における 6 ルートの実現する場合の数。

大小関係	A の得点	(13, 1)	(12, 2)	(11, 3)	(10, 4)	(9, 5)	(8, 6)
(I) $M_A > m_A > M_B > m_B$	2	0	0	1	3	6	10
(II) $M_A > M_B > m_A > m_B$	1	0	9	14	15	12	5
(III) $M_A > M_B > m_B > m_A$	1	55	36	21	10	3	0
(IV) $M_B > M_A > m_A > m_B$	1	0	1	4	9	16	25
(V) $M_B > M_A > m_B > m_A$	0	0	9	14	15	12	5
(VI) $M_B > m_B > M_A > m_A$	0	0	0	1	3	6	10
合計		55	55	55	55	55	55

$$\left(\boxed{13}, \boxed{1}\right): \quad E_A = 1$$

$$\left(\boxed{12}, \boxed{2}\right): \quad E_A = \frac{1 \cdot (9 + 36 + 1)}{55} = \frac{46}{55}$$

$$\left(\boxed{11}, \boxed{3}\right): \quad E_A = \frac{2 \cdot 1 + 1 \cdot (14 + 21 + 4)}{55} = \frac{41}{55}$$

$$\left(\boxed{10}, \boxed{4}\right): \quad E_A = \frac{2 \cdot 3 + 1 \cdot (15 + 10 + 9)}{55} = \frac{40}{55}$$

$$\left(\boxed{9}, \boxed{5}\right): \quad E_A = \frac{2 \cdot 6 + 1 \cdot (12 + 3 + 16)}{55} = \frac{43}{55}$$

$$\left(\boxed{8}, \boxed{6}\right): \quad E_A = \frac{2 \cdot 10 + 1 \cdot (5 + 0 + 25)}{55} = \frac{50}{55}$$

よって、A は $\left(\boxed{13}, \boxed{1}\right)$ を選べば E_A を最大化でき、そのとき $E_A = 1$ です。
また、A は $\left(\boxed{10}, \boxed{4}\right)$ を選べば E_A を最小化でき、そのとき $E_A = \frac{40}{55} = \frac{8}{11}$ です。

　設定の単純さからは想定しづらい、複雑な問題でした。こうしたゲーム理論的な問題では、シンプルな設定なのに非自明な結果が得られることがあります。高校数学ではほとんど登場しない、けれども奥深くて面白い分野の一つです。

とある就職面接で出会った期待値クイズ

第 7 章 §3 と関連して、ちょっと面白いクイズをご紹介します。

> サイコロを振り、出目を得点とするゲームがある。出目を見てから最大 2
> 回、サイコロを振り直せる（最大で計 3 回振れる）。ただし、得点は最後の
> 出目で計算され、過去の出目には戻れない。得点を最大化するように行動
> するとき、得点の期待値はいくらか？

1 回だけサイコロを振る場合の得点の期待値は次のように容易に計算できます。

$$\frac{1+2+3+4+5+6}{6} = \frac{7}{2} = 3.5$$

よって、1 回目・2 回目いずれにおいても

- 出目が 3 (< 3.5) 以下であれば振り直す
- 出目が 4 (> 3.5) 以上であれば振り直さない

というのがよさそうです。したがって、このゲームでの得点の期待値は次のよ
うに計算できます。

$$\frac{3}{6} \times \left\{ \frac{1}{6} \times (4+5+6) + \frac{3}{6} \times 3.5 \right\} + \frac{1}{6} \times (4+5+6) = \frac{37}{8} = \underline{4.625} \quad (?)$$

……と考えがちなのですが、実はこれは誤りです。何が誤りかわかりますか？

サイコロを 1 回しか振り直せない場合の行動分岐は前述の通りで正しいです。
しかし、2 回振り直せるとなると話が変わります。というのも、最初の段階で
は "あと 2 回振り直せる" のですから、1 回目の出目を見て振り直した場合のそ
の後の期待値は（3.5 ではなく、波下線部の）4.25 となるのです。この値は 4
と 5 の間にあります。したがって、実は 1 回目では

- 出目が 4 (< 4.25) 以下であれば振り直す
- 出目が 5 (> 4.25) 以上であれば振り直さない

というのが最適であり、正しい得点の期待値は次のようになります。

$$\frac{4}{6} \times 4.25 + \frac{1}{6} \times (5+6) = \frac{14}{3} = \underline{4.666\cdots \left(= 4.\dot{6}\right)}$$

京都大学の過去の入試問題に、これと同じ設定のものがあります。シンプル
ながらも面白い問題ですよね。ぜひ友人などに出題してみてください！

私は大学 4 年生のとき、とある FinTech 企業の就職面接でこのクイズを出
されました。最初は見事に引っかかってしまったのですが、面接官の方が優し
くヒントを出してくださったおかげでなんとか正解に辿り着けました。なんか、
こういう問題、苦手なんですよね……。

第8章

コンピュータの世界の計算と表現

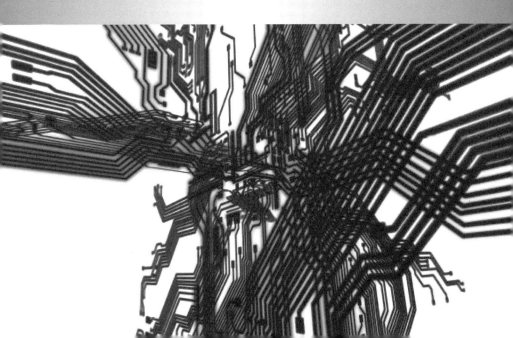

§1 "0" と "1" だけの世界

[1] テーマと問題の紹介

　いまやコンピュータなしに私たちの生活は成り立ちません。きっとあなたも、スマホや PC を操作しない日はないことでしょう。ところで、あなたが毎日使っているそのコンピュータの中で何が起きているのか、考えてみたことはありますか？ 電気が流れるだけで演算ができるというのは、よく考えると不思議です。家庭用 PC が世の中に現れた頃に出題された数列の問題を切り口に、そういったデジタルな世界の計算についてお話しします。

題 材　1983 年 理系数学 第 2 問

　数列 $\{a_n\}$ において、$a_1 = 1$ であり、$n \geq 2$ に対して a_n は、次の条件 (1), (2) を満たす自然数のうち最小のものであるという。

(1) a_n は、$a_1, \cdots\cdots, a_{n-1}$ のどの項とも異なる。

(2) $a_1, \cdots\cdots, a_{n-1}$ のうちから重複なくどのように項を取り出しても、それらの和が a_n に等しくなることはない。

このとき、a_n を n で表し、その理由を述べよ。

　数列 $\{a_n\}$ に関する条件が二つあり、特に (2) は条件そのものが複雑です。大学入試問題に慣れていないと、見るだけで "なんだか大変そう……" と思うかもしれません。入試の答案としてまともに記述しようとすると、たしかにそれなりに苦労します。

　でも、それだけで本問を遠ざけてしまうのはあまりにもったいない、と私は考えます。実際に取り組んで a_n を求めてみるとわかるのですが、コンピュータの動作原理、情報処理・情報通信技術の基礎となる "2 進数" が、おそらく本問の隠れたテーマなのです。

[2] まずは具体的に各項を求めてみよう

　規則が少しずつ見えてくると信じて、数列 $\{a_n\}$ の各項を具体的に求めてみましょう。$a_1 = 1$ は与えられているため、$n = 2$ として条件 (1), (2) を書き下すと

(1) a_2 は a_1 と異なる。

(2) a_1（のみ）から重複なくどのように項を取り出しても、それらの和が a_2 に等しくなることはない。

となり、つまるところ $a_2 \neq 1$ だけが条件とわかります。それをみたす最小の自然数を考えることで $a_2 = 2$ が得られます。

$a_1 = 1, a_2 = 2$ を前提とし、$n = 3$ として条件 (1), (2) を書き下してみましょう。すると

(1) a_3 は $a_1 (= 1)$, $a_2 (= 2)$ と異なる。

(2) a_1, a_2 から重複なくどのように項を取り出しても、それらの和が a_3 に等しくなることはない。

となります。(1) $\Leftrightarrow a_3 \neq 1, 2$、そして (2) $\Leftrightarrow a_3 \neq 1, 2, 1 + 2$ であり、これら 2 条件をいずれもみたす最小の自然数は 4 です。したがって、$a_3 = 4$ を得ます。

$a_1 = 1, a_2 = 2, a_3 = 4$ を前提とし、$n = 4$ として条件 (1), (2) を書き下してみましょう。すると

(1) a_4 は $a_1 (= 1)$, $a_2 (= 2)$, $a_3 (= 4)$ と異なる。

(2) a_1, a_2, a_3 から重複なくどのように項を取り出しても、それらの和が a_4 に等しくなることはない。

となります。(1) $\Leftrightarrow a_4 \neq 1, 2, 4$、そして (2) $\Leftrightarrow a_4 \neq 1, 2, 4, 1 + 2, 1 + 4, 2 + 4, 1 + 2 + 4$ であり、これら 2 条件をいずれもみたす最小の自然数は 8 です。したがって、$a_4 = 8$ を得ます。

踏ん張って、あと一つだけ求めてみましょう。$a_1 = 1, a_2 = 2, a_3 = 4, a_4 = 8$ を前提とし、$n = 5$ として条件 (1), (2) を書き下してみましょう。すると

(1) a_5 は $a_1 (= 1)$, $a_2 (= 2)$, $a_3 (= 4)$, $a_4 (= 8)$ と異なる。

(2) a_1, a_2, a_3, a_4 から重複なくどのように項を取り出しても、それらの和が a_5 に等しくなることはない。

となります。(1) $\Leftrightarrow a_5 \neq 1, 2, 4, 8$、そして (2) $\Leftrightarrow a_5 \neq 1, 2, 4, 8, 1 + 2, 1 + 4, 1 + 8, 2 + 4, 2 + 8, 4 + 8, 1 + 2 + 4, 1 + 2 + 8, 1 + 4 + 8, 2 + 4 + 8, 1 + 2 + 4 + 8$ であり、これら 2 条件をいずれもみたす最小の自然数は 16 です。したがって、$a_5 = 16$ を得ます。

ここまでの結果をまとめると次のようになります。

$$a_1 = 1, \quad a_2 = 2, \quad a_3 = 4, \quad a_4 = 8, \quad a_5 = 16$$

並べてみると、確かに規則性が見えてきました。添字が 1 増えるごとに値が 2 倍になっており、$a_n = 2^{n-1}$ であることが予想できますね。そして、これはもちろん証明することができます。本節の最後に、予想と証明を載せておきますね。

[3] 2 進数って、そもそも何？

以上が、数列 $\{a_n\}$ の各項の具体値とそこから見える規則でした。これで一件落着......とするのもアリですが、本問は単なる "問題のための問題" ではなく、ある背景があるように私は思うのです。解説では $a_1 = 1, a_2 = 2, a_3 = 4, a_4 = 8, a_5 = 16$ まで具体的に調べました。ここで、たとえば 0 〜 15 までの整数を a_1, a_2, a_3, a_4 のうち一部または全部の和でどう表せるかを表 8.1 に具体的にまとめます。

表 8.1: $0 \sim 15$ までの自然数を a_1, a_2, a_3, a_4 を用いてどう表現するか。

	0	1	2	3	4	5	6	7	8	9	10	11	12	13	14	15
$a_1 (= 1)$		○		○		○		○		○		○		○		○
$a_2 (= 2)$			○	○			○	○			○	○			○	○
$a_3 (= 4)$					○	○	○	○					○	○	○	○
$a_4 (= 8)$									○	○	○	○	○	○	○	○

　当然のように表を載せましたが、そもそもこのようなスッキリした表にまとめるためには、ある二つの条件が必要です（これらは、節末の証明の重要ポイントでもあります）。

　第 1 の前提は "a_1, a_2, a_3, a_4 のうちから選ぶものの組が異なれば、それらの和は必ず異なる" ということです。ただ、これについては問題の設定を読めばすぐ納得できることでしょう。そもそもどのように項を取り出して和をとっても重複しないように、$a_1 = 1$ から a_2, a_3, a_4 を一つずつ生成したのですから。

　第 2 の前提は "$0 \sim 15$ の任意の整数は、a_1, a_2, a_3, a_4 のうちから適宜項を選び和をとることで作れる" ということです。これは問題文から即座に読み取れることではなく、驚くかもしれません。とはいえ、これも納得することができます。正の整数 n に対して、a_1, a_2, $\cdots$, a_n のうちからいくつか選ぶ（or 何も選ばない）方法は 2^n 通りあり、生成される和は第 1 の前提より同じく 2^n 種類です。一方、a_1, a_2, $\cdots$, a_n のすべてを選び和をとると

$$a_1 + a_2 + \cdots + a_n = \sum_{k=1}^{n} 2^{k-1} = 2^n - 1$$

であり、生成しうる和は 0 以上 $2^n - 1$ 以下の 2^n 通りです。2^n 通りの和しかありえず、かつ重複なく 2^n 個の和が存在することがわかっているのですから、2^n 通りの選び方では $0, 1, \cdots, 2^n - 1$ がちょうど 1 回ずつ登場することがいえます。つまり、数列 $\{a_n\}$ からの項の選び方と、それにより表現される整数は一対一に対応しているのです。

　同様のことは $a_5, a_6, a_7, \cdots$ を順に追加していっても成り立ちます。すなわち、任意の正整数 n に対し、a_1, a_2, $\cdots$, a_n のうちから項を選んで（or 何も選ばずに）和を考えると、$0 \sim 2^n - 1$ がちょうど 1 回ずつ現れます。言い換えると "無限数列 $\{a_n\}$ からの項の選び方で任意の 0 以上の整数を表現できる" ことになります。これがまさに 2 進法の考え方です。

　われわれが日常的に数字を扱ううえで一般的に用いているのは、ご存じのとおり 10 進数による表示です。例えば、19960716 という 8 桁の数字（10 進数表示）は

$$19960716 = 1 \times 10^7 + 9 \times 10^6 + 9 \times 10^5 + 6 \times 10^4 + 0 \times 10^3 + 7 \times 10^2 + 1 \times 10^1 + 6 \times 10^0$$

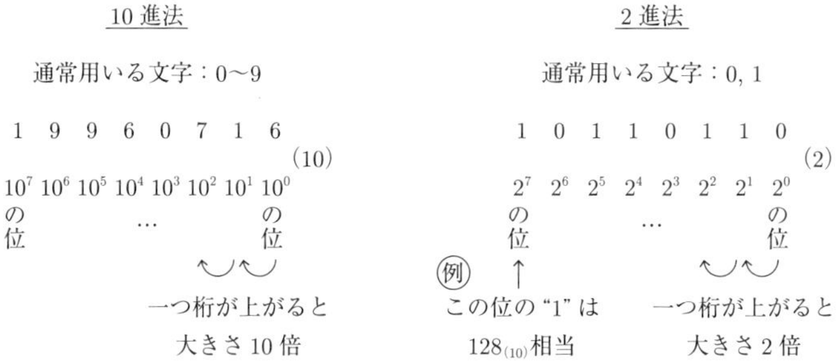

10 進法　　　　　　　　　　　　2 進法

通常用いる文字：0〜9　　　　　通常用いる文字：0, 1

1 9 9 6 0 7 1 6 $_{(10)}$　　　　1 0 1 1 0 1 1 0 $_{(2)}$

$10^7\ 10^6\ 10^5\ 10^4\ 10^3\ 10^2\ 10^1\ 10^0$　　$2^7\ 2^6\ 2^5\ 2^4\ 2^3\ 2^2\ 2^1\ 2^0$
の位　…　の位　　　　　　の位　…　の位

一つ桁が上がると　　この位の "1" は　一つ桁が上がると
大きさ 10 倍　　　　$128_{(10)}$ 相当　　大きさ 2 倍

(例)

図 8.1: 10 進法（左）と 2 進法（右）。不慣れだと 2 進法は奇異に映るかもしれませんが、桁上がりの "10 倍" が "2 倍" になるだけで、10 進法と仕組みはなんら変わりません。

という量を表します。10 進数は、各桁に 0 〜 9 を割り当てて数を表現するものですが、2 進数では 0, 1 のみを用います。たとえば、8 桁の 2 進数 $10110110_{(2)}$ を考えましょう。各桁の大きさは先頭から順に

$$2^7,\quad 2^6,\quad 2^5,\quad 2^4,\quad 2^3,\quad 2^2,\quad 2^1,\quad 2^0$$

ですから、$10110110_{(2)}$ を 10 進数に直すと

$$10110110_{(2)} = 1 \times 2^7 + 0 \times 2^6 + 1 \times 2^5 + 1 \times 2^4 + 0 \times 2^3 + 1 \times 2^2 + 1 \times 2^1 + 0 \times 2^0$$
$$= 128 + 32 + 16 + 4 + 2 = 182$$

となります。

$a_1 (= 1), a_2, (= 2), a_3 (= 4)$ まで求めた後、たとえば 5, 6, 7 は a_1, a_2, a_3 の中から適宜選んで和をとれば作れることが実験からわかりましたが、これはまさに

$$5 = 4 + 1 = 1 \times 2^2 + 0 \times 2^1 + 1 \times 2^0 \qquad \cdots 101_{(2)}$$
$$6 = 4 + 2 = 1 \times 2^2 + 1 \times 2^1 + 0 \times 2^0 \qquad \cdots 110_{(2)}$$
$$7 = 4 + 2 + 1 = 1 \times 2^2 + 1 \times 2^1 + 1 \times 2^0 \qquad \cdots 111_{(2)}$$

という 2 進数表示に対応しています。すなわち a_1, a_2, a_3 は各々 1, 2, 4 の位に対応しており、それら各々が和の構成要素に含まれているか否かが、各桁の数字と結びついているというわけです。

5, 6, 7 などの数自体は本問の数列 $\{a_n\}$ には含まれていませんが、数列 $\{a_n\}$ の項から適宜選んで和をとることで表現できます。このように、数列 $\{a_n\}$ は任意の整数を表示する際の各桁の重み $2^0, 2^1, 2^2 \cdots\cdots$ となっているのです。

[4]　コンピュータの世界は 2 進数でできている

いまや私たちの日常に溢れているコンピュータは、集積回路（IC, Integrated Circuit）から構成されています。CPU もメモリも、その実体は集積回路です。コンピュータを解剖しないことには直接目に見えないので、知らない人も多いのかもしれません。

203

その集積回路は、図 8.2 のように黒い箱の側面に何本ものピンが付いた形状をしています。各々ピンに電気で情報（データやプログラム）が与えられることで、コンピュータが動作します。このピンは、1 本のピンで数 V（5 V など、具体値はさまざま）と 0 V の 2 種類の電流を扱うことが可能です。端的にいうと "流れていない" か "流れているか" の二択ということです。

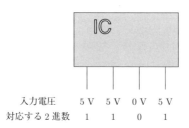

入力電圧	5 V	5 V	0 V	5 V
対応する 2 進数	1	1	0	1

図 8.2: 集積回路のピンと入力様式。入力電圧で 2 進法の 0, 1 を表現している。

よって、ピンに電流が流れていれば "1"、流れていなければ "0" という具合に、1 本のピンを 2 進数の 1 桁に対応させることができます。コンピュータの内部では、これを用いてあらゆる情報を複数桁の 2 進数で表現しているのです。これに由来し、コンピュータの内部処理、論理回路の演算、情報通信におけるやり取りなどでは、10 進数ではなく、2 進数、8 進数、16 進数あたりが用いられます。

とはいえ、そのまま 2 進数が表計算ソフトのセルや動画共有サイトの再生回数欄、SNS のいいね数などに表示されても困ってしまいますね。私たちの生活のさまざまな場面で 10 進法が用いられている以上、コンピュータでも（内部処理はともかく）10 進数の 0 〜 9 という情報を画面に表示したり、10 進数の入力を受け取ったりする必要があります。そこでコンピュータの内部にある集積回路は、計算処理を 2 進数で行いつつ、画面への表示や入力の読み取りは 10 進数ベースで（うまいこと）行ってくれているのです。

[5]　情報量とその単位

表 8.2 に、情報量の単位についてまとめました。コンピュータの内部では 2 進数により演算が行われているということを述べてきましたが、それを理解していれば表の内容はすんなり頭に入ってくるはずです。

情報科学の教科書などをご覧いただくとわかりますが、情報処理の世界で取り扱われる情報量の最小単位は bit（ビット、binary digit の略）とよばれ、1 bit は 2 進数の 1 桁に相当します。つまり 8 bit の情報量は、前述の "10110110" のような 2 進数の 8 桁の数字ということになります。ここまでの話からわかるように、この情報量は $2^0, 2^1, \cdots, 2^7$ と 0, 1 の数字の積、つまりこの設問でいう $a_1, a_2, \cdots, a_8$ と 0, 1 の積で表される量ということになります。

表 8.2: 情報量の単位（サムスン電子日本の HP にあった表の内容を参考にしている）。

単位	省略形	他単位との関係	情報量のイメージ
1 bit	b	-	0 or 1, Yes or No
1 Byte	B	8 bit	英数字 1 文字
1 Kilo Byte	KB	1 024 Byte	英数字 1 000 文字、日本語 500 文字程度
1 Mega Byte	MB	1 024 KB	MP3 形式の音楽 1 分程度
1 Giga Byte	GB	1 024 MB	HD 画質の映画 30 分
1 Tera Byte	TB	1 024 GB	フル HD 画質の映画 200 本

　結局、冒頭に挙げた数列の問題において $a_1, a_2, a_3, \cdots, a_n$ のうちから項を選ぶことは、n〔bit〕の情報量の $0, 1$ での表現と一対一に対応していることがわかりました。一対一に対応しているということの証明を通じて、（非負整数の）記数法の仕組みを私たちに問うていたわけです。

　なお、表 8.2 では KB の補助単位 "K" が大文字になっています。km, kg といった単位に用いられる SI 単位系の補助単位は "k" という小文字なので、違和感を抱いたかもしれません。これには理由があります。"k" という補助単位は、$1\,000\ \left(= 10^3\right)$ 倍を示すものです。一方、表 8.2 の単位が 1 000 倍ごとではなく 1 024 倍ごとになっているのは、$2^{10} = 1\,024$ という、2 進数の世界では極めてキリのよい数が 1 000 の近くにあるからなのです。おおよそ等しいが厳密に 1 000 倍ではないということから、大文字 K が用いられているようです。

[6] 本問の解答例

　問題文の条件をもとに実験をしてみることで、数列 $\{a_n\}$ の最初の数項が

$$a_1 = 1, \quad a_2 = 2, \quad a_3 = 4, \quad a_4 = 8, \quad a_5 = 16$$

となることを [2] で確認しました。ここまで調べれば、数列 $\{a_n\}$ の一般項が

$$u_n \quad 2^{n-1} \quad (n：正整数)$$

であることは半ば明らかだと思うかもしれませんが、やはり数学的には不十分です。もしかしたら $n \geq 6$ のどこかでこのルールが崩れるかもしれません。

　本書の目的は問題の解説を一つひとつ丁寧に行うことではありませんが、本テーマに関しては $a_n = 2^{n-1}$ が一般の正整数 n に対して成り立つことの証明を述べておきます。"そんなの要らないよ……" と思うかもしれませんが、一般的な場合について証明をした方が、2 進数のつくりがより理解しやすいと考えているためです。

┌─ 解答例 ──────────────────────────────

正整数 n に対する命題

> $a_n = 2^{n-1}$ である。また、集合 $A_n := \{a_1,\, a_2,\, a_3,\, \cdots,\, a_n\}$ の部分集合 2^n 個の各々について要素の総和を計算すると、0 以上 $2^n - 1$ 以下の整数がちょうど 1 度ずつ現れる。

を $P(n)$ とし、任意の正整数 n に対し $P(n)$ が成り立つことを示す。

まず $a_1 = 1 \left(= 2^{1-1}\right)$ と定めていることより $P(1)$ がしたがう。

正整数 n を一つ選び固定し、$P(n)$ が成り立っているとする。いま、その仮定より 0 以上 $2^n - 1$ 以下の任意の整数は A_n の要素のみの和でつくれる。$\cdots(*)$ したがって、$a_{n+1} \geq (2^n - 1) + 1 = 2^n = 2^{(n+1)-1}$ でなければならない。一方、$(*)$ で用いた 2^n 通りの組各々に 2^n を加えることで、$0 + 2^n = 2^n$ 以上 $(2^n - 1) + 2^n = 2^{n+1} - 1$ 以下の整数が余さず生じる。よって $a_{n+1} = 2^n$ であり、このとき A_{n+1} の部分集合 2^{n+1} 個の各々について要素の総和を計算すると、0 以上 $2^{n+1} - 1$ 以下の整数がちょうど 1 度ずつ現れる。つまり $P(n) \implies P(n+1)$ が成り立つ。以上より $\forall n \in \mathbb{Z}_+[P(n)]$ が示され、<u>$a_n = 2^{n-1}$</u> とわかる。

└────────────────────────────────────

いまの証明では

(a)　$P(1)$

(b)　$\forall n \in \mathbb{Z}_+\,[P(n) \implies P(n+1)]$

の二つを示し、そこから

- $P(1)$ と "$P(1) \implies P(2)$" より $P(2)$ がいえる
- $P(2)$ と "$P(2) \implies P(3)$" より $P(3)$ がいえる
- $P(3)$ と "$P(3) \implies P(4)$" より $P(4)$ がいえる
- $\cdots\cdots$

というふうに $\forall n \in \mathbb{Z}_+\,[P(n)]$ を導いているというわけです。こうした証明は数学的帰納法とよばれます。

本節では "2 進数" について見てきました。不慣れで困惑したかもしれませんが、われわれが扱っているスマートフォンや PC は、もとを辿ればみなこの "0" "1" の集まりで演算がなされているのです。

§2 同一視することで見えてくるもの

[1] テーマと問題の紹介

　数学の問題では、根号や π, $\int$, lim などが含まれている方が難しく見えるかもしれません。でも、一見シンプルな "整数" についても、他分野に負けない奥深い世界が広がっています。たとえば、整数の "余り" に関する処理は、私たちの生活とは無縁に見えて、曜日や時刻の表記をはじめとする日常のさまざまなところで行われているのです。

題材　2004 年 理系数学 第 2 問

自然数の 2 乗になる数を平方数という。以下の問いに答えよ。

(1) 10 進法で表して 3 桁以上の平方数に対し、10 の位の数を a、1 の位の数を b とおいたとき、$a+b$ が偶数となるならば、b は 0 または 4 であることを示せ。

(2) 10 進法で表して 5 桁以上の平方数に対し、1000 の位の数、100 の位の数、10 の位の数、および 1 の位の数の四つすべてが同じ数となるならば、その平方数は 10000 で割り切れることを示せ。

　文字 a, b や整数 10, 100 などは登場しているものの、難しい数式は見当たりません。"数学の問題" と聞いて超複雑な図形や計算などを思い浮かべた方にとっては、不思議に感じられることでしょう。

　平方数の下位の数字について議論する問題です。(1) では下 2 桁に関する命題を示し、(2) では下 4 桁がゾロ目になっているときのその数字を、(1) をもとにして決定します。

[2] 問われていることが何なのか正確に理解しよう

　いきなり話を展開する前に、そもそも何の証明を要求されているのかを正確に理解しましょう。その理解なしに証明ができることはありません。示したいことが何なのかわかっていないのですから。

　たとえば、(1) で証明すべきものを、本来不要な日本語も補いつつ過剰に丁寧に述べると、"3 桁以上の平方数について、10 の位の数 a と 1 の位の数 b の和は偶数の場合も奇数の場合も（現時点では）ありうるが、もし $a+b$ が偶数なのであれば、b は必ず 0 か 4 に限られることを示せ。" となります。ここで、以下のことに注意しましょう。

- 平方数でない整数（自然数）のことはどうでもよい。
- 2 桁以下の平方数のことはどうでもよい。

- $a + b$ が奇数となる場合はどうでもよい。
- 100 の位以上は（ありさえすれば）どうでもよい。

数学の文章を読み慣れている方ならば当たり前のように上記の点を理解していると思いますが、こういうときは言外の意味を勝手に "読解" しないのが大切です。また、たとえば $10^2 = 100$ について考えると、$a + b = 0 + 0 = 0$（$=$ 偶数）であり $b = 0$ ですから、平方数 100 はまさに (1) の条件をみたしています。しかし、条件を順当にみたしているものを見つけるだけでは不十分です。$a + b$ が偶数となる平方数において、b が "必ず（例外なく）" 0 または 4 であることを示すのが私たちのミッションだからです。

同様に、(2) では以下のことに注意しましょう。

- 平方数でない整数（自然数）のことはどうでもよい。
- 4 桁以下の平方数のことはどうでもよい。
- 下 4 桁が同じ数字でない平方数のことはどうでもよい。
- 10 000 の位以上は（ありさえすれば）どうでもよい。

やはり (1) 同様、たとえば "$100^2 = 10\,000$ は下 4 桁がすべて揃っているし、その数字はちゃんと 0 になっている" ということを述べたとしても、それは証明になっていません。具体的な平方数の値をこちらが指定することはできないのです。

問題文の意味を正確に理解することはできたでしょうか？なぜ突然丁寧に問題文の意味を説明したかというと、先ほどの箇条書きで述べた "○○の位以上は（ありさえすれば）どうでもよい" というのが、本節のテーマと深く関係しているからです。

[3]　重要知識：合同式の定義と性質

ここで、本節の重要知識である "合同式" についてご紹介します。"○○の位以上はどうでもよい" という考え方とも関連するものです。

定義：合同式

　$a, b \in \mathbb{Z}, p \in \mathbb{Z}_+$ とする。ある $k \in \mathbb{Z}$ が存在して $a - b = kp$ が成り立つとき、$a \equiv b \pmod{p}$ と表す。

　このとき、p を法といい、"a と b は p を法として合同である" などと表現する。また、このような式を合同式という。なお、法 p は、その値が文脈上明らかであるとき表記しないことがある。

　二つの整数の差が p の倍数であることを $a \equiv b \pmod{p}$ と表すということです。a, b を p で除算した際の余りが等しい、という解釈もできますね。

　こうして定められる合同式は、以下の性質をもちます。これらの性質の証明は平易ですから、省略させてください。

┌─ 合同式の性質（その1）────────────────

$a, b, c \in \mathbb{Z}$, $p \in \mathbb{Z}_+$ とし、法はみな p とする。このとき、以下が成り立つ。

- 反射律：$a \equiv a$
- 対称律：$a \equiv b \iff b \equiv a$
- 推移律："$a \equiv b \wedge b \equiv c$" $\implies a \equiv c$

└──────────────────────────────

┌─ 合同式の性質（その2）────────────────

$a, b, c, d \in \mathbb{Z}$, $p, k \in \mathbb{Z}_+$ とし、法はみな p とする。$a \equiv c \wedge b \equiv d$ のとき、以下が成り立つ。

- 加法：$a + b \equiv c + d$
- 減法：$a - b \equiv c - d$
- 乗法：$ab \equiv cd$
- 指数：$a^k \equiv c^k$

└──────────────────────────────

合同式を高校数学の授業などで学んだことのない場合は、以上の性質を適宜参照しつつこれからの内容をご覧ください。

[4] (1) 無視できるものは徹底的に無視

n を 10 以上の正整数とします。n を 10 で除算したときの商を $q(n)$、余りを $r(n)$ としましょう。たとえば $q(12345) = 1234$, $r(12345) = 5$ という具合です。すなわち、$q(n)$ は正整数、$r(n)$ は 0 以上 9 以下の整数です。

このとき $n = 10q(n) + r(n)$ となり、両辺を 2 乗することで

$$n^2 = (10q(n) + r(n))^2 = 100q(n)^2 + 20q(n)r(n) + r(n)^2$$
$$\equiv 20q(n)r(n) + r(n)^2 \pmod{100}$$

を得ます。つまり、n^2 の下 2 桁は $20q(n)r(n) + r(n)^2$ のそれと同じであり、したがって a, b の値を考える際も $20q(n)r(n) + r(n)^2$ のことだけ考えればよいのです。

これだけでも話はだいぶ単純になりましたが、さらに工夫できます。(1) で考えているのは、$a + b$ の値そのものではなくその偶奇です。ここで $20q(n)r(n)$ という項に着目します。これは 20 の倍数ですから、$r(n)^2$ に加算する際に 1 の位を変えません。10 の位については当然変えうるのですが、$10 \times (\text{偶数})$ の形をしているため、10 の位の偶奇は変えないのです。考えるべきは n の 1 の位 $r(n)$ の 2 乗のみとなります。

結局、(1) は次のように言い換えられます。

(1) の言い換え

 $r(n)^2$ の 2 桁の数の和（1 桁の場合はその値）が偶数であるとき、$r(n)^2$ の 1 の位は 0 または 4 であることを示せ。

あとは、実際に $r(n) = 0, 1, 2, \cdots, 9$ として調べれば完了です。ここでは表 8.3 にまとめてみました。

表 8.3: $r(n)^2$ の 2 桁の数の和。

$r(n)$	$r(n)^2$ (mod 20)	$r(n)^2$ (mod 20) の下 2 桁の和	$r(n)^2$ (mod 20) の偶奇
0	$\underline{0}$	0	偶数★
1	1	1	奇数
2	$\underline{4}$	4	偶数★
3	9	9	奇数
4	16	7	奇数
5	$(25 \equiv) 5$	5	奇数
6	$(36 \equiv) 16$	7	奇数
7	$(49 \equiv) 9$	9	奇数
8	$(64 \equiv) \underline{4}$	4	偶数★
9	$(81 \equiv) 1$	1	奇数

 "★" を付してある段が、$r(n)^2$ の 2 桁の数の和が偶数であるような $r(n)$ です。そのような段のいずれも、$r(n)^2$ (mod 20) の値は 0 または 4 となっており、n^2 の 1 の位が 0 または 4 に限られることがいえました。■

[5]　(2) 何を法とするか

 n を正整数とします。平方数 n^2 の下 4 桁が同じ数であるとき、特に下 2 桁の数の和は（同じ数二つの和であるため）偶数であり、(1) の結果よりその数は 0 か 4 に限られます。すなわち、下 4 桁の数が同じ平方数があるならば、その下 4 桁は "0000" または "4444" のいずれかなのです。よって n^2 は偶数であり、これより n 自体も偶数とわかります。

 そこで $n = 2k \ (k \in \mathbb{Z}_+)$ とします。n^2 の下 4 桁が "4444" であったとしましょう。$n^2 = 4k^2$ ですから、ある正整数 l が存在して

$$4k^2 = 10000l + 4444 \qquad \therefore k^2 = 2500l + 1111$$

が成り立ちます、よって $k^2 = 2500l + 1111 \equiv 1111 \equiv 3 \pmod 4$ となりますが、4 で除算して 3 余る平方数は存在しません。よって n^2 の下 4 桁が "4444" となることはありえません。

以上をまとめると次のとおりです。

- (1) より、n^2 の下 2 桁の和が偶数ならば、n^2 の 1 の位は 0 または 4 であることがわかった。
- n^2 の下 4 桁が同じ数であるとき、特に下 2 桁も同じ数であり和が偶数となることから、n^2 の 1 の位が 0, 4 のいずれかであることが (1) よりいえた。
- n^2 の下 4 桁が "4444" になることはないとわかった。

よって、n^2 の下 4 桁が同じ数ならばそれは "0000" に限られ、したがって、n^2 は $10\,000$ で割り切れることが示されました。■

本節では、合同式を軸に、除算の "余り" の演算について扱いました。こうした演算は、データの圧縮や暗号化において用いられるほか、表計算ソフトを用いる際にもよく出番があります。コンピュータにとって欠かせない重要なものなのです。

§3 計算機で実験をしてみよう

[1]　テーマと問題の紹介

"アルゴリズム" の正確な定義が存在するか、存在したとしてそれが何か、というのは実のところ知らないのですが、大まかに表現すると "目的達成のためのレシピ" です。

"アルゴリズム" と聞いて、あなたは何を思い浮かべるでしょうか。某番組の体操とかではなく、本来の意味 (?) でのものを考えてみましょう。高校数学においては、たとえばユークリッドの互除法というものがあります。この後の章で登場するのでお楽しみに。それ以外のアルゴリズムは、高校ではあまり学習しない印象です。一方、大学に進学するとよく扱うようになります。数学においてはたとえば線型代数でよく扱う気がしますし、計算機の授業で簡単なアルゴリズムの実装をやることも多いです。実際、私は東大の 1 年生のときに "アルゴリズム入門" という授業を履修しました[1]。

題材　**2001 年 理系数学 第 5 問**

容量 1 リットルの m 個のビーカー（ガラス容器）に水が入っている。$m \geq 4$ で空のビーカーはない。入っている水の総量は 1 リットルである。また x リットルの水が入っているビーカーがただ一つあり、その他のビーカーには x リットル未満の水しか入っていない。このとき、水の入っているビーカーが 2 個になるまで、次の (a) から (c) までの操作を、順に繰り返し行う。

(a)　入っている水の量が最も少ないビーカーを一つ選ぶ。

(b)　さらに、残りのビーカーの中から、入っている水の量が最も少ないものを一つ選ぶ。

(c)　次に、(a) で選んだビーカーの水を (b) で選んだビーカーにすべて移し、空になったビーカーを取り除く。

この操作の過程で、入っている水の量が最も少ないビーカーの選び方が一通りに決まらないときは、そのうちのいずれも選ばれる可能性があるものとする。

(1)　$x < \dfrac{1}{3}$ のとき、最初に x リットルの水が入っていたビーカーは、操作の途中で空になって取り除かれるか、または最後まで残って水の量が増えていることを証明せよ。

(2)　$x > \dfrac{2}{5}$ のとき、最初に x リットルの水が入っていたビーカーは、最後まで x リットルの水が入ったままで残ることを証明せよ。

1　楽しい授業でした。成績は "良" だったのが心残りですが。

さて、本書において本節は一風変わった内容です。というのも、ここでは計算機を使って数学の問題解決のヒントを得てみようと思うのです。本問では操作が (a), (b), (c) という手順にまとめられており、計算機で処理するのにうってつけだからです。

現状の東大入試では当然そんなことはできません。しかし、問題解決のために計算機でシミュレーションをするのは、仕事でも研究でもきっとよくあることでしょう。私も、わからない問題の答えを予想するために計算機を用いることはよくあります。ここは試験場ではありませんし、みなさんの今後の数学ライフのヒントとなるよう、文明の利器を遠慮なく活用してみます。

[2] (1), (2) で共通の表記

この後の議論のために、表記に関する準備をしておきます。

以下、最初の時点で x〔L〕の水が入っているビーカーを A とよびます。A の行き着く結果は以下の三つのうちちょうど一つです。

(i) 最後まで残り、かつ水量も変わらない。

(ii) 最後まで残り、水量は足される。

(iii) 途中で取り除かれる。

たとえば A が (i) の結末を迎えることを "(i) となる" "(i) ルート" などとよぶこととします。

さらに、各操作の直前における

- 水量最小のビーカー（のうち 1 個）
- 前項のビーカー以外で水量最小のビーカー（のうち 1 個）

を "下位 2 個" とよぶこととします。

[3] C 言語によるプログラムの例

本問の操作はやや煩雑でミスが出やすいですし、さまざまな x の値で実験をすることで解法が見えてくるので、計算を快適に行えるよう以下のプログラムを作成しました。

```
#include <stdio.h>

int main(void)
{
    int i, j;

    /* 注意 */
    /* ビーカー番号・操作回数はともに 0 より始まる。 */
    /* 水量が正しく入力された場合に正しく処理されるようにしている。 */
    /* 同水量のビーカーの選択はランダムになっていない。 */
```

```
/* ビーカーの総数 m を入力 */
int numofbeakers;
printf("ビーカーの個数 m を入力してください。(4 以上の整数値 1 個):\n");
scanf("%d", &numofbeakers);

/* 各ビーカーの水量を入力 */
double water[numofbeakers], sumofwater = 0;
printf("各々の初期水量 [L] を入力してください。(和が 1 の正実数 %d 個):
\n", numofbeakers);
for (i=0; i<numofbeakers; ++i) {
    scanf("%lf", &water[i]);
    sumofwater += water[i];
}
printf("\n");

for (i=0; i<numofbeakers; ++i) printf("%lf   ", water[i]);
printf("\n");
int tmpmin1 = 0, tmpmin2 = 1, tmp = -1;

/* i 回目の操作がこの for 文で行われる。 */
for (i=0; i<numofbeakers-2; ++i) {
    tmpmin1 = -1;
    tmpmin2 = -1;

    /* ここから操作 (a), (b) をおこなう。 */
    for (j=0; j<numofbeakers; ++j){
        if (tmpmin1 == -1 && water[j] != 0) tmpmin1 = j;
    }
    /* 水量最小 (≠ 0) のビーカーは tmpmin1 番目 / それを除いて水量最
小 (≠ 0) のビーカーは tmpmin2 番目 */
    /* tmpmin1, tmpmin2 が空のビーカーを指さず，かつ重複しないようにす
る処理 */
    for (j=0; j<numofbeakers; ++j){
        if (tmpmin1 != -1 && tmpmin2 == -1 && j != tmpmin1 && wa
```

```
        ter[j] != 0) tmpmin2 = j;
    }
    if (water[tmpmin1] > water[tmpmin2]) {
        tmp = tmpmin1;
        tmpmin1 = tmpmin2;
        tmpmin2 = tmp;
    }
    /* tmpmin1, tmpmin2 の決定,つまり操作 (a), (b) */
    for (j=0; j<numofbeakers-1; ++j) {
        if (water[tmpmin1] >= water[j+1] && water[j+1] != 0 && j
        +1 != tmpmin1) {
            tmpmin2 = tmpmin1;
            tmpmin1 = j+1;
        } else if (water[tmpmin1] < water[j+1] && water[j+1] < w
                ater[tmpmin2]) {
            tmpmin2 = j+1;
        }
    }
    /* ここまでが操作 (a), (b) */

    /* 操作 (c) の実行 */
    water[tmpmin2] += water[tmpmin1];
    water[tmpmin1] = 0;

    /* 操作 (c) 実行後の各ビーカーの水量を出力 */
    for (j=0; j<numofbeakers; ++j) {
        if (water[j] != 0) {
            printf("%lf  ", water[j]);
        } else {
            printf("--------  ");
        }
    }
    printf("\n");
}
```

```
        printf("操作は以上で終了です。\n\n");
}
```

[4] (1) 実験をしつつ様子を見る

$x < \dfrac{1}{3}$ の範囲で A の初期水量 x やその他のビーカーの水量を変化させたりした結果は次のとおりです。ビーカーの個数も変えています。なお、とりあえず左端を A の水量としています（したがって、左端の水量は必ず $\dfrac{1}{3}$ リットルより少ないです）。

0.240000	0.190000	0.190000	0.190000	0.190000		
0.240000	0.190000	0.190000	0.380000	--------		
0.240000	0.380000	--------	0.380000	--------		
--------	0.620000	--------	0.380000	--------		

0.300000	0.200000	0.200000	0.150000	0.100000	0.050000
0.300000	0.200000	0.200000	0.150000	0.150000	--------
0.300000	0.200000	0.200000	--------	0.300000	--------
0.300000	0.400000	--------	--------	0.300000	--------
--------	0.400000	--------	--------	0.600000	--------

0.160000	0.140000	0.140000	0.140000	0.140000	0.140000	0.140000
0.160000	0.140000	0.140000	0.140000	0.140000	0.280000	--------
0.160000	0.140000	0.140000	0.280000	--------	0.280000	--------
0.160000	0.280000	--------	0.280000	--------	0.280000	--------
--------	0.440000	--------	0.280000	--------	0.280000	--------
--------	0.440000	--------	0.560000	--------	--------	--------

0.300	0.100	0.100	0.100	0.100	0.100	0.100	0.100
0.300	0.100	0.100	0.100	0.100	0.100	0.200	-----
0.300	0.100	0.100	0.100	0.200	-----	0.200	-----
0.300	0.100	0.200	-----	0.200	-----	0.200	-----
0.300	-----	0.300	-----	0.200	-----	0.200	-----
0.300	-----	0.300	-----	0.400	-----	-----	-----
-----	-----	0.600	-----	0.400	-----	-----	-----

※この箇所のみ、小数第 3 位までの表示にしています。

これらはいずれも、左端の数字が途中で消えています。A が "操作の途中で空になって取り除かれる" ルート、つまり (iii) に対応しています。

0.310000	0.270000	0.230000	0.190000
0.310000	0.270000	0.420000	--------
0.580000	--------	0.420000	--------

0.320000	0.300000	0.300000	0.040000	0.040000
0.320000	0.300000	0.300000	0.080000	--------
0.320000	0.300000	0.380000	--------	--------
0.620000	--------	0.380000	--------	--------

これらは、A が "最後まで残って水の量が増えている" ルート、つまり (ii) に対応しています。

プログラムを組むこと自体は大変ですしデバッグも必要ですが、計算機を用いるとこうした実験を非常にスピーディかつ正確に行えます。本問の解決において実験はもちろん重要なのですが、本問のステップ (ii) で選んだビーカーに、(c) で水を移された後の水量の "計算" は重要ではありません。また、毎回手計算でやっているとミスが生じ、それが誤った法則の推測につながってしまう可能性もあります。こうした淡々とした作業は、人間よりも計算機の方が上手なので、プログラムを組んでみました。

[5] (1) 実験結果の分析

$x < \dfrac{1}{3}$ のとき、A は

(i) 最後まで残り、かつ水量も変わらない。

(ii) 最後まで残り、水量は足される。

(iii) 途中で取り除かれる。

のうち (ii), (iii) のいずれかのルートしか辿らない。これを示すのが本問の目的です。

ここで、(ii), (iii) のいずれかであるというのは、"(i) ルートはありえない" とシンプルに言い換えられるのがポイントです。否定がシンプルな形なので、(i) ルートが実現したと仮定し、何らかの矛盾を導けないか考えてみましょう。

A が (i) ルートを辿るということは、終状態を除くいずれの段階においても、A が下位 2 個の一方にならなかったことを意味します。ということは、最初のステップ（m 個 $\to (m-1)$ 個）から最後のステップ（3 個→2 個）まで、どのステップの直前においても下位 2 個にならなかったわけです。

最後のステップ（3 個→2 個）の直前で下位 2 個にならなかったのなら、ビーカーが 3 個の時点で水量最大のものが A であったことになります。すると三つのビーカーの水量の合計は $3x$ 以下とわかります。しかし、いま $x < \dfrac{1}{3}$ ですから $3x < 1$ であり、全ビー

カーの水量の合計が 1 リットルであることに矛盾してしまいます。以上より、A は (i) ルートを辿らない、つまり (ii), (iii) のいずれかに限られることが示されました。■

　いまの証明を理解しやすいように、さきほどの実験において (ii) ルートとなったものについて、最後の 2 行の結果を抜粋しておきます。

```
0.310000   0.270000   0.420000   --------
0.580000   --------   0.420000   --------

0.320000   0.300000   0.380000   --------   --------
0.620000   --------   0.380000   --------   --------
```

　残りのビーカーが 3 個になった時点でたとえ A が残り、かつ水量が x のままであったとしても、その段階で A が下位 2 個のいずれかになってしまうことがイメージしやすくなったことでしょう。そのうえで上の証明を再びお読みいただくと、すんなり理解できることと思います。

[6]　(2) 再び実験をしてみよう

　では次に (2) です。これがかなり難しい問題で、東大入試数学の過去問題集でも高い難易度と評価されることが多いものです。（試験本番では NG ですが）われわれは計算機の助けを借りられます。遠慮なく用いてみましょう。

　$x > \dfrac{2}{5}$ $(= 0.4)$ の範囲で A の水量 x や A 以外のビーカーの水量を変えてみると、次のようになります。やはり左端が A です。

```
0.600000   0.200000   0.100000   0.100000
0.600000   0.200000   0.200000   --------
0.600000   0.400000   --------   --------

0.440000   0.280000   0.160000   0.120000
0.440000   0.280000   0.280000   --------
0.440000   0.560000   --------   --------

0.500000   0.150000   0.150000   0.100000   0.100000
0.500000   0.150000   0.150000   0.200000   --------
0.500000   0.300000   --------   0.200000   --------
0.500000   0.500000   --------   --------   --------

0.410000   0.290000   0.100000   0.100000   0.100000
0.410000   0.290000   0.100000   0.200000   --------
0.410000   0.290000   --------   0.300000   --------
0.410000   --------   --------   0.590000   --------
```

0.440000	0.140000	0.140000	0.140000	0.140000
0.440000	0.140000	0.140000	0.280000	--------
0.440000	0.280000	--------	0.280000	--------
0.440000	0.560000	--------	--------	--------

0.450000	0.110000	0.110000	0.110000	0.110000	0.110000
0.450000	0.110000	0.110000	0.110000	0.220000	--------
0.450000	0.110000	0.220000	--------	0.220000	--------
0.450000	--------	0.330000	--------	0.220000	--------
0.450000	--------	0.550000	--------	--------	--------

0.410000	0.160000	0.130000	0.120000	0.100000	0.080000
0.410000	0.160000	0.130000	0.120000	0.180000	--------
0.410000	0.160000	0.250000	--------	0.180000	--------
0.410000	--------	0.250000	--------	0.340000	--------
0.410000	--------	--------	--------	0.590000	--------

x の値を変えても、確かに A の水量（左端）は変わっていません。

[7] (2) 実験結果の分析

つまり A は

(i) 最後まで残り、かつ水量も変わらない。

(ii) 最後まで残り、水量は足される。

(iii) 途中で取り除かれる。

のうち (i) のみしか辿っていないことがわかります。これを一般の場合に証明するのが (2) の目的です。

アルゴリズムや不等式の証明に不慣れだと、(1) でさえそれなりに苦労したと思いますが、(2) はそれよりさらに難しいです。そもそも何に着目すると証明できるのか、さえよくわかりませんね。

以下、$x > \dfrac{2}{5}$ として考えます。(i) ルートではなく (ii), (iii) に進んでしまうケースというのは、すなわちビーカー A がどこかのタイミングで下位 2 個に属してしまうケースということになります。ここで重要なのは、下位 2 個のビーカーを操作することによる大小関係の変動です。下位 2 個に対し問題文の (a), (b), (c) のステップに従って操作を行うと、A の水量順位（多い順）はキープされるか下落するかのいずれかです。つまり終盤に進むにつれ A が下位 2 個に属する可能性が高まるということです。

そこで、ビーカーが 4 個になった時点で A が下位 2 個に属していたとしましょう。それら以外の 2 個のビーカーの水量は x 以上であるわけですから、それら四つの水量の総

219

和は $x + x + x = 3x$ より大きいことになります。しかし $x > \dfrac{2}{5}$ より $3x > \dfrac{6}{5}$ が成り立ち、これは水の総量が 1 リットルであることに矛盾します。よって、ビーカーが 4 個以上の時点で A が下位 2 個に属することはありません。

ビーカーが 3 個になるまでは、A が下位 2 個に属することはなく、したがって A は残っており水量も x のまま不変です。この時点で A の水量が最小になることはありません。もしそうなるとしたら、さきほど同様に水量の合計が $x + x + x = 3x$ 以上であることになり、$3x > \dfrac{6}{5}$ より矛盾が生じるからです。

よって、最後にやるべきことは、"ビーカーが 3 個の時点で A の水量が小さい方から 2 番目となるケース" $\cdots (*)$ の存在の否定です。たとえば最後の実験結果を見てみると、$0.16 + 0.18 = 0.34$ という水量が A の分量 0.41 に近くなっています。この二者で A の水量の方が少ないと、最後のステップで A の水量が変化してしまうわけです。そこで、ビーカーが 4 個の時点での A 以外の水量を a, b, c $(a \geq b \geq c \geq 0,\ a + b + c = 1 - x)$ とします。なお、前述のとおり $x > b\ (\geq c)$ も成り立っています。この後 $(*)$ になったとしましょう。そして、$a \geq x$ を仮定します。容量 a リットルのビーカーを生むためにステップ (a), (b) で選ばれたビーカー二つに着目してみると、$a > \dfrac{2}{5}$ ですから少なくとも一方は $\dfrac{1}{5}$ リットルより多いです。そして、これら二つはその時点で下位 2 個であり、A とそれら 2 個のほかに 2 個以上のビーカーが存在します。したがって、水量の合計は少なくとも $x + a + \dfrac{1}{5} \cdot 2 > \dfrac{2}{5} + \dfrac{2}{5} + \dfrac{2}{5} = \dfrac{6}{5}$ となり、合計が 1 リットルであることに矛盾します。よって $x > a$ がいえ、これより $(*)$ となるのは $b + c \geq x$ の場合に限られます。これは $b + c > \dfrac{2}{5}$ を意味しています。ここで、$b \geq c$ より

$$b + b \geq b + c > \dfrac{2}{5}$$

なので、$b > \dfrac{1}{5}$ がしたがいます。これより

$$
\begin{cases}
a \geq b > \dfrac{1}{5} \\[2mm]
b + c > \dfrac{2}{5} \\[2mm]
x > \dfrac{2}{5}
\end{cases}
\qquad \therefore \quad a + (b + c) + x > \dfrac{1}{5} + \dfrac{2}{5} + \dfrac{2}{5} = 1
$$

となり、水の総量が 1 リットルであることと矛盾しますから、$(*)$ は起こりません。

計算機を用いて実験し、問題解決のアプローチを見出して攻略しました。本問のような "一定のルールに則った繰返し処理" は、計算機にとって絶好の活躍の場です。

§4 大事なのは "つながり方"

[1] テーマと問題の紹介

本質的でない (?) 観点ではあるのですが、東大入試の数学には滅多に "図" が登場しません。複雑な空間図形の求積問題などでも、図は用意されていないのが通常です。

題材 **1999 年 理系数学 第 3 問**

p を、$0 < p < 1$ をみたす実数とする。

(1) 四面体 ABCD の各辺はそれぞれ確率 p で電流を通すものとする。このとき、頂点 A から B に電流が流れる確率を求めよ。ただし、各辺が電流を通すか通さないかは独立で、辺以外は電流を通さないものとする。

(2) (1) で考えたような二つの四面体 ABCD と EFGH を図のように頂点 A と E でつないだとき、頂点 B から F に電流が流れる確率を求めよ。

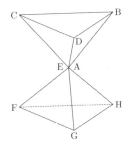

電流が流れる正四面体のフレームに関する問題です。図がやはり目を引きますが、それは (2) のもののようです。というわけで、まずは (1) にとりかかりましょう。

なお、本節では以下の表記を用いることとします。

- 電流を通すこと……"通電する"
- 辺 XY が通電すること……XY◯
- 辺 XY が通電しないこと……XY×
- 2 頂点 X, Y の間に電流が流れること……X ◯ Y
- 2 頂点 X, Y の間に電流が流れないこと……X × Y
- XY◯ となる確率……$P(\text{XY}◯)$ (一例)
- ZW◯ のもとで X ◯ Y となる確率……$P_{\text{ZW}◯}(\text{X} ◯ \text{Y})$ (一例)

[2]　(1) 正四面体である理由はあるのか？

(1) では図 8.3 のような正四面体一つだけを考えます。

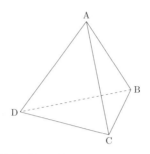

図 8.3: (1) で考える四面体 ABCD。

　この四面体をなす六辺が、各々独立に確率 p で通電するという設定です。このもとで $P(\mathrm{X} \bigcirc \mathrm{Y})$ を求めましょう。

　そのために、まずはいくつか具体例を挙げてようすを見ることとしましょう。図 8.4 をご覧ください。$\bigcirc$ は通電する辺を、$\times$ は通電しない辺を表すものとします。また、太線は頂点 A から頂点 B への通電路の一例です。

　ここから、たとえば次のようなことが直ちにわかります。

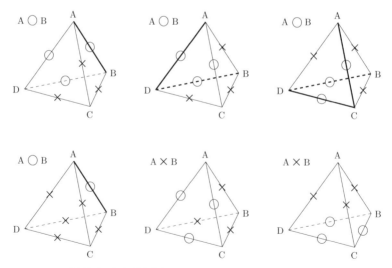

図 8.4: さまざまなケースにおける AB 間の通電可否。

- AB◯ $\implies$ A ◯ B
- (AB × ∧ AC × ∧ AD×) $\implies$ A × B

しかし、ここから先はちょっと複雑です。たとえば図 8.4 の右上の例のように、AB×であっても A ◯ B となりうるのですが、その確率が計算しづらいのです。実際の試験場では、この段階でもう投げ出してしまった受験生もいたかもしれません。

ここでどうするかは、各人の気力やものの見方によります。AB× でも A ◯ B となるケースを考えたいわけですが、四面体 ABCD のうち AB 以外の辺は五つしかなく、それらが通電するか否かの場合分けは $2^5 = 32$ 通りですから、それらを調べ尽くすという手段もあります。ただ、本問の場合、各辺が通電する確率は $\left(\dfrac{1}{2}\text{ではなく}\right) p$ なので、通電本数によって確率が変わってしまい、計算がかなり煩雑です[2]。

結局、しんどくない計算により処理をするためには、素直に頭を使って場合分けをするのがよさそうです。とはいえ、立体の図だとなんだかわかりづらいですね。たとえば、さきほどの図の右上のような長いルートを見落としてしまいそうです。

考えてもみれば、そもそもこのフレーム、正四面体である必要はあるのでしょうか。たとえばある 1 辺の長さが他の辺より少し長かったとして、何か困ることはあるのでしょうか。……そう、通電確率が p であることさえ守れば、長さを少々いじったところで話は何も変わらないのです。ただし、立方体や正十二面体のフレームにすり替えることはできません。そもそも頂点 A, B はどこ？ となってしまいますからね。

つまり、いま大事なのはフレームの "つながり方" であって、細かな長さや角度ではないのです。そうであるならば、つながり方のみを重視し、図 8.5 のように図形を書き換えてもかまわないでしょう。

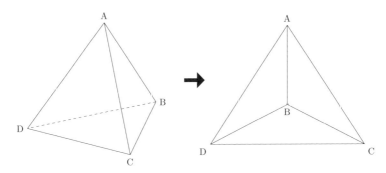

図 8.5: 正四面体の点のつながりを保ちつつ、シンプルな平面図に落とし込む。

---

2 ちなみに、同年に文系でも同じ設定の問題が出題されたのですが、そちらでは通電確率がどの辺も $\dfrac{1}{2}$ となっていました。

これはいわば、四面体を平面に圧し潰したものです。立体と平面では話が違うだろう！と思うかもしれませんが、いま重要なのは頂点どうしのつながりであって、空間図形としての諸性質ではありません。実際、4 点 A, B, C, D のうち任意の 2 点はつながっており、この意味で元の四面体と同じ "つながり方" をしていますね。

また、いま考えているのは 2 点 A, B の間が通電するか否かですから、C, D の条件に違いはありません。上図では C, D を対称な位置に配置していますが、平面図にすることでそれも表現しやすいです。

[3]　(1) 平面図を見つつ場合分け

というわけで、ここからは上のような図を活用しつつ考えましょう。ただし、以下では次のように線を描き分けます。

- 実線　：考えている場合分けにおいて通電することが確定している。
- 線なし：考えている場合分けにおいて通電しないことが確定している。
- 点線　：考えている場合分けにおいて通電するか確定していない。

まず、AB〇 の場合は当然 A 〇 B です。これは明らかですね。確率も $P(\mathrm{AB}〇) = p$ と直ちにわかります。

以下は AB× とします。さきほどの図から、辺 AB に対応する部分を思い切って削除すると、図 8.6 のようにだいぶスッキリした図になります。

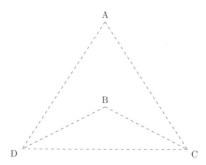

図 8.6: **AB× のもとで A 〇 B となるケースを考える。**

ここから先の場合分けの方針は人それぞれです。たとえば以下のような方針があります。

(a)　CD〇 か CD× かで分ける。

(b)　AC〇 か AC× か、および AD〇 か AD× かで分ける。

せっかくなので、いずれもご紹介します。

[4]　方針 (a)：CD〇 か CD× かで分ける

CD〇 の場合、C, D の往来は自由ですから、これら 2 点を分けて考える必要はもは

やありません。そこでこれら 2 点をまとめ、[E] とします。また、A より B に至るために、C, D の少なくとも一方を通過する必要があります、よって $\text{AB}\times\wedge\text{CD}\bigcirc$ のもとでの $\text{A}\bigcirc\text{B}$ の条件は次のようになります。

$$\text{A}\bigcirc\text{B} \iff (\text{A}\bigcirc[\text{E}]\wedge\text{B}\bigcirc[\text{E}])$$

さらに、たとえば

$$\text{A}\bigcirc[\text{E}] \iff (\text{A}\bigcirc\text{C}\vee\text{A}\bigcirc\text{D})$$
$$\text{B}\bigcirc[\text{E}] \iff (\text{B}\bigcirc\text{C}\vee\text{B}\bigcirc\text{D})$$

と整理できますから

$$\begin{aligned}
P_{\text{AB}\times\wedge\text{CD}\bigcirc}(\text{A}\bigcirc[\text{E}]) &= P_{\text{AB}\times\wedge\text{CD}\bigcirc}(\text{A}\bigcirc\text{C}\vee\text{A}\bigcirc\text{D}) \\
&= 1 - P_{\text{AB}\times\wedge\text{CD}\bigcirc}(\overline{\text{A}\bigcirc\text{C}\vee\text{A}\bigcirc\text{D}}) \\
&= 1 - P_{\text{AB}\times\wedge\text{CD}\bigcirc}(\text{A}\times\text{C}\wedge\text{A}\times\text{D}) \\
&= 1 - (1-p)^2 = 2p - p^2
\end{aligned}$$

と計算でき、同様に $P_{\text{AB}\times\wedge\text{CD}\bigcirc}(\text{B}\bigcirc[\text{E}]) = 2p - p^2$ も成り立ちます。

二つの事象 $\text{A}\bigcirc[\text{E}]$, $\text{B}\bigcirc[\text{E}]$ は独立ですから

$$P_{\text{AB}\times\wedge\text{CD}\bigcirc}(\text{A}\bigcirc\text{B}) = P(\text{A}\bigcirc[\text{E}])\,P(\text{B}\bigcirc[\text{E}]) = \left(2p - p^2\right)^2$$

と計算できました（添字の $\text{AB}\times\wedge\text{CD}\bigcirc$ を省略した）。

$\text{CD}\times$ の場合、C, D の往来はできません。よって、A より B に至るためのルートは

$$\text{A}\to\text{C}\to\text{B}, \qquad \text{A}\to\text{D}\to\text{B}$$

のいずれかです。また

$$\text{A}\to\text{C}\to\text{B} と電流が進める \iff \text{AC}\bigcirc\wedge\text{CB}\bigcirc$$
$$\text{A}\to\text{D}\to\text{B} と電流が進める \iff \text{AD}\bigcirc\wedge\text{DB}\bigcirc$$

です。よって、$\text{AB}\times\wedge\text{CD}\times$ のもとで

$$\text{A}\bigcirc\text{B} \iff (\text{AC}\bigcirc\wedge\text{CB}\bigcirc)\vee(\text{AD}\bigcirc\wedge\text{DB}\bigcirc)$$

と変形できますね。ここで他の辺が通電するか否かによらず

$$P(\text{AC}\bigcirc\wedge\text{CB}\bigcirc) = p^2 = P(\text{AD}\bigcirc\wedge\text{DB}\bigcirc)$$

が成り立ちます。$\mathrm{AC}\bigcirc \wedge \mathrm{CB}\bigcirc$ と $\mathrm{AD}\bigcirc \wedge \mathrm{DB}\bigcirc$ は独立な事象であることに注意すると

$$P_{\mathrm{AB}\times \wedge \mathrm{CD}\times}(\mathrm{A}\bigcirc \mathrm{B})$$
$$= P_{\mathrm{AB}\times \wedge \mathrm{CD}\times}((\mathrm{AC}\bigcirc \wedge \mathrm{CB}\bigcirc) \vee (\mathrm{AD}\bigcirc \wedge \mathrm{DB}\bigcirc))$$
$$= 1 - P_{\mathrm{AB}\times \wedge \mathrm{CD}\times}(\overline{(\mathrm{AC}\bigcirc \wedge \mathrm{CB}\bigcirc) \vee (\mathrm{AD}\bigcirc \wedge \mathrm{DB}\bigcirc)})$$
$$= 1 - P_{\mathrm{AB}\times \wedge \mathrm{CD}\times}(\overline{(\mathrm{AC}\bigcirc \wedge \mathrm{CB}\bigcirc)} \wedge \overline{(\mathrm{AD}\bigcirc \wedge \mathrm{DB}\bigcirc)})$$
$$= 1 - P_{\mathrm{AB}\times \wedge \mathrm{CD}\times}(\overline{(\mathrm{AC}\bigcirc \wedge \mathrm{CB}\bigcirc)}) P_{\mathrm{AB}\times \wedge \mathrm{CD}\times}(\overline{(\mathrm{AD}\bigcirc \wedge \mathrm{DB}\bigcirc)})$$
$$= 1 - \left(1 - p^2\right)^2 = 2p^2 - p^4$$

と計算できます。

以上より、$\mathrm{A}\bigcirc \mathrm{B}$ となる確率は

$$P_{\mathrm{AB}\times}(\mathrm{A}\bigcirc \mathrm{B}) = P_{\mathrm{AB}\times \wedge \mathrm{CD}\bigcirc}(\mathrm{A}\bigcirc \mathrm{B}) + P_{\mathrm{AB}\times \wedge \mathrm{CD}\times}(\mathrm{A}\bigcirc \mathrm{B})$$
$$= p\left(2p - p^2\right)^2 + (1 - p)\left(2p^2 - p^4\right)$$
$$= 2p^2 + 2p^3 - 5p^4 + 2p^5$$
$$\therefore P(\mathrm{A}\bigcirc \mathrm{B}) = P(\mathrm{AB}\bigcirc)P_{\mathrm{AB}\bigcirc}(\mathrm{A}\bigcirc \mathrm{B}) + P(\mathrm{AB}\times)P_{\mathrm{AB}\times}(\mathrm{A}\bigcirc \mathrm{B})$$
$$= p + (1 - p)\left(2p^2 + 2p^3 - 5p^4 + 2p^5\right)$$
$$= p + 2p^2 - 7p^4 + 7p^5 - 2p^6$$
$$= \underline{p\left(1 + 2p - 7p^3 + 7p^4 - 2p^5\right)}$$

と計算できます。

[5]　方針 (b)：$\mathrm{AC}\bigcirc$ か $\mathrm{AC}\times$ か、および $\mathrm{AD}\bigcirc$ か $\mathrm{AD}\times$ かで分ける

いま $\mathrm{AB}\times$ の状況を考えているわけですが、さらに $\mathrm{AC}\times \wedge \mathrm{AD}\times$ の場合、$\mathrm{A}\bigcirc \mathrm{B}$ となることはありません。そもそも A から通電している頂点がないことから明らかですね。

次に、AC, AD のうちちょうど一方が通電する場合を考えましょう。C, D の対称性より、$\mathrm{AC}\bigcirc \wedge \mathrm{AD}\times$ の場合のみ考えます。状況を図示すると図 8.7 のようになります。

この場合、$\mathrm{A}\bigcirc \mathrm{B}$ は $\mathrm{C}\bigcirc \mathrm{B}$ と同義です。また、$\mathrm{C}\bigcirc \mathrm{B}$ となるためには、

$$\mathrm{C} \to \mathrm{B}, \qquad \mathrm{C} \to \mathrm{D} \to \mathrm{B}$$

の 2 ルートのうち少なくとも一方が通電する必要があります。したがって

$$P_{\mathrm{AB}\times \wedge \mathrm{AC}\bigcirc \wedge \mathrm{AD}\times}(\mathrm{A}\bigcirc \mathrm{B}) = P_{\mathrm{AB}\times \wedge \mathrm{AC}\bigcirc \wedge \mathrm{AD}\times}(\mathrm{C}\bigcirc \mathrm{B})$$
$$= P_{\mathrm{AB}\times \wedge \mathrm{AC}\bigcirc \wedge \mathrm{AD}\times}(\mathrm{BC}\bigcirc \vee (\mathrm{CD}\bigcirc \wedge \mathrm{DB}\bigcirc))$$

$$=1-P_{\text{AB}\times\,\wedge\,\text{AC}\bigcirc\,\wedge\text{AD}\times}\left(\overline{\text{BC}\bigcirc\vee(\text{CD}\bigcirc\wedge\text{DB}\bigcirc)}\right)$$
$$=1-P_{\text{AB}\times\wedge\text{AC}\bigcirc\wedge\text{AD}\times}\left(\overline{\text{BC}\bigcirc}\wedge\overline{(\text{CD}\bigcirc\wedge\text{DB}\bigcirc)}\right)$$
$$=1-P_{\text{AB}\times\,\wedge\,\text{AC}\bigcirc\,\wedge\text{AD}\times}\left(\text{BC}\times\wedge\overline{(\text{CD}\bigcirc\wedge\text{DB}\bigcirc)}\right)$$
$$=1-(1-p)(1-p^2)$$
$$=p+p^2-p^3$$

と計算でき、同様に $P_{\text{AC}\times\wedge\text{AD}\bigcirc}(\text{A}\bigcirc\text{B})=p+p^2-p^3$ もいえます。

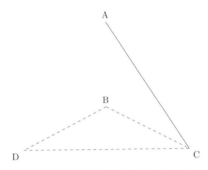

図 8.7: $\text{AB}\times\wedge\text{AD}\times\wedge\text{AC}\bigcirc$ のもとで $\text{A}\bigcirc\text{B}$ となるケースを考える。

最後に、$\text{AC}\bigcirc\wedge\text{AD}\bigcirc$ の場合を考えましょう（図 8.8）。

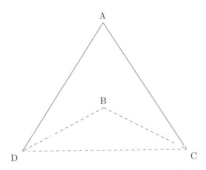

図 8.8: $\text{AB}\times\wedge\text{AC}\bigcirc\wedge\text{AD}\bigcirc$ のもとで $\text{A}\bigcirc\text{B}$ となるケースを考える。

この場合、A より C, D の双方に自由に進めますから、$\text{CB}\bigcirc\vee\text{CD}\bigcirc$ が $\text{A}\bigcirc\text{B}$ の条件です。したがって

$$P_{\text{AB}\times\,\wedge\,\text{AC}\bigcirc\,\wedge\text{AD}\bigcirc}(\text{A}\bigcirc\text{B})=P_{\text{AB}\times\,\wedge\,\text{AC}\bigcirc\,\wedge\text{AD}\bigcirc}(\text{CB}\bigcirc\vee\text{CD}\bigcirc)$$
$$=1-P_{\text{AB}\times\,\wedge\,\text{AC}\bigcirc\,\wedge\text{AD}\bigcirc}\left(\overline{\text{CB}\bigcirc\vee\text{CD}\bigcirc}\right)$$

$$= 1 - P_{\text{AB} \times \wedge \text{AC} \bigcirc \wedge \text{AD} \bigcirc} (\text{CB} \times \wedge \text{CD} \times)$$
$$= 1 - (1 - p)^2 = 2p - p^2$$

と計算できます。

以上より、A $\bigcirc$ B となる確率は次のようになります。

$P (\text{A} \bigcirc \text{B})$

$= P (\text{AB} \bigcirc) P_{\text{AB} \bigcirc} (\text{A} \bigcirc \text{B}) + P (\text{AB} \times) P_{\text{AB} \times} (\text{A} \bigcirc \text{B})$

$= P (\text{AB} \bigcirc) P_{\text{AB} \bigcirc} (\text{A} \bigcirc \text{B})$

$\quad + P (\text{AB} \times \wedge \text{AC} \bigcirc \wedge \text{AD} \times) P_{\text{AB} \times \wedge \text{AC} \bigcirc \wedge \text{AD} \times} (\text{A} \bigcirc \text{B})$

$\quad + P (\text{AB} \times \wedge \text{AC} \times \wedge \text{AD} \bigcirc) P_{\text{AB} \times \wedge \text{AC} \times \wedge \text{AD} \bigcirc} (\text{A} \bigcirc \text{B})$

$\quad + P (\text{AB} \times \wedge \text{AC} \bigcirc \wedge \text{AD} \bigcirc) P_{\text{AB} \times \wedge \text{AC} \bigcirc \wedge \text{AD} \bigcirc} (\text{A} \bigcirc \text{B})$

$= p + 2 \cdot (1 - p)p(1 - p) \cdot \left(p + p^2 - p^3\right) + (1 - p)pp \cdot \left(2p - p^2\right)$

$= \cdots$

$= \underline{p \left(1 + 2p - 7p^3 + 7p^4 - 2p^5\right)}$

これで (1) は終了です。

[6]　(2) つながり方だけを見る

では次に (2) です。問題の立体を改めて眺めてみましょう（図 8.9）。

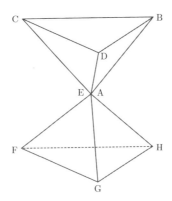

図 8.9: (2) で用いる、正四面体のフレーム二つからなる回路（再掲）。

(1) でさえやや複雑だったのに、こんなの考えられるの？　と思うかもしれません。でも、(1) でそうしたように、"つながり方" のみをいったん冷静に捉えてみましょう。以下、点 E は用いず、すべて A に統一します。二つの四面体は頂点 A でのみつながって

います。したがって、B より F に至るためには、必ず A を通過しなければならないのです。つまり、通電ルートは必ず

B → (ここは複数のルートがありうる) → A → (ここは複数のルートがありうる) → F

というものになるのです。そして、四面体 ABCD と四面体 AFGH 各々での通電のしかたは独立ですし、同じつながり方のフレームを用いているため、$P\,(\text{B} \bigcirc \text{A}) = P\,(\text{A} \bigcirc \text{F})$ が成り立ちます。

それだけではありません。たとえば $P\,(\text{B} \bigcirc \text{A})$ は B より A に通電する確率ですが、これは (1) ですでに計算しています[3]。これに気づくことさえできれば、面倒な計算をすることなしに

$$
\begin{aligned}
P\,(\text{B} \bigcirc \text{F}) &= P\,(\text{B} \bigcirc \text{A} \wedge \text{A} \bigcirc \text{F}) \\
&= P\,(\text{B} \bigcirc \text{A})\,P\,(\text{A} \bigcirc \text{F}) \\
&= P\,(\text{B} \bigcirc \text{A})^2 \quad (\because\ P\,(\text{B} \bigcirc \text{A}) = P\,(\text{A} \bigcirc \text{F})) \\
&= \left\{ p\left(1 + 2p - 7p^3 + 7p^4 - 2p^5\right) \right\}^2 \\
&= \underline{p^2 \left(1 + 2p - 7p^3 + 7p^4 - 2p^5\right)^2}
\end{aligned}
$$

と直ちに結果を得られるのです。

[7] "つながり方" を整理する手段

本問において正四面体という形状自体に深い意味はなく、点のつながり方が同じであればどのような見た目をしていてもよかったのでした。だからこそ、本問では次のようにシンプルにした図に置き換えたのでしたね。

このように、細かい長さや角度ではなく点たちのつながり方を重視したい場面は、数学でも日常生活でもたくさんあります。そこで役立つのが "グラフ" です。

グラフというと関数のグラフのことをイメージするかもしれませんが、それではありません。ここでいうグラフとは、"ノード（頂点)" と "辺" からなるものであり、ちょうど図 8.10 のようなものをいいます。

そんなものがあるのか！と思うかもしれませんが、実はグラフ理論という呼称が存在する程度には奥が深い世界のようです。日常生活においても、たとえば以下のような機会にグラフは活用できます。

- いくらかの人の集まりにおいて、二人の組各々が互いに知り合いであるか否かをまとめる。たとえば知り合いの二人を辺でつなぎ、知り合いでない二人はつながない、という具合に。

---

3 通電に "向き" はないことに注意しましょう。

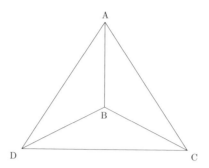

図 8.10: 正四面体と同じ点のつながりを保ちつつ、シンプルな平面図に落とし込む（再掲）。

- 列車の路線図を作る。駅どうしの間隔を再現することのご利益はさほどないことが多い。距離の大小やそれに伴う所要時間の変化は、数字でも表現できる。
- 回路図を作る。回路図において重要なのは素子たちのつながり方などであり、たとえば細かい導線の長さは重要でないことが多いため、配置を整理して見やすくすることが通常である。また、前項同様、長さの表示は数字によっても行える。

第9章

自己相似 ―自分の中に自分がいる―

§1 "等比"は"相似"を生み出す

[1] テーマと問題の紹介

"自己相似"と聞いて、あなたは何を思い浮かべるでしょうか。たとえば、一部の海岸線の形状がフラクタルになっている、といった具体例を知っているかもしれません。自己相似という概念は決して数学の世界だけの絵空事ではなく、自然界にも存在するものです。

一方で、自然界における自己相似は数学的な取扱いが難しいことが多いのも事実です。たとえば流体が関係する現象は、いくつかの性質の良い仮定を与えたとしても、紙とペンでのみ有意義な発見をするのは容易ではありません。そこで、まずは自己相似と関連した大学入試問題から考えてみましょう。

題材　2007 年 理系数学 第 2 問

n を 2 以上の整数とする。平面上に $n+2$ 個の点 O, P_0, P_1, $\cdots$, P_n があり、次の二つの条件をみたしている。

(i) $\angle P_{k-1}OP_k = \dfrac{\pi}{n}$ $(1 \leqq k \leqq n)$, $\angle OP_{k-1}P_k = \angle OP_0P_1$ $(2 \leqq k \leqq n)$

(ii) 線分 OP_0 の長さは 1、線分 OP_1 の長さは $1 + \dfrac{1}{n}$ である。

線分 $P_{k-1}P_k$ の長さを a_k とし、$s_n = \displaystyle\sum_{k=1}^{n} a_k$ とおくとき、$\displaystyle\lim_{n \to \infty} s_n$ を求めよ。

折れ線の長さに関する問題です。いったいこれが自己相似とどう関係しているんだ！と思うかもしれませんが、本問を選択した理由は問題を解いていくにつれわかります。それを楽しみに、いったん問題解決に集中することとしましょう。

東大入試数学の図形問題の多くに共通していえるのは、日本語や数式を正しく読み取り、状況を図示するまでにもそれなりに頭を使うということです。まずは読解&状況理解から始めます。

[2] 点たちの位置関係には任意性がある

図 9.1 をご覧ください。本問の点 O, P_0, P_1, $\cdots$, P_n たちの位置関係を図示すると、"たとえば"このようになります。

本問の図示をするにあたり、おそらく多くの方がこのような図を描くと思います。もちろん

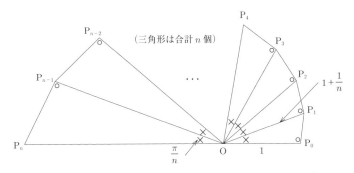

図 9.1: 問題文の状況の図示。これで問題ないといえばないのだが……。

- O からみたときの P_0 の位置（平面極座標でいう偏角）
- 点 P_0, P_1, P_2, $\cdots$, P_n の並ぶ向き（時計回りか、反時計回りか）

という任意性はあります。この図を左右反転させたり回転させたりしても問題文の条件をみたすということです。とはいえ、これらが任意であるのは明らかでしょう。

　人によっては全く気づかないということもあるのですが、本問は図 9.2 のような点の配置にしても問題ありません。

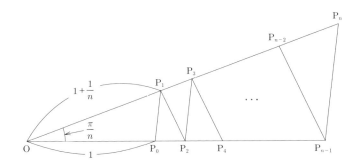

図 9.2: よく考えると、たとえばこのような図でも問題ない。

　また、こうした行儀のよい位置関係だけでなく、反時計回り・時計回りに偏角をノラフラと変えるような配置にすることもできます。ただし、これは本問の不成立を意味するものではありません。どのような点の配置にしても、これから求める長さ a_k や s_n は変わらないためです。ここでは、のちの発展的な話題のためにも、点 P_0, P_1, P_2, $\cdots$, P_n の位置関係を図 9.1 のとおりとします。

[3] 三角形の相似を利用

では問題に取りかかりましょう。いきなり全体を相手にすると大変なので、まずは最初の方の点たちに着目します。図 9.3 をご覧ください。

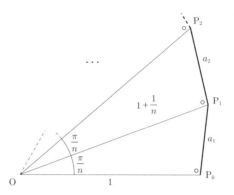

図 9.3: $\triangle \mathrm{OP_0P_1}$ と $\triangle \mathrm{OP_1P_2}$ の拡大図。

いま、たとえば $\angle \mathrm{P_0OP_1} = \dfrac{\pi}{n} = \angle \mathrm{P_1OP_2}$ および $\angle \mathrm{OP_0P_1} = \angle \mathrm{OP_1P_2}$ より $\triangle \mathrm{OP_0P_1} \backsim \triangle \mathrm{OP_1P_2}$ がいえます。その相似比は $\mathrm{P_0P_1} : \mathrm{P_1P_2}$、つまり $1 : \left(1 + \dfrac{1}{n}\right)$ です。同様に

$$\triangle \mathrm{OP_0P_1} \backsim \triangle \mathrm{OP_1P_2} \backsim \triangle \mathrm{OP_2P_3} \backsim \cdots \backsim \triangle \mathrm{OP_{n-2}P_{n-1}} \backsim \triangle \mathrm{OP_{n-1}P_n}$$

が成り立ち、相似比は

$$1 : \left(1 + \frac{1}{n}\right) : \left(1 + \frac{1}{n}\right)^2 : \left(1 + \frac{1}{n}\right)^3 : \cdots : \left(1 + \frac{1}{n}\right)^{n-2} : \left(1 + \frac{1}{n}\right)^{n-1}$$

となります。これより

$$a_k = \left(1 + \frac{1}{n}\right)^{k-1} a_1 \quad (k \in \{1, 2, \cdots, n\})$$

がしたがいますね。よって

$$s_n = \sum_{k=1}^{n} a_k = \sum_{k=1}^{n} \left\{ \left(1 + \frac{1}{n}\right)^{k-1} a_1 \right\} = a_1 \sum_{k=1}^{n} \left(1 + \frac{1}{n}\right)^{k-1}$$

$$= a_1 \cdot \frac{\left(1 + \dfrac{1}{n}\right)^n - 1}{\left(1 + \dfrac{1}{n}\right) - 1} = na_1 \cdot \left\{ \left(1 + \frac{1}{n}\right)^n - 1 \right\}$$

が成り立ちます。あとは、最右辺の $n \to \infty$ の極限を求めれば本問は終了ですね。

まず、$\left(1 + \dfrac{1}{n}\right)^n \xrightarrow{n \to \infty} e$ より

$$\left(1 + \frac{1}{n}\right)^n - 1 \to e - 1 \quad (n \to \infty)$$

であることは直ちにわかりますね。

問題は na_1 の方です。そもそも a_1 を n の式で求めていませんでしたが、$\triangle \mathrm{OP_0P_1}$ の $\angle \mathrm{P_0OP_1}$ について余弦定理を用いることにより

$$a_1^2 = \mathrm{OP_0}^2 + \mathrm{OP_1}^2 - 2 \cdot \mathrm{OP_0} \cdot \mathrm{OP_1} \cdot \cos \angle \mathrm{P_0OP_1}$$
$$= 1^2 + \left(1 + \frac{1}{n}\right)^2 - 2 \cdot 1 \cdot \left(1 + \frac{1}{n}\right) \cdot \cos \frac{\pi}{n}$$
$$= \frac{1}{n^2} + 2\left(1 + \frac{1}{n}\right)\left(1 - \cos \frac{\pi}{n}\right)$$

と計算できます[1]。上式より

$$n^2 a_1^2 = n^2 \left\{ \frac{1}{n^2} + 2\left(1 + \frac{1}{n}\right)\left(1 - \cos \frac{\pi}{n}\right) \right\}$$
$$= 1 + \left(1 + \frac{1}{n}\right) \cdot 2n^2 \left(1 - \cos \frac{\pi}{n}\right)$$

となりますね。

高校の数学 III で扱う種々の極限計算に慣れていないと、ここでどうすればよいかわからないかもしれませんが、うまい変形があります。余弦の 2 倍角の公式より

$$\cos \frac{\pi}{n} = \cos\left(2 \cdot \frac{\pi}{2n}\right) = 1 - 2 \sin^2 \frac{\pi}{2n}$$

が成り立つので、それを用いると

$$2n^2 \left(1 - \cos \frac{\pi}{n}\right) = 2n^2 \left\{ 1 - \left(1 - 2\sin^2 \frac{\pi}{2n}\right) \right\} = 4n^2 \sin^2 \frac{\pi}{2n}$$
$$= \pi^2 \cdot \left(\frac{\sin \dfrac{\pi}{2n}}{\dfrac{\pi}{2n}} \right)^2$$
$$\xrightarrow{n \to \infty} \pi^2 \cdot 1^2 \quad \left(\because \frac{\pi}{2n} \xrightarrow{n \to \infty} 0, \quad \frac{\sin t}{t} \xrightarrow{t \to 0} 1 \right)$$
$$= \pi^2$$

と極限を計算できるのです[2]。したがって

---

1 $a_1 = \cdots$ の形にすると根号が登場して面倒なので、na_1 ではなく $n^2 a_1^2$ の形のままとしています。

2 大学受験の数学で頻出のテクニックではあるのですが、初めて見たときはうまい変形だと驚いた記憶があります。

$$n^2 a_1^2 = 1 + \left(1 + \frac{1}{n}\right) \cdot 2n^2 \left(1 - \cos\frac{\pi}{n}\right)$$

$$\xrightarrow{n \to \infty} 1 + 1 \cdot \pi^2$$

$$= 1 + \pi^2$$

となりますから、s_n の $n \to \infty$ での極限は次のようになります。

$$s_n = na_1 \cdot \left\{\left(1 + \frac{1}{n}\right)^n - 1\right\} \xrightarrow{n \to \infty} \sqrt{1 + \pi^2}\,(e - 1)$$

[4] 結局、われわれは何を計算したのか

これで問題は解けました。でも、これで終わってしまってはただ計算をしただけになります。大学入試問題では試験時間の都合で発展的話題に触れられないことが多いです。また、説明可能な採点ができる問題づくりを目指すと、オープンクエスチョンにしづらい側面もあるでしょう。しかし、ここでそうした事情を考慮する必要はありません。むしろここから先が面白いところです。

そもそも、いまわれわれは何を計算したのでしょうか。……もちろん折れ線の長さの和の極限なのですが、$n \to \infty$ というのが何を表しているかです。そこで、本問の折れ線で n の値を大きくしていったようすを図 9.4 にまとめました。

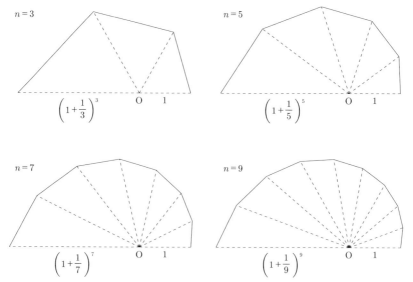

図 9.4: $n = 3, 5, 7, 9$ の各々における折れ線の形。縮尺と点 O, P_1 の位置は統一してある。

どうやら、n を大きくしていくと折れ線はある曲線に近づいていくようです。その曲線とはどういうものかを大雑把に考えましょう。

$k \in \{0,\, 1,\, 2,\, \cdots,\, n\}$ とするとき、この折れ線をなす点の一つ P_k の偏角は $\dfrac{k\pi}{n}$ であり、原点からの距離は $\left(1 + \dfrac{1}{n}\right)^k$ となっています。よって、$(n \to \infty$ とせずとも) 点 $\mathrm{P}_0,\, \mathrm{P}_1,\, \mathrm{P}_2,\, \cdots,\, \mathrm{P}_n$ は曲線

$$r = \left(1 + \frac{1}{n}\right)^{\frac{n\theta}{\pi}} = \left\{\left(1 + \frac{1}{n}\right)^n\right\}^{\frac{\theta}{\pi}}$$

上にあります。ここで $\left(1 + \dfrac{1}{n}\right)^n \xrightarrow{n \to \infty} e$ ですから、n を大きくしていくと折れ線の頂点たちは曲線 $r = e^{\frac{\theta}{\pi}}$ に近づいていくと思えます。そして、n が大きいと折れ線の頂点の間隔もおおよそ狭くなっていきますから、結局折れ線上の点がみな曲線 $r = e^{\frac{\theta}{\pi}}$ に近づいていく気がします。

当然、これはただの推測です。というよりそもそも折れ線が曲線に "近づく" ということの定義をしていません。その定義は実のところ私にはよくわからず、また本節の主眼ではないため、折れ線が近づくさきの曲線はこれで判明したものとさせてください。

xy 平面で x 軸正方向を始線とする極座標において、本問の折れ線が $n \to \infty$ で行き着く先の曲線は $r = e^{\frac{\theta}{\pi}}$ $(0 \le \theta \le \pi)$ と表されることがわかりました。この曲線を C としましょう。この極方程式を利用すると、本問の答えとなっていた $\displaystyle\lim_{n \to \infty} s_n$ を容易に計算できます。具体的には次の方法によります。

極座標表示された曲線の長さ

$\alpha,\, \beta$ を $\alpha \le \beta$ なる実数とし、関数 f を $[\alpha,\, \beta]$ を含む区間で定義された関数とする。座標平面における曲線 $r = f(\theta)$ の $\alpha \le \theta \le \beta$ に対応する部分の長さ $L(\alpha,\, \beta)$ は次式で与えられる。

$$L(\alpha,\, \beta) = \int_\alpha^\beta \sqrt{f(\theta)^2 + \left(\frac{df(\theta)}{d\theta}\right)^2}\, d\theta$$

---

[5] なぜこのように計算できるか

xy 平面上で t $(t_i \le t \le t_f)$ を媒介変数とする点 $(x(t),\, y(t))$ の移動する距離が

$$\int_{t_i}^{t_f} \sqrt{\left(\frac{dx}{dt}\right)^2 + \left(\frac{dy}{dt}\right)^2}\, dt$$

により求められることは既知とします。

角 θ に対応する xy 平面上の点は $(f(\theta)\cos\theta,\, f(\theta)\sin\theta)$ であり

237

$$\frac{dx}{d\theta} = \frac{d}{d\theta}\left(f(\theta)\cos\theta\right) = f'(\theta)\cos\theta - f(\theta)\sin\theta$$

$$\frac{dy}{d\theta} = \frac{d}{d\theta}\left(f(\theta)\sin\theta\right) = f'(\theta)\sin\theta + f(\theta)\cos\theta$$

と表されます。よって

$$
\begin{aligned}
\left(\frac{dx}{d\theta}\right)^2 + \left(\frac{dy}{d\theta}\right)^2 &= \left\{f'(\theta)\cos\theta - f(\theta)\sin\theta\right\}^2 + \left\{f'(\theta)\sin\theta + f(\theta)\cos\theta\right\}^2 \\
&= \left\{f'(\theta)^2\cos^2\theta - 2f'(\theta)f(\theta)\sin\theta\cos\theta + f(\theta)^2\sin^2\theta\right\} \\
&\quad + \left\{f'(\theta)^2\sin^2\theta + 2f'(\theta)f(\theta)\sin\theta\cos\theta + f(\theta)^2\cos^2\theta\right\} \\
&= f(\theta)^2 + f'(\theta)^2
\end{aligned}
$$

となるため、さきほどの曲線長の計算式より

$$L(\alpha,\,\beta) = \int_\alpha^\beta \sqrt{\left(\frac{dx}{d\theta}\right)^2 + \left(\frac{dy}{d\theta}\right)^2}\, d\theta = \int_\alpha^\beta \sqrt{f(\theta)^2 + f'(\theta)^2}\, d\theta$$

と計算できることがわかります。■

いま、$f(\theta) := e^{\frac{\theta}{\pi}}$ と定めると

$$f(\theta)^2 + \left(\frac{df(\theta)}{d\theta}\right)^2 = \left(e^{\frac{\theta}{\pi}}\right)^2 + \left(\frac{1}{\pi}\cdot e^{\frac{\theta}{\pi}}\right)^2 = \left(1 + \frac{1}{\pi^2}\right)e^{\frac{2\theta}{\pi}}$$

となります。したがって、C の長さ L_C は次のように計算できます。

$$
\begin{aligned}
L_C &= \int_0^\pi \sqrt{\left(1 + \frac{1}{\pi^2}\right)e^{\frac{2\theta}{\pi}}}\, d\theta = \sqrt{1 + \frac{1}{\pi^2}} \int_0^\pi e^{\frac{\theta}{\pi}}\, d\theta \\
&= \sqrt{1 + \frac{1}{\pi^2}}\left[\pi e^{\frac{\theta}{\pi}}\right]_0^\pi = \sqrt{1 + \frac{1}{\pi^2}}\cdot\pi\,(e-1) = \sqrt{1 + \pi^2}\,(e-1)
\end{aligned}
$$

先ほどの計算結果と確かに一致していますね。

[6]　指数関数が相似をもたらす

そういえば、まだ曲線 C を描いていませんでしたから、ここでご覧いただきましょう。極方程式の範囲は $0 \leq \theta \leq \pi$ でしたが、ここではそれ以外の範囲も図示してみます。

図 9.5 が曲線 C（偏角の範囲を制限しないもの）です。反時計回りに進むにつれ原点から遠ざかっていく、渦巻き構造になっていますね。この曲線 $r = e^{\frac{\theta}{\pi}}$ は "対数螺旋" とよばれるものの一つであり、この曲線は実は次のような性質をもちます。

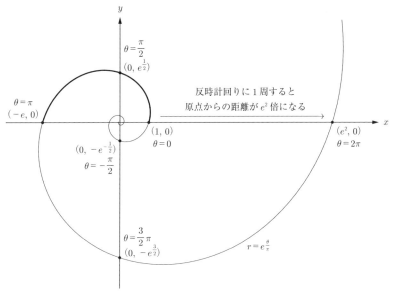

図 9.5: 曲線 $r = e^{\frac{\theta}{\pi}}$ の概形。$0 \leq \theta \leq \pi$ 以外の範囲に対応する部分も描いてある。

対数螺旋の回転と相似

$a \in \mathbb{R}_+$, $b \in \mathbb{R} \setminus \{0\}$ とし、座標平面において極方程式 $r = ae^{\frac{\theta}{b}}$ により定まる曲線を D とする。原点を中心にして D を角 Δ だけ正方向に回転させてできる曲線を D_Δ とする。このとき、原点を中心として D を $e^{-\frac{\Delta}{b}}$ 倍に拡大したものと D_Δ は一致する。

（証明）

さきほどの曲線は $b = \pi$ の場合に相当していますが、一般の場合を証明してしまいましょう。

座標平面上の点 $P(x, y)$ について

$$P(x, y) \in D \iff \exists r \in \mathbb{R}_+ \; \exists \theta \in \mathbb{R}, \; \begin{bmatrix} \begin{cases} r = ae^{\frac{\theta}{b}} \\ x = r\cos\theta \\ y = r\sin\theta \end{cases} \end{bmatrix}$$

239

$$\iff \exists\theta\in\mathbb{R},\ \begin{cases} x = ae^{\frac{\theta}{b}}\cos\theta \\ y = ae^{\frac{\theta}{b}}\sin\theta \end{cases}$$

$$\iff \exists\theta\in\mathbb{R},\ \begin{cases} x = ae^{\frac{\theta+\Delta}{b}}\cos(\theta+\Delta) \\ y = ae^{\frac{\theta+\Delta}{b}}\sin(\theta+\Delta) \end{cases}$$

$$\iff \exists\theta\in\mathbb{R},\ \begin{cases} x = ae^{\frac{\Delta}{b}}e^{\frac{\theta}{b}}\cos(\theta+\Delta) \\ y = ae^{\frac{\Delta}{b}}e^{\frac{\theta}{b}}\sin(\theta+\Delta) \end{cases} \quad\cdots①$$

が成り立ちます。$D: r = ae^{\frac{\theta}{b}}$ を原点を中心として $e^{-\frac{\Delta}{b}}$ 倍に拡大したものを $D_\Delta{}'$ とします。このとき、① と拡大率が $e^{-\frac{\Delta}{b}}$ であることより

$$\mathrm{P}(x,\,y)\in D_\Delta{}' \iff \exists\theta\in\mathbb{R},\ \begin{cases} x = e^{-\frac{\Delta}{b}}\left\{ae^{\frac{\Delta}{b}}e^{\frac{\theta}{b}}\cos(\theta+\Delta)\right\} \\ y = e^{-\frac{\Delta}{b}}\left\{ae^{\frac{\Delta}{b}}e^{\frac{\theta}{b}}\sin(\theta+\Delta)\right\} \end{cases}$$

$$\iff \exists\theta\in\mathbb{R},\ \begin{cases} x = ae^{\frac{\theta}{b}}\cos(\theta+\Delta) \\ y = ae^{\frac{\theta}{b}}\sin(\theta+\Delta) \end{cases}$$

$$\iff \mathrm{P}(x,\,y)\in D_\Delta$$

となり、$\mathrm{P}(x,\,y)\in D_\Delta \iff \mathrm{P}(x,\,y)\in D_\Delta{}'$ ですから $D_\Delta = D_\Delta{}'$ が示されました。■

いま示した事実より、たとえば次のことが感覚的にいえます。

- $b>0$ の場合、D を正方向に回転させると、原点に向かって（台風の目のように）渦が集まるように見える。

- $b<0$ の場合、D を正方向に回転させると、原点から渦が広がるように見える。

"台風の目" という表現を用いましたが、これはただの例ではありません。実際、台風の渦のようす（天気図の雲の形状）は部分的に対数螺旋のようになることが知られています。もちろん、台風というのは有限の領域において発生するものですし、台風の目では天候がむしろ局所的によくなるわけですから、あくまで部分的に対数螺旋に近い形となる、という話です。

当然、台風は "対数螺旋を作ろう！" と自ら思ってあの形になっているわけではありません。緯度はどれほどか、海上か地上か、水温（地温）と気温はどうか、などのさまざまな要因に支配されて形成され、動いていきます。にもかかわらず対数螺旋に近い形を部分的に含んでいるというのは、実に不思議なことですね。

[7]　おまけ：オウムガイは対数螺旋を"知って"いるのか

いま台風の雲の形状に言及しましたが、自然界ではさまざまなところで対数螺旋が姿を見せます。

　有名な例をもう一つご紹介しましょう。それはオウムガイの殻です。オウムガイの殻を真っ二つに切断すると、たいへん綺麗な螺旋が登場します。その螺旋は、実は対数螺旋となっているのです。

　……でも、これはいったいなぜでしょうか。われわれ人間は、たとえばグラフソフトを使えば対数螺旋を描くことができますが、それは都度計算をしているからに過ぎません。オウムガイは実はこの螺旋を知っていて、それに基づいて殻の形状が決まっているのでしょうか。考えてみると、遺伝子に対数螺旋の情報が組み込まれており、それが発現している可能性もあります。また、実はオウムガイたちがわれわれ同様に数学をやっていて、大昔から対数螺旋形の殻がよいと結論づけられており、みなそれに従って殻を作っている可能性もあります。

　そうした可能性を完全に否定するわけではありませんが、自然界で対数螺旋が見られることには理由づけができます。オウムガイは、われわれ人間と同じように時間と共に身体が大きくなっていきます。彼ら・彼女らはあの殻の中に身体がありますが、成長とともに殻は窮屈になると考えるのが自然です。一方で、身体が大きくなっても体の形状はさほど変わらないと思えます（これの検証はしていませんが、認めてしまいます）。

　このとき、身体が大きくなっているとはいえ形状はおおよそ保たれているのですから、殻の形を無理に変える必要はなさそうです。すると、身体の成長に合わせて殻も形を保ちつつ大きくするのが合理的といえるでしょう。つまり、渦を巻きながら、でも形を保ちつつ殻が大きくなっていくので、対数螺旋の形になると思えるわけです。

§2 神出鬼没のとある数列

[1]　テーマと問題の紹介

東大の数学入試問題は "典型パターン" に分類しづらいものが多く、興味深いものが多数存在します。中には、奥が深すぎて逆に入試には不適切だったのではないかと思えるものさえあるのです。

題 材　　1998 年 理系数学 第 3 問

xy 平面に二つの円

$$C_0 : x^2 + \left(y - \frac{1}{2}\right)^2 = \frac{1}{4}, \quad C_1 : (x - 1)^2 + \left(y - \frac{1}{2}\right)^2 = \frac{1}{4}$$

をとり、C_2 を x 軸と C_0, C_1 に接する円とする。さらに、$n = 2, 3, \cdots$ に対して C_{n+1} を x 軸と C_{n-1}, C_n に接する円で、C_{n-2} とは異なるものとする。C_n の半径を r_n、C_n と x 軸の接点を $(x_n, 0)$ として

$$q_n = \frac{1}{\sqrt{2r_n}}, \quad p_n = q_n x_n$$

とおく。

(1)　q_n は整数であることを示せ。

(2)　p_n も整数で、p_n と q_n は互いに素であることを示せ。

(3)　α を $\alpha = \dfrac{1}{1 + \alpha}$ をみたす正の数として、不等式

$$|x_{n+1} - \alpha| < \frac{2}{3}|x_n - \alpha|$$

を示し、極限 $\lim_{n \to \infty} x_n$ を求めよ。

本問はかなり奥が深く、問題としては傑作だと私は考えています。しかし、特に (2), (3) は難度が高く、解決までの苦労が多すぎるのも事実です。私が初めて本問に取り組んだとき、行き詰まった箇所もあってなんと 2 時間ほど要してしまいました。そもそも東大入試の理系数学は（現状）150 分間で実施されるのに、です。時間制限が厳しい中でこれだけヘビーな問題と遭遇するわけですから、当時の受験生はほとんど問題の面白さを味わう余裕などなかったことでしょう。試験時間を気にせずゆっくり楽しめるのが、書籍のよいところですね。

[2] まずは状況を図示

本問では図が用意されていないので、円 C_2, C_3, $\cdots$ がどのような位置にあるのかわかりづらいことでしょう。そこでまずは、C_0, C_1, C_2 あたりを図示してみます。図 9.6 をご覧ください。

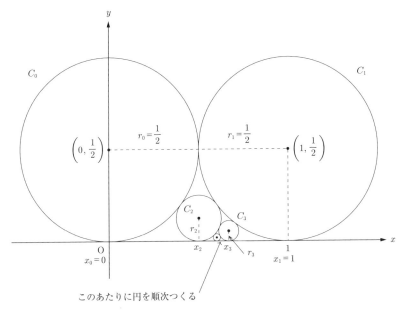

図 9.6: 円 C_2, C_3, C_4, $\cdots$ の作られ方と位置。

このような具合です。これで一気に状況が理解できましたね。

[3] (1) 値にこだわらず、一般的な場合を考える

さて、r_n たちがみたす漸化式を求めましょう。こういうときは、初期値をいったん忘れて一般的な場合を考えましょう。C_{n-1}, C_n, C_{n+1} の位置関係を図 9.7 に示しました。

円 C_{n+1} は "x 軸と C_{n-1}, C_n に接する円で、C_{n-2} とは異なるもの" と特徴づけられていたのでしたね。よって、"接する" という特徴を数式で表現することにより、r_{n+1} を r_n, r_{n-1} で表せると期待できます。

以下、円 C_k の中心を C_k とします。また、図のように点 H, H′, H″ をとります。なお、円 C_n, C_{n-1} の左右は n の値によって変わりますが、位置関係が図と異なる場合であっても、以下の議論はほとんどそのまま成り立ちます。また、円 C_n, C_{n-1} の大小関係次第で H が C_{n-1} と重なったり、線分 C_{n-1}H の "上" に存在したりする可能性がありますが、その場合でも以下の計算は成り立ちます。

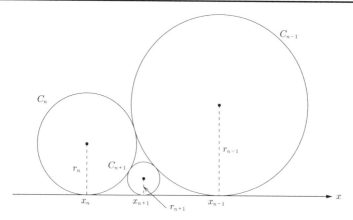

図 9.7: C_{n-1}, C_n, C_{n+1} が互いに外接し、かついずれも x 軸に接しているようす。

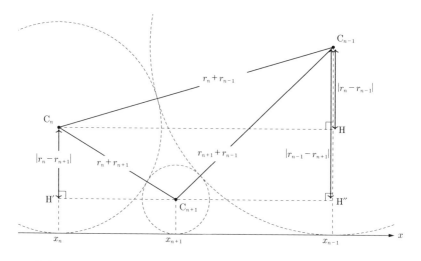

図 9.8: C_{n-1}, C_n, C_{n+1} たちは外接しており、中心間距離は半径和に等しい。

まず $\triangle C_n C_{n-1} H$ で三平方の定理を適用することにより次式が得られます。

$$
\begin{aligned}
C_n H^2 &= (r_n + r_{n-1})^2 - |r_n - r_{n-1}|^2 \\
&= \left(r_n^2 + 2r_n r_{n-1} + r_{n-1}^2 \right) - \left(r_n^2 - 2r_n r_{n-1} + r_{n-1}^2 \right) \\
&= 4 r_n r_{n-1}
\end{aligned}
$$

$$\therefore C_n H = 2\sqrt{r_n r_{n-1}} \quad \cdots ①$$

　なお、円の大小関係によって $\triangle C_n C_{n-1} H$ は 3 点の位置関係が変わったり C_{n-1}, H の 2 点が重なったりしますが、その場合でも上の式は成り立ちます。以下も同様であり、3 点が直角三角形をなさない場合であっても単に直角三角形とよぶこととします。

　$\triangle C_n C_{n+1} H$ および $\triangle C_{n+1} C_{n-1} H$ においても同様に三平方の定理を立式することにより

$$\therefore \mathrm{H}' C_{n+1} = 2\sqrt{r_n r_{n+1}} \quad \cdots ②$$

$$\therefore C_{n+1} \mathrm{H}'' = 2\sqrt{r_{n+1} r_{n-1}} \quad \cdots ③$$

が成り立つことが確認できますね。

　ここで、$C_n \mathrm{H} = \mathrm{H}' C_{n+1} + C_{n+1} \mathrm{H}''$ が成り立ちます。これと ①, ②, ③ より

$$2\sqrt{r_n r_{n-1}} = 2\sqrt{r_n r_{n+1}} + 2\sqrt{r_{n+1} r_{n-1}}$$

となり、この式の両辺を $2\sqrt{2r_{n-1} r_n r_{n+1}}$ で除算することで

$$\frac{1}{\sqrt{2r_{n+1}}} = \frac{1}{\sqrt{2r_{n-1}}} + \frac{1}{\sqrt{2r_n}} \qquad \therefore q_{n+1} = q_n + q_{n-1} \quad \cdots ④$$

を得ます。これで数列 $\{q_n\}$ の漸化式が得られました。

　問題設定より $q_0 = q_1 = \dfrac{1}{\sqrt{2 \cdot \dfrac{1}{2}}} = 1$ となります。これと ④ より、任意の非負整数 n に対し q_n が（正の）整数となることがしたがいますね。

[4]　(2) 手がかりは x_n の値

　次は $p_n \, (:= q_n x_n)$ の性質を探ります。現状、数列 $\{q_n\}$ については

$$q_0 = 1, \quad q_1 = 1, \quad q_{n+1} = q_n + q_{n-1} \ (n \in \mathbb{Z}_+)$$

が成り立つことがわかっています。一般項はさておき、この数列を決定するための情報は知り尽くしたわけです。よって、x_n についての情報を得ることが、p_n や数列 $\{p_n\}$ のことを知る第一歩となるでしょう。

　$x_0 = 1$, $x_1 = 1$ は直ちにわかりますから、数列 $\{q_n\}$ 同様、ここでも漸化式を入手できると嬉しいです。そこで、円 C_{n-1}, C_n, C_{n+1} の図を再び用いることとしましょう。図 9.9 に、求めたばかりの $C_n \mathrm{H}$, $\mathrm{H}' C_{n+1}$, $C_{n+1} \mathrm{H}''$ の長さも反映しておきました。

　いま、x_{n+1} は必ず x_{n-1} と x_n との間に存在します[3]。x_{n-1}, x_n からの距離の比は

$$|x_{n+1} - x_{n-1}| : |x_{n+1} - x_n| = C_{n+1} \mathrm{H}'' : C_{n+1} \mathrm{H}'$$
$$= 2\sqrt{r_{n+1} r_{n-1}} : 2\sqrt{r_{n+1} r_n}$$

3　"間に存在する" とは、$\min\{x_{n-1}, x_n\} < x_{n+1} < \max\{x_{n-1}, x_n\}$ が成り立つということです。

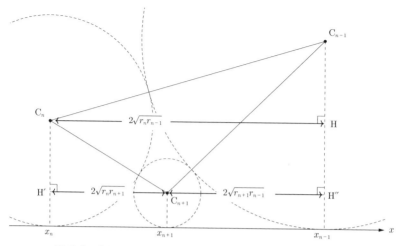

図 9.9: 今度は C_{n-1}, C_n, C_{n+1} の水平位置の差を考える。

$$= \sqrt{r_{n-1}} : \sqrt{r_n}$$

ですから

$$x_{n+1} = \frac{\sqrt{r_n}x_{n-1} + \sqrt{r_{n-1}}x_n}{\sqrt{r_{n-1}} + \sqrt{r_n}} \quad \cdots ⑤$$

が成り立ちます。

　漸化式的な式 ⑤ が導かれましたが、$\sqrt{r_n}, \sqrt{r_{n-1}}$ を含んでいるため、まだ数列 $\{x_n\}$ の使いやすい漸化式にはなっていません。できれば右辺を数列 $\{x_n\}$ の項のみで表したいですね。そこで、たとえば $q_n = \dfrac{1}{\sqrt{2r_n}}$ を用いてみると

$$x_{n+1} = \frac{\sqrt{r_n}x_{n-1} + \sqrt{r_{n-1}}x_n}{\sqrt{r_{n-1}} + \sqrt{r_n}} = \frac{\dfrac{1}{\sqrt{2}q_n} \cdot x_{n-1} + \dfrac{1}{\sqrt{2}q_{n-1}} \cdot x_n}{\dfrac{1}{\sqrt{2}q_{n-1}} + \dfrac{1}{\sqrt{2}q_n}}$$

となります。絶望的な形に見えるかもしれませんが、ここから不思議なことが起こります。とりあえず複雑な分数を平易な形にすると

$$x_{n+1} = \frac{\dfrac{1}{q_n} \cdot x_{n-1} + \dfrac{1}{q_{n-1}} \cdot x_n}{\dfrac{1}{q_{n-1}} + \dfrac{1}{q_n}} \quad (\because 分母・分子各々を \sqrt{2} 倍した)$$

$$= \frac{q_{n-1}x_{n-1} + q_n x_n}{q_n + q_{n-1}} \quad (\because 分母・分子双方を q_{n-1}q_n 倍した)$$

246

$$= \frac{p_{n-1} + p_n}{q_n + q_{n-1}} \quad (\because p_n := q_n x_n)$$

となり、分母を払うことで $(q_n + q_{n-1}) x_{n+1} = p_{n-1} + p_n$ を得ます。ここで数列 $\{q_n\}$ の漸化式 ④ を用いると、x_n の漸化式を飛び越えて

$$p_{n+1} = p_n + p_{n-1} \quad \cdots ⑥$$

という数列 $\{p_n\}$ の漸化式が得られてしまうのです！ 私は初めて本問に取り組んだとき、この (2) でかなり長い時間悩んでしまいました。これを発見したとき、とても驚いたことを記憶しています[4]。

さて、これで数列 $\{p_n\}$ についての情報がわかりました。まず

$$p_0 = q_0 x_0 = 1 \cdot 0 = 0, \quad p_1 = q_1 x_1 = 1 \cdot 1 = 1$$

であり、漸化式は ⑥ です。最初の 2 項が 0, 1 であり、漸化式も整数係数となっているため、数列 $\{p_n\}$ の項はみな（非負）整数であることがいえます。あとは、p_n と q_n が互いに素であることを証明するのみですね。

"……いや、数列 $\{p_n\}$, $\{q_n\}$ の一般項がわからないのにどうするんだ！" と思うかもしれません。確かに、一般項がわかっていた方が安心感はあるでしょう。しかしこれらの数列の一般項を知ってもあまり得はしません。興味のある方は、この数列の一般項を計算してみてください。複雑な見た目になります。

一般項を知ることなしに、p_n と q_n とが互い素であることをこれから示します。まず、$\{p_n\}$, $\{q_n\}$ の条件を再掲します。

$$p_0 = 0, \quad p_1 = 1, \quad p_{n+1} = p_n + p_{n-1} \ (n \in \mathbb{Z}_+)$$

$$q_0 = 1, \quad q_1 = 1, \quad q_{n+1} = q_n + q_{n-1} \ (n \in \mathbb{Z}_+)$$

そういえば、漸化式は全く同じ形になっていますね。異なるのは初項のみです。これら二つの数列の項をいくつか具体的に書き下してみると表 9.1 のようになります。

表 9.1: 数列 $\{p_n\}$, $\{q_n\}$ の項 ($n = 1 \sim 8$)。

n	1	2	3	4	5	6	7	8	$\cdots$
p_n	0	1	1	2	3	5	8	13	$\cdots$
q_n	1	1	2	3	5	8	13	21	$\cdots$

---

4 なお、数列 $\{x_n\}$ の漸化式は (3) で登場しますので、自身で計算をしたため正誤を確認したい、という方はそちらをご覧ください。

なんと、数列 $\{p_n\}$ の各項は数列 $\{q_n\}$ の各項を 1 つ "右" にずらしたものになっています。非負整数 n に対し $p_{n+1} = q_n$ が成り立っているということです。二つの数列は漸化式で定義されていますから、この法則がずっと先で破れる、ということはありません。ここでは省いてしまいますが、数学的帰納法により容易にこの法則を証明できます。

数列 $\{q_n\}$ はフィボナッチ数列とよばれるものです（この名称をご存知の方は多いことでしょう）。条件をみたすように円を配置していくという、一見フィボナッチ数列との関係がないように見える問題だけに、これが登場するとは驚きです。この数列に関連するパターンは自然界にもよく見られ、まさに神出鬼没ですね。

$p_{n+1} = q_n$ より、任意の非負整数 n に対し最大公約数 $\gcd(p_n, q_n) = \gcd(p_{n+1}, p_n)$ が成り立ちます。あとはこれが 1 と等しいことを述べれば (2) は終了です。

といっても、これも少し頭を使いそうですね。ここで重要なのは次の事実です。

最大公約数に関する重要性質

$a, b \in \mathbb{Z}$ に対し、$\gcd(a, b) = \gcd(a - b, b)$ $\cdots$ ⑦ が成り立つ。

（証明）

$g_1 := \gcd(a, b)$ と定める。このとき、$k_1, l_1 \in \mathbb{Z}$ を用いて $a = g_1 k_1$, $b = g_1 l_1$ と表すことができる。よって $a - b = g_1 k_1 - g_1 l_1 = g_1 (k_1 - l_1)$ が得られ、これより g_1 は $(a-b)$ の約数である。したがって $g_1 \leq \gcd(a - b, b)$、すなわち $\gcd(a, b) \leq \gcd(a - b, b)$。

$g_2 := \gcd(a - b, b)$ と定める。このとき、$k_2, l_2 \in \mathbb{Z}$ を用いて $a - b = g_2 k_2$, $b = g_2 l_2$ と表すことができる。よって $a = (a - b) + b = g_2 k_2 + g_2 l_2 = g_2 (k_2 + l_2)$ が得られ、これより g_2 は a の約数である。したがって $\gcd(a, b) \geq g_2$、すなわち $\gcd(a, b) \geq \gcd(a - b, b)$ が成り立つ。

以上より $\begin{cases} \gcd(a, b) \leq \gcd(a - b, b) \\ \gcd(a, b) \geq \gcd(a - b, b) \end{cases}$ だから ⑦ がしたがう。■

いま示した ⑦ も用いると、次が成り立ちます。

$$\gcd(p_{n+1}, p_n) = \gcd(p_{n+1} - p_n, p_n) \quad (\because ⑦)$$
$$= \gcd(p_{n-1}, p_n) \quad (\because ④)$$

つまり $\gcd(p_{n+1}, p_n) = \gcd(p_n, p_{n-1})$ が成り立つのです。p_{n+1}, p_n 双方の添字を 1 小さくしても、最大公約数は変わらないということですね。したがって

$$\gcd(p_{n+1}, p_n) = \gcd(p_n, p_{n-1}) = \gcd(p_{n-1}, p_{n-2}) = \cdots = \gcd(p_2, p_1)$$

$$= \gcd(p_1,\, p_0) = \gcd(1,\, 0) = 1$$

となり、$\gcd(p_{n+1},\, p_n) = 1$、つまり $\gcd(p_n,\, q_n) = 1$ が示されました。長かったですが、これで (2) は完了です。■

[5]　(3) 数列 x_n は（どこに）収束するか

では最後、(3) を攻略しましょう。(1), (2) は整数関連の話でしたが、最後は突然極限の問題です。

とりあえず、α の値を求めておきましょう。$\alpha = \dfrac{1}{1+\alpha}\,(\alpha > 0)$ の両辺に $1+\alpha$ を乗じることで $\alpha(1+\alpha) = 1$、つまり $\alpha^2 + \alpha - 1 = 0$ が得られ、これを $\alpha > 0$ のもとで解くことで $\alpha = \dfrac{\sqrt{5}-1}{2}$ が得られます。

次に

$$|x_{n+1} - \alpha| < \frac{2}{3}|x_n - \alpha| \quad \cdots ⑧$$

という不等式を導きます。何はともあれ $x_n - \alpha$ や $x_{n+1} - \alpha$ という形を作る必要がありますから、数列 $\{x_n\}$ の漸化式がほしいですね。数列 $\{p_n\}$, $\{q_n\}$ の素性を知ったいまなら、さほど苦労せず漸化式を得られます。まず、x_n の定義より

$$x_{n+1} = \frac{p_{n+1}}{q_{n+1}} = \frac{q_n}{q_{n+1}} \qquad \therefore x_{n+1} = \frac{q_n}{q_{n+1}} \quad \cdots ⑨$$

と変形できます。よって

$$
\begin{aligned}
x_{n+1} &= \frac{q_n}{q_{n+1}} = \frac{q_n}{q_n + q_{n-1}} \quad (\because ④) \\
&= \frac{1}{1 + \dfrac{q_{n-1}}{q_n}} = \frac{1}{1 + x_n} \quad (\because ⑨) \\
\therefore\ x_{n+1} &= \frac{1}{1 + x_n} \quad \cdots ⑩
\end{aligned}
$$

となり、数列 $\{x_n\}$ の漸化式が得られました。

ここで技を使います。いまの漸化式 ⑩ と、α のみたす式 $\alpha = \dfrac{1}{1+\alpha}$ の左辺どうし・右辺どうしの差を計算すると次のようになります。

$$x_{n+1} - \alpha = \frac{1}{1+x_n} - \frac{1}{1+\alpha} = \frac{\alpha - x_n}{(1+x_n)(1+\alpha)} = -\frac{x_n - \alpha}{(1+x_n)(1+\alpha)}$$

不等式 ⑧ には絶対値関数が含まれていましたから、ここでも最左辺と最右辺の絶対値を考えます。すると

$$|x_{n+1} - \alpha| = \frac{|x_n - \alpha|}{|1+x_n||1+\alpha|} = \frac{|x_n - \alpha|}{(1+x_n)(1+\alpha)}$$

が成り立ちます。$x_0 = 0$, $x_1 = 1$ および ⑩ より任意の非負整数 n に対し $1 + x_n > 0$ であることに注意しましょう。なお、α は正の数としているため、もちろん $1 + \alpha > 0$ も成り立ちます。

いま、任意の $n \in \mathbb{N}_0$ に対し $x_n \in \mathbb{Q}$ であることは初項と漸化式よりわかります。一方、$\alpha \left(= \dfrac{\sqrt{5}-1}{2} \right)$ は無理数です（これの証明は容易ですから、省かせてください）。よって、任意の $n \in \mathbb{N}_0$ に対し $|x_n - \alpha| \neq 0$ がいえます。そして、円たちの位置を考えることにより、$n \geq 1$ において $x_n \geq \dfrac{1}{2}$ が成り立ちます。また、$\alpha > 0$ より $1 + \alpha > 1 + 0$ です。したがって

$$\frac{|x_n - \alpha|}{(1 + x_n)(1 + \alpha)} < \frac{|x_n - \alpha|}{\left(1 + \dfrac{1}{2}\right)(1 + 0)} = \frac{2}{3}|x_n - \alpha|$$

が成り立ち

$$|x_{n+1} - \alpha| = \frac{|x_n - \alpha|}{(1 + x_n)(1 + \alpha)} < \frac{2}{3}|x_n - \alpha|$$

すなわち、⑧ が $n \geq 1$ において示されました。

$$\frac{2}{3}|x_0 - \alpha| - |x_1 - \alpha| = \frac{2}{3}|0 - \alpha| - |1 - \alpha| = \cdots = \frac{5\sqrt{5} - 11}{6} > 0$$

より $n = 0$ でも成り立っていますね。■

ここまで至ることができれば、あとは容易です。$n \geq 0$ で成り立つ式 ⑧ を繰り返し用いることにより

$$(0 <) \, |x_n - \alpha| < \frac{2}{3}|x_{n-1} - \alpha| < \frac{2}{3} \cdot \frac{2}{3}|x_{n-2} - \alpha| < \frac{2}{3} \cdot \frac{2}{3} \cdot \frac{2}{3}|x_{n-3} - \alpha| < \cdots$$
$$< \left(\frac{2}{3}\right)^n |x_0 - \alpha| = \left(\frac{2}{3}\right)^n \cdot \alpha$$

が得られます。ここで、$\left(\dfrac{2}{3}\right)^n \cdot \alpha \to 0 \, (n \to \infty)$ であり、そもそも $0 < |x_n - \alpha|$ でしたから、はさみうちの原理より $\displaystyle\lim_{n \to \infty} |x_n - \alpha| = 0$ がしたがい、$\displaystyle\lim_{n \to \infty} x_n = \alpha = \dfrac{\sqrt{5} - 1}{2}$ と結論づけられます。

なお、この $\dfrac{\sqrt{5} - 1}{2}$ という値は、黄金比 $\dfrac{\sqrt{5} + 1}{2}$ の逆数です。さらにその黄金比は、フィボナッチ数列の隣接する 2 項の比の極限となっているのです。

円を並べていくだけの問題なのにふいにフィボナッチ数列や黄金比が姿を見せる、なんとも不思議で見事な問題でした。

§3 "連ねた" 分数で実数を表現する

[1] テーマと問題の紹介

数学というのは不思議なものです。というのも、ずっと前に取り組んだ問題の答えや背景が、何年も経過したときにわかることがあるのです。

本節で扱う問題に初めて取り組んだのは、私が高校1年生くらいの頃でした。当時の私は整数問題（特に証明問題）が好きだったので、こういう問題が気になったのです。問題を読むとわかることですが、中学数学の知識があれば一応取り組めるというのも本問の魅力でした。ところが、数学の知識が乏しく考察も不十分だった当時の私は、本問の背景に全く気づかなかったのです。その "背景" に気づいたのはつい最近のこと。初めて取り組んだときから10年ほど経過したことになります。

題材 | **2011年 理系数学 第2問**

実数 x の小数部分を、$0 \leqq y < 1$ かつ $x - y$ が整数となる実数 y のこととし、これを記号 $\langle x \rangle$ で表す。実数 a に対して、無限数列 $\{a_n\}$ の各項 a_n $(n = 1, 2, 3, \cdots)$ を次のように順次定める。

(i) $a_1 = \langle a \rangle$

(ii) $\begin{cases} a_n \neq 0 \text{ のとき、} a_{n+1} = \left\langle \dfrac{1}{a_n} \right\rangle \\ a_n = 0 \text{ のとき、} a_{n+1} = 0 \end{cases}$

(1) $a = \sqrt{2}$ のとき、数列 $\{a_n\}$ を求めよ。

(2) 任意の自然数 n に対して $a_n = a$ となるような $\dfrac{1}{3}$ 以上の実数 a をすべて求めよ。

(3) a が有理数であるとする。a を整数 p と自然数 q を用いて $a = \dfrac{p}{q}$ と表すとき、q 以上のすべての自然数 n に対して、$a_n = 0$ であることを示せ。

東大の入試数学そのものは理系の場合（現状）たったの150分で終了してしまいますが、頭の中に残る知識や経験は大きなタイムスケールでつながることがあります。それも数学の面白いところですね。

小問が三つありますが、まずはこれらを攻略することから始めてみましょう。

[2]　(1) 定義に忠実に計算

まずは定義をよく読み、それにしたがって計算をします。ただし、小数部分 $\langle\cdot\rangle$ の定義より

$$\forall a \in \mathbb{R}, [\forall k \in \mathbb{Z}, \langle a+k \rangle = \langle a \rangle] \quad \cdots ①$$

が成り立つことに注意しましょう。

まず、$1 < 2 < 4$ より $1 < \sqrt{2} < \sqrt{4} = 2$ です。したがって $a_1 = \langle \sqrt{2} \rangle = \sqrt{2} - 1 (\neq 0)$ が成り立ちます。ここで

$$\frac{1}{\sqrt{2}-1} = \frac{\sqrt{2}+1}{\left(\sqrt{2}-1\right)\left(\sqrt{2}+1\right)} = \sqrt{2}+1$$

ですから

$$a_2 = \left\langle \frac{1}{\sqrt{2}-1} \right\rangle = \left\langle \sqrt{2}+1 \right\rangle = \sqrt{2}-1 \quad (\because ①)$$

となります。$a_2 = a_1 = \sqrt{2}-1$ となっており、数列 $\{a_n\}$ の定義より $a_3, a_4, \cdots$ の値もすべて $\sqrt{2}-1$ となることがわかります。よって $\underline{a_n = \sqrt{2}-1 \ (n \in \mathbb{Z}_+)}$ です。

[3]　(2) 条件を丁寧に言い換える

では次に (2) です。$\forall n \in \mathbb{Z}_+ [a_n = a] \cdots ②$ となる $a \left(\geq \dfrac{1}{3}\right)$ を求める問題です。場合分けが発生することもあり、実際の試験会場では混乱した受験生もいたことでしょうが、落ち着いて取り組めば難しい問題ではありません。

定義より $a_1 = \langle a \rangle$ であり、いま ② より $a_1 = a$ が必要です。これらより $a = \langle a \rangle$ が必要条件とわかります。小数部分 $\langle\cdot\rangle$ の定義より $0 \leq \langle a \rangle < 1$ ですから、$\dfrac{1}{3} \leq a < 1 \cdots ③$ が必要とわかりますね。本小問では以下それを前提とします。

これで $a_1 = \langle a \rangle = a$ は達成されるので、あとは $\forall n \in \mathbb{Z}[a_{n+1} = a_n]$ となる a を求めるのみです。$a_2 = \left\langle \dfrac{1}{a_1} \right\rangle = \left\langle \dfrac{1}{a} \right\rangle$ であり、よって $\left\langle \dfrac{1}{a} \right\rangle = a \cdots ④$ が必要条件です。逆に、④ が成り立っていれば $a_2 = a_1 = a$ となるわけですから、結局 ② もいえてしまいます。よって、③ $\wedge$ ④ が本問の条件と必要十分です。

① に注意すると、④ は $\exists k \in \mathbb{Z} \left[\dfrac{1}{a} = a+k \right]$ と言い換えられます。③ より $1 < \dfrac{1}{a} \leq 3$ がしたがうため、$\dfrac{1}{a} - \left\langle \dfrac{1}{a} \right\rangle$、つまり $\dfrac{1}{a}$ の整数部分のとりうる値は $1, 2, 3$ ということになります。ここは、素直にそれらで分けて調べるのが明快です。

[4]　(i) $\dfrac{1}{a}$ の整数部分が 1 の場合

このようになる a の条件は $1 < \dfrac{1}{a} < 2$、すなわち $\dfrac{1}{2} < a < 1$ です。そのもとで a は次のように求められます。

④ $\iff$ $\dfrac{1}{a} - 1 = a$ $\iff$ $a^2 + a - 1 = 0$ $\iff$ $a = \dfrac{\sqrt{5} - 1}{2}$

[5] (ii) $\dfrac{1}{a}$ の整数部分が 2 の場合

このようになる a の条件は $2 \leq \dfrac{1}{a} < 3$、すなわち $\dfrac{1}{3} < a \leq \dfrac{1}{2}$ です。そのもとで a は次のように求められます。

④ $\iff$ $\dfrac{1}{a} - 2 = a$ $\iff$ $a^2 + 2a - 1 = 0$ $\iff$ $a = \sqrt{2} - 1$

[6] (iii) $\dfrac{1}{a}$ の整数部分が 3 の場合

このようになる a の条件は $\dfrac{1}{a} = 3$、すなわち $a = \dfrac{1}{3}$ です。しかし、このとき

$$\left\langle \dfrac{1}{a} \right\rangle = \left\langle \dfrac{1}{\frac{1}{3}} \right\rangle = \langle 3 \rangle = 0 \neq \dfrac{1}{3} = a$$

より $\left\langle \dfrac{1}{a} \right\rangle \neq a$ となるため、条件 ④ は成り立ちません。

以上より、① をみたす $a \left(\geq \dfrac{1}{3} \right)$ の値は $a = \dfrac{\sqrt{5} - 1}{2}, \sqrt{2} - 1$ です。

[7] (3) 実験して様子を探ろう

最後に (3) です。そもそも主張が理解しづらいですし、主張を理解できたとしても証明のアプローチがよくわかりませんね。双方の助けとなるよう、ここでは具体的な p, q の値で実験をしてみようと思います。

とりあえず、私の誕生日は 7 月 16 日なので $p = 7$, $q = 16$ としてみます。つまり $a = \dfrac{7}{16}$ ということです。すると

$$a_1 = \langle a \rangle = \left\langle \dfrac{7}{16} \right\rangle = \dfrac{7}{16},$$
$$a_2 = \left\langle \dfrac{1}{a_1} \right\rangle = \left\langle \dfrac{16}{7} \right\rangle = \dfrac{2}{7},$$
$$a_3 = \left\langle \dfrac{1}{a_2} \right\rangle = \left\langle \dfrac{7}{2} \right\rangle = \dfrac{1}{2},$$
$$a_4 = \left\langle \dfrac{1}{a_3} \right\rangle = \left\langle \dfrac{2}{1} \right\rangle = 0,$$
$$a_5 = 0, \ a_6 = 0, \ a_7 = 0, \cdots$$

となります。つまり、$a = \dfrac{7}{16}$ とした場合の数列 $\{a_n\}$ は次のようになります。

$$a_1 = \dfrac{7}{16}, \quad a_2 = \dfrac{2}{7}, \quad a_3 = \dfrac{1}{2}, \quad a_n = 0 \ (n \in \mathbb{Z}, \ n \geq 4)$$

a_4 を含めそれ以降の値が 0 です。よって、特に $(q =) 16$ 以上のすべての自然数 n に対しても、たしかに $a_n = 0$ となっています。

もう一つ別の例を考えてみましょう。$p = 89$, $q = 55$ としてみます。つまり $a = \dfrac{89}{55}$ ということです。すると

$$a_1 = \langle a \rangle = \left\langle \frac{89}{55} \right\rangle = \frac{34}{55}, \quad a_2 = \left\langle \frac{1}{a_1} \right\rangle = \left\langle \frac{55}{34} \right\rangle = \frac{21}{34},$$

$$a_3 = \left\langle \frac{1}{a_2} \right\rangle = \left\langle \frac{34}{21} \right\rangle = \frac{13}{21}, \quad a_4 = \left\langle \frac{1}{a_3} \right\rangle = \left\langle \frac{21}{13} \right\rangle = \frac{8}{13},$$

$$a_5 = \left\langle \frac{1}{a_4} \right\rangle = \left\langle \frac{13}{8} \right\rangle = \frac{5}{8}, \quad a_6 = \left\langle \frac{1}{a_5} \right\rangle = \left\langle \frac{8}{5} \right\rangle = \frac{3}{5},$$

$$a_7 = \left\langle \frac{1}{a_6} \right\rangle = \left\langle \frac{5}{3} \right\rangle = \frac{2}{3}, \quad a_8 = \left\langle \frac{1}{a_7} \right\rangle = \left\langle \frac{3}{2} \right\rangle = \frac{1}{2},$$

$$a_9 = \left\langle \frac{1}{a_8} \right\rangle = \left\langle \frac{2}{1} \right\rangle = 0, \quad a_{10} = 0, a_{11} = 0, a_{12} = 0, \cdots$$

となります。つまり、$a = \dfrac{89}{55}$ とした場合の数列 $\{a_n\}$ は次のようになります。

$$a_1 = \frac{34}{55}, \quad a_2 = \frac{21}{34}, \quad a_3 = \frac{13}{21}, \quad a_4 = \frac{8}{13}$$

$$a_5 = \frac{5}{8}, \quad a_6 = \frac{3}{5}, \quad a_7 = \frac{2}{3}, \quad a_8 = \frac{1}{2}, \quad a_n = 0 \ (n \in \mathbb{Z}, \ n \geq 9)$$

こちらは先ほどより 0 になるまでが長かったですが、a_9 を含めそれ以降の値が 0 です。特に $(q =) 55$ 以上のすべての自然数 n に対しても、たしかに $a_n = 0$ となっていますね。

これで主張の意味は理解できたと思います。次はその主張をどう証明するかです。

上の二つの例を眺めてみると、数列 $\{a_n\}$ の項を生成する規則は、ユークリッドの互除法とよく似ていることがわかります。互除法とは、前節でも扱った次の性質を用いて二つの正整数の最大公約数を求める手続きのことをいいます。

最大公約数に関する重要性質（前節のものを再掲）

　$a, b \in \mathbb{Z}$ に対し、$\gcd(a, b) = \gcd(a - b, b)$ が成り立つ。

これを用いると、2 整数の最大公約数を、素因数分解することなしに求めることができます。たとえば一つ目の例であった $p = 7$, $q = 16$ については、上の性質を繰り返し用いることにより

$$\gcd(7, 16) = \gcd(7, 16 - 7 - 7)$$

$$= \gcd(7, 2) = \gcd(7 - 2 - 2 - 2, 2)$$
$$= \gcd(1, 2)$$
$$= 1$$

と計算できます。上式のうち左側の縦列にあるものたちと、本小問で $p = 7$, $q = 16$ $\left(a = \dfrac{7}{16}\right)$ とした場合の結果

$$a = \frac{7}{16} \text{ の場合:} \quad a_1 = \frac{7}{16}, \quad a_2 = \frac{2}{7}, \quad a_3 = \frac{1}{2}, \quad a_n = 0 \ (n \in \mathbb{Z}, \ n \geq 4)$$

を見比べてみましょう。いかにも関連がありそうですね。

もう一つの例についても、互除法を用いてみましょう。すると

$$\gcd(89, 55) = \gcd(89 - 55, 55)$$
$$= \gcd(34, 55) = \gcd(34, 55 - 34)$$
$$= \gcd(34, 21) = \gcd(34 - 21, 21)$$
$$= \gcd(13, 21) = \gcd(13, 21 - 13)$$
$$= \gcd(13, 8) = \gcd(13 - 8, 8)$$
$$= \gcd(5, 8) = \gcd(5, 8 - 5)$$
$$= \gcd(5, 3) = \gcd(5 - 3, 3)$$
$$= \gcd(2, 3) = \gcd(2, 3 - 2)$$
$$= \gcd(2, 1)$$
$$= 1$$

と計算できます。上式のうち左側の縦列にあるものたちと、本小問で $p = 89$, $q = 55$ $\left(a = \dfrac{89}{55}\right)$ とした場合の結果

$$a = \frac{89}{55} \text{ の場合:} \quad a_1 = \frac{34}{55}, \quad a_2 = \frac{21}{34}, \quad a_3 = \frac{13}{21}, \quad a_4 = \frac{8}{13}$$
$$a_5 = \frac{5}{8}, \quad a_6 - \frac{3}{5}, \quad a_7 - \frac{2}{3}, \quad a_8 = \frac{1}{2}, \quad a_n = 0 \ (n \in \mathbb{Z}, \ n \geq 9)$$

を見比べてみましょう。やはり関連がありそうです。……というより、もう一致しているといっても過言ではないでしょう。gcd の括弧内にある 2 数の左右の配置はどうでもよいですしね。その関連を定式化して証明するかはさておき、以上の考察を踏まえると (3) の証明はすぐに完了します。たとえば以下のものが一案です。

本問の定義より数列 $\{a_n\}$ の各項は有理数です。また、数列の定義より、ある項の値が 0 となったらそれ以降の項も値はみな 0 です。したがって、$a_1 = 0$、つまり $a = 0$ の場合は問題文の条件をみたします。

以下 $a_1 \neq 0$ の場合を考えます。この数列の各項は 0 以上 1 未満の値をとることが定義よりわかります。それも踏まえ、正整数 n に対し、$a_n = \dfrac{k}{l} \, (k, l \in \mathbb{Z}_+, \, k < l)$ とします。a_n が（正の）有理数であることを仮定するということです。

a_n の次の項は

$$a_{n+1} = \left\langle \frac{1}{a_n} \right\rangle = \left\langle \frac{l}{k} \right\rangle$$

です。ここで、前述のとおり $k < l$ ですから $\dfrac{l}{k} > 1$ となっています。よって、$m \in \mathbb{Z}_+$ が存在して $0 \leq l - mk < k$ が成り立ち、$\left\langle \dfrac{l}{k} \right\rangle = \dfrac{l}{k} - m = \dfrac{l - mk}{k}$ が成り立ちます。つまり

$$a_n = \frac{k}{l} \quad \rightarrow \quad a_{n+1} = \frac{l - mk}{k}$$

というふうに a_n から a_{n+1} が生成されているのです。この過程において、分子は $k \rightarrow l - mk$ となっており、$0 \leq l - mk < k$ でしたから分子は 1 以上小さくなっていることがわかります。ただし、$\dfrac{l - mk}{k}$ の分母・分子に 2 以上の整数を乗じるなど、"むだに大きくすること"はしないものとします。逆に約分については、それがなされたとしてもよりスピーディに分母が小さくなるわけですから問題ありません。以上より、a_n が 0 でない有理数であるとき、a_{n+1} の分子は a_n の分子より 1 以上小さいことがわかりました。

負整数 p に対しても $q \, (\in \mathbb{Z}_+)$ による除算を考え、その余りを $r \, (r \in \mathbb{Z}, \, 0 \leq r < q)$ とすると

$$a_1 = \left\langle \frac{p}{q} \right\rangle = \frac{r}{q}$$

が成り立ちます。最右辺の分子 r は q よりも小さいため、上のように $a_2, a_3, \cdots$ と項を生成し続ければ、遅くとも a_q までに分子が 0 となります。そのときの項を $a_j \, (\in \mathbb{Z}_+, \, j \leq q)$ とすると、$j \leq n$ なる任意の整数 n に対し $a_n = 0$ となりますね。∎

[8] 背景にあるものは"連分数"

これで (1), (2), (3) をいずれも攻略しました。でも、結局われわれが何をしてきたのかよくわからないことと思います。私が初めて本問に取り組んだ際もそうでした。そこで、本問の背景にあるテーマを探ってみます。

数列 $\{a_n\}$ で $a = \dfrac{7}{16}$ とした場合の項たちにもう一度登場してもらいます。

$$a = \frac{7}{16} \text{ の場合：} \quad a_1 = \frac{7}{16}, \quad a_2 = \frac{2}{7}, \quad a_3 = \frac{1}{2}, \quad a_n = 0 \, (n \in \mathbb{Z}, \, n \geq 4)$$

このようになるのでしたね。

ここで、a_1 から a_2 をどのように生成したかを思い出してみましょう。まず $a_1 = \dfrac{7}{16}$ の逆数 $\dfrac{16}{7}$ を考え、その小数部分 $\dfrac{2}{7}$ を a_2 としたのでした。つまり、次の式が成り立ちます。

$$\frac{16}{7} = 2 + \frac{2}{7} \qquad \therefore \frac{7}{16} = \frac{1}{2 + \dfrac{2}{7}} \quad \cdots ⑤$$

次に、a_2 から a_3 をどのように生成したか思い出しましょう。まず $a_2 = \dfrac{2}{7}$ の逆数 $\dfrac{7}{2}$ を考え、その小数部分 $\dfrac{1}{2}$ を a_3 としたのでした。よって次の式も成り立ちます。

$$\frac{7}{2} = 3 + \frac{1}{2} \qquad \therefore \frac{2}{7} = \frac{1}{3 + \dfrac{1}{2}} \quad \cdots ⑥$$

ここで、⑤, ⑥ を組み合わせると

$$\frac{7}{16} = \frac{1}{2 + \dfrac{2}{7}} = \frac{7}{16} = 0 + \cfrac{1}{2 + \cfrac{1}{3 + \cfrac{1}{2}}} \quad \cdots ⑦$$

となり、$a = \dfrac{7}{16}$ を分子が 1 の分数たちを組み合わせた形で表すことができました。"0+" というのはのちの都合でつけています。

$a = \dfrac{89}{55}$ の場合についても同様のことをしてみましょう。

$a = \dfrac{89}{55}$ の場合： $a_1 = \dfrac{34}{55}, \quad a_2 = \dfrac{21}{34}, \quad a_3 = \dfrac{13}{21}, \quad a_4 = \dfrac{8}{13}$

$\qquad\qquad\qquad a_5 = \dfrac{5}{8}, \quad a_6 = \dfrac{3}{5}, \quad a_7 = \dfrac{2}{3}, \quad a_8 = \dfrac{1}{2}, \quad a_n = 0 \ (n \in \mathbb{Z}, n \geq 9)$

これらの計算結果より次式が成り立ちます。

$$\frac{89}{55} = 1 + \frac{34}{55}, \qquad \frac{34}{55} = \frac{1}{1 + \dfrac{21}{34}}, \qquad \frac{21}{34} = \frac{1}{1 + \dfrac{13}{21}}, \qquad \frac{13}{21} = \frac{1}{1 + \dfrac{8}{13}},$$

$$\frac{8}{13} = \frac{1}{1 + \dfrac{5}{8}}, \qquad \frac{5}{8} = \frac{1}{1 + \dfrac{3}{5}}, \qquad \frac{3}{5} = \frac{1}{1 + \dfrac{2}{3}}, \qquad \frac{2}{3} = \frac{1}{1 + \dfrac{1}{2}}$$

$$\therefore \frac{89}{55} = 1 + \frac{34}{55} = 1 + \frac{1}{1 + \dfrac{21}{34}} = 1 + \cfrac{1}{1 + \cfrac{1}{1 + \dfrac{13}{21}}} = 1 + \cfrac{1}{1 + \cfrac{1}{1 + \cfrac{1}{1 + \dfrac{8}{13}}}}$$

$$= 1 + \cfrac{1}{1 + \cfrac{1}{1 + \cfrac{1}{1 + \cfrac{1}{1 + \cfrac{5}{8}}}}} \qquad = 1 + \cfrac{1}{1 + \cfrac{1}{1 + \cfrac{1}{1 + \cfrac{1}{1 + \cfrac{3}{5}}}}}$$

$$= 1 + \cfrac{1}{1 + \cfrac{1}{1 + \cfrac{1}{1 + \cfrac{1}{1 + \cfrac{2}{3}}}}} \qquad = 1 + \cfrac{1}{1 + \cfrac{1}{1 + \cfrac{1}{1 + \cfrac{1}{1 + \cfrac{1}{1 + \cfrac{1}{2}}}}}}$$

　最初に 0 でない整数の項があるなど先ほどとは異なる点もありますが、入れ子構造になっている分数の分子がすべて 1 である点は共通していますね。

　分母のうちに分数が含まれているようなものを連分数といいます。上のように分数の分子がすべて 1 である連分数は特に正則連分数とよばれており、実数をこのように正則連分数で表示することを正則連分数展開といいます。

　正則連分数展開は（その定義上分子がすべて 1 ですから）、"+" の前にある整数の並びによって特徴づけられます。ただし、以下の二つに注意しましょう。

- ⑦ のように、最初に整数がなくいきなり分数で始まっている場合、最初に整数 0 があると思うことにします。⑦ で "0+" を付していたのはそのためです。
- 最も内側（下）にある分数の分母も（＋ は付いていませんが）その並びに加えます。その値が変わると連分数の値が変わるわけですから、これは当然といえるでしょう。たとえば $\dfrac{7}{16}$ の正則連分数展開の場合、最も内側の分数の分母である 2 も並びに加えます。

このとき、たとえば $\dfrac{7}{16}$ に対応する整数の並びは 0, 2, 3, 2 となります。

　実は、連分数展開にはこうした整数の並びに対応した表記があり、いまの場合は $\dfrac{7}{16} = [0; 2, 3, 2]$ とします。最初のセミコロンの前が元の数の整数部分であり、それより右にあるのが、最も外側の分数の分母の中にある整数たちということになります。同様に $\dfrac{89}{55} = [1; 1, 1, 1, 1, 1, 1, 1, 2]$ となるわけです。

[9]　本問の結果が示すことの伏線回収

　本問の背景に（正則）連分数があることはご理解いただけたと思います。では、(1), (2), (3) の結果よりいえることは何なのでしょうか。

(3) の意味するところはすぐ理解できます。有理数 $\dfrac{p}{q}$ ($p \in \mathbb{Z}$, $q \in \mathbb{Z}_+$) を正則連分数展開した際の列の長さ、つまり $[\cdot]$ に入っている整数の個数は q 以下であることがいえるのです。有理数の場合は、高々（分母の整数）個までで正則連分数展開がストップするわけですね。

なお、分母・分子がいずれも大きい場合、本問の定義に従って数列 $\{a_n\}$ を生成していくと序盤は特に勢いよく分母・分子が小さくなります。よって、q が大きいと、連分数展開の長さと q との間に大きな差が生まれることがあります。実際、$a = \dfrac{89}{55}$ とした場合、数列 $\{a_n\}$ の項は次のようになっており、0 が現れるまでの項数 8 は q $(= 55)$ よりもずっと小さいです。

$$\left(a = \frac{89}{55},\right) \quad \frac{34}{55}, \quad \frac{21}{34}, \quad \frac{13}{21}, \quad \frac{8}{13}, \quad \frac{5}{8}, \quad \frac{3}{5}, \quad \frac{2}{3}, \quad \frac{1}{2}, \quad 0, \quad 0, \quad 0, \quad \cdots$$

適切な仮定（たとえば p, q がいずれもある程度大きい正整数である、など）のもとで連分数の長さをより厳しく評価し、q よりも短い長さであることを示すのは可能と思われます。

(2) は少々難しいですが、以下のように理解できます。数列 $\{a_n\}$ の各項は、実数 a を順次連分数展開していった際、最も内側にある分数と対応しているのでした。よって、$\forall n \in \mathbb{Z}_+ \,[a_n = a]$ が成り立つことは、適当な $k \in \mathbb{Z}_+$ を用いて a が

$$a = (0+) \cfrac{1}{k + \cfrac{1}{k + \cfrac{1}{k + \cfrac{1}{k + \cdots}}}} \qquad (= [0; k, k, k, \cdots])$$

と書けることと同じです。ここで k は $\dfrac{1}{a}$ の整数部分です[5]。

$\forall n \in \mathbb{Z}_+ \,[a_n = a]$ となる実数 a は $a = \dfrac{\sqrt{5}-1}{2}$, $\sqrt{2}-1$ に限られていましたが、これらは次のような無限に続く正則連分数展開により表されます。分母たちのうちの整数がみな同じ値であるのが、数列 $\{u_n\}$ の項がずっと同じであったことと対応しています。

$$\frac{\sqrt{5}-1}{2} = (0+) \cfrac{1}{1 + \cfrac{1}{1 + \cfrac{1}{1 + \cfrac{1}{1 + \cfrac{1}{1 + \cdots}}}}} \qquad (= [0; 1, 1, 1, 1, \cdots])$$

---

5 (2) を攻略する際に行った場合分けは、この k の値によるものでした。

$$\sqrt{2} - 1 = (0+) \cfrac{1}{2 + \cfrac{1}{2 + \cfrac{1}{2 + \cfrac{1}{2 + \cfrac{1}{2 + \cdots}}}}} \qquad (= [0; 2, 2, 2, 2, \cdots])$$

後者の式の両辺に 1 を加算したものが $\sqrt{2}$ の連分数展開となっており、それが (1) と対応しています。

　見かけは単なる数列の問題でしたが、こんなに奥深い背景があるのです。背景を知ると、冒頭の問題が途端に面白いものに思えてきますね。
　さて、次でいよいよ最終節です。

§4 実験し、観察すると見えてくる！

[1] テーマと問題の紹介

本書の最後をどのようなテーマにするか、実のところかなり悩みました。オムニバス形式の書籍なので最後に無理やり大団円を迎える必要はないのですが、やっぱり最後はいい形で締めたいと思うのが人情というものでしょう。

散々悩んだ末、数学の "地道さ" と "美しさ" の双方が垣間見えるこのテーマをラストにしました。

題材 　1999 年 理系数学 第 5 問

(1) k を自然数とする。m を $m = 2^k$ とおくとき、$0 < n < m$ を満たすすべての整数 n について、二項係数 ${}_m\mathrm{C}_n$ は偶数であることを示せ。

(2) 以下の条件を満たす自然数 m をすべて求めよ。
条件: $0 \leq n \leq m$ をみたすすべての整数 n について二項係数 ${}_m\mathrm{C}_n$ は奇数である。

……といっても、問題文を見るだけでは、これの何が地道なのか・何が美しいのかさっぱりわからないことでしょう。そして、本章のテーマとのつながりもよくわからないと思います。

本節でこれから面白いものをご覧にいれて、本書を締めくくります。お楽しみに！

[2] 二項係数の重要性質のまとめ

そもそも二項係数 ${}_p\mathrm{C}_q$ $(p \in \mathbb{Z}_+, 0 \leq q \leq p)$ は、相異なる p 個のものから q 個のものを選ぶ場合の数であり、次式をみたすのでした。

$$\,_p\mathrm{C}_q = \frac{p(p-1)(p-2)\cdots(p-q+1)}{q(q-1)(q-2)\cdots\cdots 1} = \frac{p!}{q!(p-q)!}$$

ただし、後の例外処理の簡略化のために ${}_0\mathrm{C}_0 = 1$, ${}_p\mathrm{C}_{-1} = 0 = {}_p\mathrm{C}_{p+1}$ と定めておきます。

上の性質より、本問で重要となる次の関係式がしたがいます。

二項係数に関する重要な関係式 ━━━━━

$$\,_p\mathrm{C}_q = {}_{p-1}\mathrm{C}_q + {}_{p-1}\mathrm{C}_{q-1} \quad (p \in \mathbb{Z}_+, q \in \mathbb{Z}, 0 \leq q \leq p) \quad \cdots ①$$

（計算による証明）

次のように容易に示されます。ただし、$q = 0$ の場合は省いていますが、前述の例外設定によりやはり成り立ちます。

$$
\begin{aligned}
{}_{p-1}\mathrm{C}_q + {}_{p-1}\mathrm{C}_{q-1} &= \frac{(p-1)!}{q!(p-1-q)!} + \frac{(p-1)!}{(q-1)!\,(p-1-(q-1))!} \\
&= \frac{(p-1)!}{q!(p-q-1)!} + \frac{(p-1)!}{(q-1)!\,(p-q)!} \\
&= \frac{(p-1)!}{(q-1)!(p-q-1)!} \cdot \frac{1}{q} + \frac{(p-1)!}{(q-1)!\,(p-q-1)!} \cdot \frac{1}{p-q} \\
&= \frac{(p-1)!}{(q-1)!(p-q-1)!} \cdot \left(\frac{1}{q} + \frac{1}{p-q} \right) \\
&= \frac{(p-1)!}{(q-1)!(p-q-1)!} \cdot \frac{p}{q(p-q)} \\
&= \frac{(p-1)!\,p}{(q-1)!\,q \cdot (p-q-1)!(p-q)} = \frac{p!}{q!(p-q)!} = {}_p\mathrm{C}_q \quad \blacksquare
\end{aligned}
$$

（組合せ論的な証明）

相異なる p 個のものより q 個を同時に選ぶ場合の数が ${}_p\mathrm{C}_q$ です。ここで、p 個のうち特定の 1 個に着目し、これを X とします。

q 個のものを選ぶ方法は (a) X を含まないもの、(b) X を含むものの 2 種類に漏れなく・重複なく分類できます。(a) の場合、X を選ばないわけですから、残りの $(p-1)$ 個のうちより q 個を選ぶこととなり、これは ${}_{p-1}\mathrm{C}_q$ 通りです。一方 (b) の場合、すでに X を選びましたから、残りの $(p-1)$ 個のうちより $(q-1)$ 個を選ぶこととなり、これは ${}_{p-1}\mathrm{C}_{q-1}$ 通りです。これらの合計は ${}_p\mathrm{C}_q$ と等しくなっているべきですから、① がしたがいます。■

[3]　パスカルの三角形

いま示した

$$
{}_p\mathrm{C}_q = {}_{p-1}\mathrm{C}_q + {}_{p-1}\mathrm{C}_{q-1} \quad (p \in \mathbb{Z}_+,\, q \in \mathbb{Z},\, 0 \le q \le p) \quad \cdots ①（再掲）
$$

を踏まえ、図 9.10 のような規則で数を並べていきます。

たとえば 4 段目の左から 2 番目にくる数は 4 となりますが、これは ${}_4\mathrm{C}_1 = {}_3\mathrm{C}_1 + {}_3\mathrm{C}_0$、つまり ① で $p = 4$, $q = 1$ としたものと対応しています。つまり、この三角形は、① を用いて二項係数を生成する仮定そのものなのです。もう少し先まで計算すると次のようになります。

図 9.11 は “パスカルの三角形” とよばれるものです。本節ではこれを活用していきます。

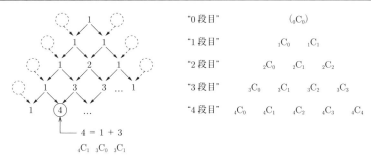

図 9.10: まず 1 を一つ置き、その下に数をピラミッド状に並べていく。ある箇所に入る数は、その "左上" の数と "右上" の数との和とする。① を踏まえると、p 段目の整数たちは $_p\mathrm{C}_0,\ _p\mathrm{C}_1,\ \cdots,\ _p\mathrm{C}_p$ を並べたものとなる。

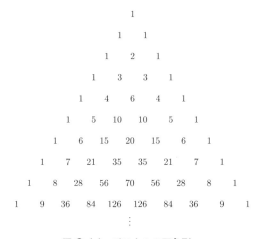

図 9.11: パスカルの三角形。

[4] (1) 好手一発で解決

パスカルの三角形を適宜活用しつつ (1) から攻略していきます。

一般に、正整数 $m,\ n\ (m > n)$ に対し次が成り立ちます。

$$n \cdot {_m\mathrm{C}_n} = m \cdot {_{m-1}\mathrm{C}_{n-1}} \quad \cdots ②$$

これは次のように容易に示せます。

$$_m\mathrm{C}_n = \frac{m!}{n!(m-n)!} = \frac{m \cdot (m-1)!}{n \cdot (n-1)!\,((m-1)-(n-1))!}$$

$$= \frac{m}{n} \cdot \frac{(m-1)!}{(n-1)!\,((m-1)-(n-1))!} = \frac{m}{n} \cdot {_{m-1}\mathrm{C}_{n-1}}$$

② で $m = 2^k$ とすると

$$n \cdot {}_{2^k}\mathrm{C}_n = 2^k \cdot {}_{2^k-1}\mathrm{C}_{n-1}$$

がしたがいます。右辺を見ると、2^k がありますから $\mathrm{Ord}_2\left(2^k \cdot {}_{2^k-1}\mathrm{C}_{n-1}\right) \geq k$ ですが、$0 < n < m = 2^k$ より $\mathrm{Ord}_2(n) \leq k-1$ です。したがって、$\mathrm{Ord}_2\left({}_{2^k}\mathrm{C}_n\right) \geq 1$ であり、任意の $n (0 < n < 2^k)$ に対し ${}_{2^k}\mathrm{C}_n$ は偶数です。

実際の試験ではなかなか気づきづらい証明方法なのですが、われわれは入試会場にいるわけではないですし、せっかくなのでスマートな証明をご紹介しました。

[5]　(2) 実験をするとヒントが得られる

ではいよいよ最後、(2) に挑戦します。本問は、東大の過去問集などでも高難度であるとされているもので、実際それなりに難度は高いです。一方、とにかく "実験" をしてみることで自ずと方針が見えてくるのも事実です。

早速実験をしてみましょう。パスカルの三角形を描くことにより、二項係数を順次容易に求めることができるのでした。その力を借りることとします。$m = 9$ の段まで描き、偶数に × をつけると次のようになります。

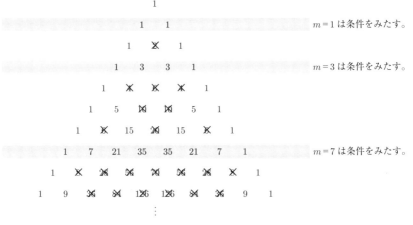

図 9.12: パスカルの三角形を用いることで、条件をみたす m を小さい順にいくつか調べられる。偶数のみにもれなく × をつけている。

$1 \leq m \leq 9$ の範囲では $m = 1, 3, 7$ のみが問題文の条件をみたすことがわかりました。

1, 3, 7 という三つの整数に何か共通点はあるでしょうか。まず、これらはいずれも奇数ですね。そして、カンが鋭ければ、いずれも 2 のべき乗から 1 を減算したものだと気づくことでしょう。そんなの気づかないよ、というなら、たとえばいったん奇数に限定し

て二項係数を計算していき、それがすべて奇数となる次の m の値を見つければよいのです。それにはパスカルの三角形を用いるか、直接計算してもよいでしょう。実験結果は表 9.2〜9.5 のようになります（$n = 0, m$ のときは当然 ${}_m\mathrm{C}_n = 1$ となるため載せていません）。なお、二項係数の対称性 ${}_m\mathrm{C}_n = {}_m\mathrm{C}_{m-n}$ をふまえ、表は半分のみにしてあります。

表 9.2: ${}_{11}\mathrm{C}_n$ $(0 < n < 11)$ はすべて奇数か。

n	1	2	3	4	5
${}_{11}\mathrm{C}_n$	11	55	165	330	462
偶数なら ×				×	×

表 9.3: ${}_{13}\mathrm{C}_n$ $(0 < n < 13)$ はすべて奇数か。

n	1	2	3	4	5	6
${}_{13}\mathrm{C}_n$	13	78	286	715	1 287	1 716
偶数なら ×		×	×			×

表 9.4: ${}_{15}\mathrm{C}_n$ $(0 < n < 15)$ はすべて奇数か。

n	1	2	3	4	5	6	7
${}_{15}\mathrm{C}_n$	15	105	455	1 365	3 003	5 005	6 435
偶数なら ×							

表 9.5: ${}_{17}\mathrm{C}_n$ $(0 < n < 17)$ はすべて奇数か。

n	1	2	3	4	5	6	7	8
${}_{17}\mathrm{C}_n$	17	136	680	2 380	6 188	12 376	19 448	24 310
偶数なら ×		×	×	×	×	×	×	×

　${}_m\mathrm{C}_n$ がすべて奇数となる m の値のうち小さい方から四つは $m = 1, 3, 7, 15$ とわかり、いよいよ "(2 のべき乗) $- 1$" であることが濃厚となってきましたね。

　予想ができたので、あとはこれを証明するのみです。ただし、証明すべきことを整理すると次のようになり、十分性・必要性の双方が必要であることに注意しましょう。

(a) 十分性：正整数 k を用いて $m = 2^k - 1$ と書けるとき、$0 \le n \le m \left(= 2^k - 1\right)$ なる任意の整数 n に対し、${}_m\mathrm{C}_n$ は奇数となる。

(b) 必要性：前項以外の任意の正整数 m に対し、ある $0 \le n \le m$ なる整数 n が存在して、${}_m\mathrm{C}_n$ は偶数となる。

[6]　(2)-(a) 十分性の証明

まずは十分性の証明です。正整数 k を用いて $m = 2^k - 1$ と書けるとし、束縛変数 k を以下そのまま用います。${}_m\mathrm{C}_0$, ${}_m\mathrm{C}_1$ は当然奇数ですね。以下、n を $0 < n < m \left(= 2^k - 1\right)$ なる整数とします。このとき、$0 \leq \mathrm{Ord}_2\left(n\right) < k = \mathrm{Ord}_2\left(m + 1\right)$ より

$$\mathrm{Ord}_2\left(m + 1 - n\right) = \mathrm{Ord}_2\left(n\right) \cdots ③$$

が成り立ちます。

二項係数 ${}_m\mathrm{C}_n$ は

$$\begin{aligned}
{}_m\mathrm{C}_n &= \frac{m(m-1)(m-2)\cdots(m-n+1)}{n!} \\
&= \frac{m}{1} \cdot \frac{m-1}{2} \cdot \frac{m-2}{3} \cdot \ldots \cdot \frac{m+1-n}{n} \\
&= \prod_{j=1}^{n} \frac{m+1-j}{j}
\end{aligned}$$

と変形できます。③ より $1 \leq j \leq n$ なる任意の整数 j に対し $\mathrm{Ord}_2\left(m+1-j\right) = \mathrm{Ord}_2\left(j\right)$ が成り立つ、つまり $\dfrac{m+1-j}{j}$ を既約分数としたときの分子が奇数となるため、それらの積である ${}_m\mathrm{C}_n$（これ自体は整数）も奇数となります。

これで、正整数 k を用いて $m = 2^k - 1$ と書けるとき、$0 \leq n \leq m$ なる任意の整数 n に対し ${}_m\mathrm{C}_n$ が奇数となることが示されました。■

[7]　(2)-(b) 必要性の証明

こんどは、$m = 2^k - 1$ の形でないといけない、つまりそれ以外の形だと ${}_m\mathrm{C}_n$ が偶数となってしまう都合の悪い n が存在することを示さなければなりません。思いのほかこちらの方が難しいです。というのも、いま述べたような不都合な n の存在をいわなければならず、それは m に依存すると思われるからです。そしてそのような n は、まだ具体的ないくつかの m の値に対してしか見つけていません。

さきほどのパスカルの三角形や表を見るに、$m = 2^k - 1$ の形でない場合に ${}_m\mathrm{C}_n$ が偶数となるような n はさまざまで規則性がないように見えます。でも、諦めずにいったん、これまで調べた分をまとめてみると、表 9.6 のようになります。

さて、こうしてまとめる前に、あるいはまとめてすぐお気づきになったかもしれませんが、m が偶数の場合は $n = 1$ としてしまえば、${}_m\mathrm{C}_1 = m$ より直ちに偶数となります。なので、考えるべき m の値は $m = 2^k - 1$ の形でない奇数のみということになります。そこで、表においても m が偶数の行を思い切って削除してみましょう。すると表 9.7 のようになります。

表 9.6: 各 m の値に対する、${}_m\mathrm{C}_n$ が偶数となるような n の値。

m	${}_m\mathrm{C}_n$ が偶数となるような n の値 $(0 < n < m)$
2	1
4	1, 2, 3
5	2, 3
6	1, 3, 5
8	1, 2, 3, 4, 5, 6, 7
9	2, 3, 4, 5, 6, 7
11	4, 5, 6, 7
13	2, 3, 6, 7, 10, 11
17	2, 3, 4, 5, 6, 7, 8, 9, 10, 11, 12, 13, 14, 15

表 9.7: 各 m の値に対する、${}_m\mathrm{C}_n$ が偶数となるような n の値。下線の意味は後述。

m	${}_m\mathrm{C}_n$ が偶数となるような n の値 $(0 < n < m)$
5	$\underline{2}$, 3
9	2, 3, $\underline{4}$, 5, 6, 7
11	4, $\underline{5}$, 6, 7
13	2, 3, $\underline{6}$, 7, 10, 11
17	2, 3, 4, 5, 6, 7, $\underline{8}$, 9, 10, 11, 12, 13, 14, 15

できれば、どの m にも共通する n の値を、定数か m の単一の式で見つけたいものです。どうやら同じ定数値は存在しないので、m を用いて表せる共通のものを探してみましょう。

各 m の値を見ると、${}_m\mathrm{C}_n$ が偶数となる n は "中央あたり" に多いことがわかります。中央あたりというのは、$\dfrac{m}{2}$ 付近ということです。いまは m を奇数に絞っているので $\dfrac{m}{2}$ は半整数ですが、たとえば $\dfrac{m-1}{2}$ に相当する値はどの行にも登場しています（表 9.7 で下線を引いてあるものです）。ただ、もしかしたら ${}_m\mathrm{C}_{\frac{m-1}{2}}$ が偶数となるのは、m の値が小さいときだけかもしれません。そこで、いくつかほかの値も計算してみると……

$${}_{19}\mathrm{C}_9 = \frac{19!}{9! \cdot 10!} = 92\,378 \quad \text{（偶数）}$$

$${}_{21}\mathrm{C}_{10} = \frac{21!}{10! \cdot 11!} = 352\,716 \quad \text{（偶数）}$$

$${}_{23}\mathrm{C}_{11} = \frac{23!}{11! \cdot 12!} = 1\,352\,078 \quad \text{（偶数）}$$

やはりどれも偶数になります。もしかしたらもっと先の大きな m の値で反例があるか

もしれませんが、それは予想の証明ができないときにでも再考するとしましょう。

> ┌ いま示したいこと ─────────────────────
>
> 　m が、正整数 k を用いて $m = 2^k - 1$ と書けない奇数であるとき、${}_m\mathrm{C}_{\frac{m-1}{2}}$ は偶数である。

　これには複数の証明方法がありますが、パスカルの三角形と (1) の結果とを活用する面白い証明方法をご紹介します。私もつい最近教えていただいたものです。

　まず、パスカルの三角形の整数たちを 2 で除算した余りで、新たに図 9.13 のような三角形を構築します。

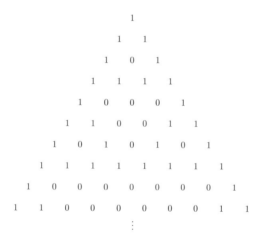

図 9.13: パスカルの三角形に登場する整数たちを、それを 2 で除算した余りに置き換えたもの。

　こんな具合です。以下代わりにこれを "パスカルの三角形" や "三角形" とよびます。

　(1) の結果より、正整数 k に対し $m = 2^k$ であるとき、$0 < n < m$ なる任意の正整数 n に対し ${}_m\mathrm{C}_n$ は偶数となるのでした。m が奇数の話をしているんだよ？と思うかもしれません。でも、これが重要なのです。このとき、三角形の "(2 のべき乗) 段目" は、両端以外すべて 0 となります。さらに、パスカルの三角形の生成規則を踏まえると、その "連続した 0" から下には逆三角形状に 0 が並ぶことがわかります（図 9.14）。

　いま m は $m = 2^k - 1$ と書けない奇数ですが、m より小さな最大の 2 のべき乗を 2^ν とします。ここで ν は正整数です（$m \neq 1$ にも注意）。パスカルの三角形のうち 2^ν 段目にある "連続した 0" から生えている逆三角形の 0 の塊を観察してみましょう。

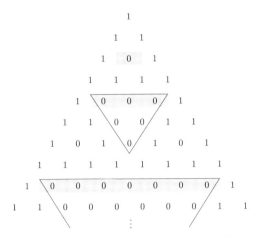

図 9.14: "連続した 0" があると、そこから逆三角形に 0 が並ぶということが、パスカルの三角形の生成規則よりしたがう。

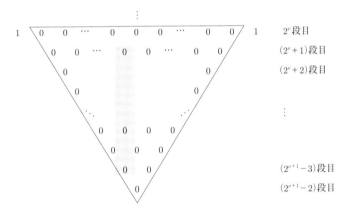

図 9.15: 2^ν 段目にある "連続した 0" と、そこから生える逆三角形の 0 の塊。

2^ν 段目から始まる逆三角形の 0 の塊は、2^ν 段目より $(2^{\nu+1}-2)$ 段目まで存在します。この範囲における $_m\mathrm{C}_{\frac{m-1}{2}}$ は図で影をつけた部分に対応しており、これらはみな 0 となるわけです。つまり、$2^\nu+1 \leq m \leq 2^{\nu+1}-3$ なる任意の奇数 m、言い換えれば $2^\nu-1$ と $2^{\nu+1}-1$ の間にあるすべての奇数 m について $_m\mathrm{C}_{\frac{m-1}{2}}$ は偶数となることがいえました。ν を動かしたとき一度も $2^\nu-1$ と $2^{\nu+1}-1$ の間に入らない奇数は、$k(\in \mathbb{Z}_+)$ を用いて $m=2^k-1$ と書けるもののみですから、これで (b) も証明できました。■

[8]　(2) の解決までの道のり

これで (a) (b) 双方を示せましたね。したがって、<u>正整数 k を用いて $m = 2^k - 1$ と表せるもの</u>が (2) の条件をみたす m であり、このほかには存在しません。

本問の解決に至るまでの流れを大まかにまとめます。

1. パスカルの三角形を描き、条件をみたす m の値を調べたところ、$m = 1, 3, 7$ となった。

2. 一応その先の奇数も調べたところ、条件をみたす m のうち 4 番目に小さいものは $m = 15$ であった。

3. それらの結果より、本問の答えとなる m は $m = 2^k - 1$ (k は正整数) の形に限られると予想した。

4. その予想を (a), (b) の二つの主張に分けた。

    (a) 十分性：正整数 k を用いて $m = 2^k - 1$ と書けるとき、$0 \le n \le m \ (= 2^k - 1)$ なる任意の整数 n に対し、${}_m\mathrm{C}_n$ は奇数となる。

    (b) 必要性：前項以外の任意の正整数 m に対し、ある $0 \le n \le m$ なる整数 n が存在して、${}_m\mathrm{C}_n$ は偶数となる。

5. (a) を証明した。その際、③ が活躍した。

6. (b) を証明した。それは以下のような流れであった。

    (b1) まず、${}_m\mathrm{C}_n$ が偶数となるような不都合な n をうまく構成したかったので、これまでの実験の結果をまとめた。

    (b2) その結果、${}_m\mathrm{C}_{\frac{m-1}{2}}$ が偶数になる気がした。

    (b3) それを証明した。その際、パスカルの三角形に登場する、逆三角形の形をした 0 の塊を利用した。

このように、本問は

- とにかく実験をしたりその結果をまとめたりして法則を見出し、それを証明するという地道な取組み
- パスカルの三角形や ① を活用するといったエレガントさ

の双方に満ちたとても深い題材でした。私は大学受験までの数学しか知らない人間ですが、その範囲に限っても、これら二つはいずれも重要なものであって、またいずれも楽しいものです。本問を通じてそれを実感していただけたら何よりです。

[9]　シェルピンスキーのギャスケット

そもそも本章のテーマは "自己相似" だったのに、その類の話が見当たりませんでしたね。そこで、最後に面白いものをご覧に入れましょう。

(2) の解説時に、パスカルの三角形に登場する二項係数を、2 で除算した余りに置き換えました。改めてそれを載せておきます。

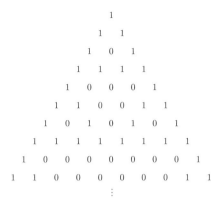

図 9.16: パスカルの三角形に登場する整数たちを、それを 2 で除算した余りに置き換えたもの
（図 9.13 の再掲）。

　実はこの三角形には、とても美しい法則が隠れているのです。……ただ、0 と 1 とい
う数字だと見づらいですね。そこで、図 9.17 のように図を描き換えます。

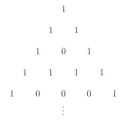

図 9.17: 余り ver. のパスカルの三角形を白黒の模様に描きかえる。数たちの並びを（△ の向
きの）三角形に対応させ、"1" の箇所を黒三角形にする。

　この規則でどんどん黒白三角形の図を伸ばしていくと、図 9.18 のようになります。
　とあるゲームのとある秘宝のような模様が見えますね。しかも、大きい模様の中に似
たような小さい模様が入った構造をしています。まさに自己相似的なパターンになって

271

図 9.18: 余り ver. のパスカルの三角形で "1" だった箇所を黒色に、"0" だった箇所を白色に
したもの。自己相似的な模様になっている。

いるのです。この模様はシェルピンスキーのギャスケットとよばれています。

　数学は、地道な実験や論証の連続です。しかし、そうした取組みのなかで、エレガン
トなアプローチや思いもよらぬ結論、そして美しい結果と出会うことがあります。それ
らを体験していただけたなら幸いです。

〈著者略歴〉

林　俊介（はやし　しゅんすけ）

株式会社スタグリット 代表取締役
1996 年、東京都生まれ。筑波大学附属駒場高等学校を卒業後、2015 年に東京大学理科
一類に入学。2019 年に同理学部物理学科を卒業し、同年、オンライン教育を手がける
株式会社スタグリットを設立。国内外の中学生や高校生に向けた数学の講義などを行っ
ている。
高校生時代は日本数学オリンピックや日本物理オリンピックなどに参加し、2014 年
の日本物理オリンピックでは金賞を獲得。2020 年に YouTube チャンネル「最難関の
数学 by 林俊介」を開設。東大・京大の数学の入試問題を中心に解説している教育系
YouTuber としての一面もある。情報経営イノベーション専門職大学（iU）客員講師も
務める。
著書：「100 年前の東大入試数学　—ディープすぎる難問・奇問 100—」(KADOKAWA)

語りかける東大数学
　−奥深き理工学への招待−

2023 年 8 月 21 日　　第 1 版第 1 刷発行

著　　者　林　　俊介
発 行 者　村 上 和 夫
発 行 所　株式会社 オーム社
　　　　　郵便番号　101-8460
　　　　　東京都千代田区神田錦町 3-1
　　　　　電話　03(3233)0641(代表)
　　　　　URL　https://www.ohmsha.co.jp/

© 林　俊介 2023

印刷・製本　三美印刷
ISBN978-4-274-23079-0　Printed in Japan

本書の感想募集　https://www.ohmsha.co.jp/kansou/

本書をお読みになった感想を上記サイトまでお寄せください。
お寄せいただいた方には、抽選でプレゼントを差し上げます。